校企合作计算机精品教材

互联网＋教育改革新理念教材

机器学习基础及应用

JIQI XUEXI JICHU JI YINGYONG

主审　张平华

主编　谭立新　池永胜　江保民

教·学
资　源

航空工业出版社

北　京

内 容 提 要

本书通过通俗易懂的语言、丰富多样的案例，系统地介绍了当前热门的机器学习经典算法，并通过 Python 语言的 Sklearn 机器学习库对算法进行了实现。全书共 11 个项目，内容涵盖搭建机器学习开发环境、训练线性回归预测模型、使用逻辑回归进行分类、使用 k 近邻算法实现分类与回归、使用朴素贝叶斯算法训练分类器、使用决策树算法实现分类与回归、使用支持向量机实现图像识别、构建集成学习模型、聚类、使用人工神经网络实现图像识别、真假钞票鉴别。

本书可作为各类院校人工智能、大数据技术、计算机等相关专业的教材，也可供相关科技人员参考使用。

图书在版编目（CIP）数据

机器学习基础及应用 / 谭立新，池永胜，江保民主编. -- 北京 ：航空工业出版社，2023.4（2024.2 重印）
ISBN 978-7-5165-3309-3

Ⅰ. ①机… Ⅱ. ①谭… ②池… ③江… Ⅲ. ①机器学习 Ⅳ. ①TP181

中国国家版本馆 CIP 数据核字(2023)第 052062 号

机器学习基础及应用
Jiqi Xuexi Jichu ji Yingyong

航空工业出版社出版发行
（北京市朝阳区京顺路 5 号曙光大厦 C 座四层 100028）
发行部电话：010-85672666 010-85672683

捷鹰印刷（天津）有限公司印刷 全国各地新华书店经售
2023 年 4 月第 1 版 2024 年 2 月第 2 次印刷
开本：787×1092 1/16 字数：445 千字
印张：19.25 定价：59.80 元

本书编委会

主　审　张平华

主　编　谭立新　池永胜　江保民

副主编　孙　兴　陈慧斌　马志峰

　　　　杨亚飞　董宗健　王晓梅

前 言
PREFACE

近年来，随着大数据、云计算和人工智能等技术的高速发展，机器学习技术在各行各业迅速普及。从扫地机器人、智能家居、智能客服再到大红大紫的 AlphaGo，随处可见机器学习技术的应用。而即将到来的智能化浪潮，其所依赖的机器学习算法，将使许多传统问题有了新的解决方法和思路。因此，学习和研究机器学习恰逢其时。

为满足企业对机器学习人才的需求，我们结合机器学习技术发展现状和多所院校人才培养方案的要求，组织编写了本书。

全书共 11 个项目，分为 3 篇。第 1 篇为基础篇，包含项目 1，主要介绍机器学习基础知识及其开发环境的搭建过程；第 2 篇为算法篇，包含项目 2～项目 10，主要介绍线性回归、逻辑回归、k 近邻算法、朴素贝叶斯算法、决策树算法、支持向量机、集成学习、k 均值聚类算法、层次聚类算法和人工神经网络算法的基础知识，以及应用它们解决实际问题的方案和实践过程；第 3 篇为应用篇，包含项目 11，主要通过具体的项目实战，展示如何使用机器学习技术解决实际问题。

整体而言，本书具有如下特色。

1 立德树人，德技并修

党的二十大报告指出："育人的根本在于立德。"立德树人是中华民族的优秀教育思想，也是素质教育的根本育人目标。本书将知识技能与素质教育有机结合，在培养学生专业技能的基础上，将爱国主义情怀、社会责任感、奋斗精神、创新精神、钻研精神等融入"素养之窗"特色模块，让学生在潜移默化中树立正确的世界观、人生观和价值观，成为引领未来科技的高技能人才。

2 校企合作，案例实用

本书在编写过程中得到了相关企业的支持，书中所选取的案例都是与实际应用紧密相关的，可以使学生更好地认识和理解所学知识，做到即学即练、学以致用，还可以锻炼学生的工作思维和实践技能，为以后更快地适应企业工作打下坚实的基础。

3 全新形态，全新理念

本书以"理论够用，实践第一"为原则，结合课程特点，采用项目化教学方式，将项目内容分为课前、课中和课后 3 个模块，引导学生自主学习。课前，学生通过"项目描述"了解本项目的主要内容，通过"项目分析"了解完成项目的流程，并通过观看二维码视频完成"项目准备"中的引导问题。课中，学生学习本项目涉及的理论知识，并在教师的带领下完成"项目实施"中的案例。课后，学生首先通过完成"项目实训"练习所学内容，然后通过"项目总结"提炼和总结本项目学习的知识和技能，再通过"项目考核"进一步巩固所学知识，最后通过"项目评价"评价整个项目的学习情况。

此外，本书正文中还穿插了"指点迷津""高手点拨""拓展阅读""知识库""畅所欲言"等模块，可以加强学生对知识点的理解，丰富学生的知识面，还可以调动学生的学习积极性，提高其参与度，从而提升学习效率。

4　数字资源，丰富多彩

本书将"互联网+"思想融入教材，读者可以借助手机或其他移动设备扫描二维码获取相关内容的微课视频，从而更方便地理解和掌握本书内容。本书还提供了优质课件、教案、素材、程序源代码及项目实训和项目考核答案等配套教学资源，读者可以登录文旌综合教育平台"文旌课堂"（www.wenjingketang.com）查看和下载。如果读者在学习过程中有什么疑问，也可登录该网站寻求帮助。

此外，本书还提供了在线题库，支持"教学作业，一键发布"，教师只需通过微信或"文旌课堂"App 扫描扉页二维码，即可迅速选题、一键发布、智能批改，查看学生的作业分析报告，提高教学效率，提升教学体验。学生可在线完成作业，并巩固所学知识，提高学习效率。

本书由张平华担任主审，谭立新、池永胜、江保民担任主编，孙兴、陈慧斌、马志峰、杨亚飞、董宗健、王晓梅担任副主编。

本书在编写过程中，参考了大量的资料并引用了部分文章和图片等。这些引用的资料大部分已获授权，但由于部分资料来自网络，我们未能确认出处，也暂时无法联系到原作者。对此，我们深表歉意，并欢迎原作者随时与我们联系，我们将按规定支付酬劳。

由于编者水平和经验有限，书中存在的不妥之处，敬请广大读者批评指正。

目 录
CONTENTS

基 础 篇

I

算法篇

应 用 篇

基础篇

JI CHU PIAN

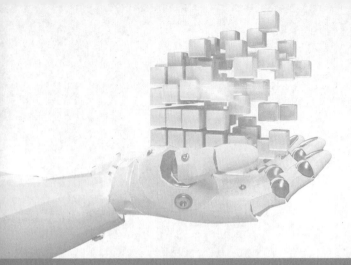

项目1

搭建机器学习开发环境

项目目标

知识目标

- ⊙ 理解机器学习的基本概念。
- ⊙ 了解机器学习的应用领域。
- ⊙ 掌握机器学习的基本类型与一般过程。
- ⊙ 了解 Python 机器学习常用库。

技能目标

- ⊙ 能够成功搭建机器学习的开发环境。
- ⊙ 能够使用 Jupyter Notebook 编写简单程序。

素养目标

- ⊙ 学习机器学习的基础知识，加强对新技术的了解，增强探究意识。
- ⊙ 了解时代新科技，激发学习兴趣和创新思维，增强民族自信心。

项目描述

近年来，随着互联网技术和智能硬件设备的不断发展，人工智能已经渗透到了人们生活、工作和学习的方方面面。作为人工智能的关键技术，机器学习也就成了一个热门话题。无处不在的数据、计算能力的增强及存储技术的发展，使得机器学习越来越受重视，机器学习技术成为众多行业关注的焦点。小旌也关注到了这一点，想加入机器学习的队伍中。

了解到 Python 语言在人工智能、大数据、网络爬虫、系统运维等方面都有着广泛应用，因此，小旌决定使用 Python 语言进行开发。Python 语言具有数量庞大且功能相对完善的标准库和第三方库。通过对这些库的引用，能够实现不同领域业务的开发。然而，由于库的数量庞大，安装、管理这些库，以及对库进行及时升级维护成为一件复杂的事情。因此，找到"已经集成好必要库的 Python 开发环境"就变得尤为重要。

小旌查阅资料发现，Anaconda 集成了包含 NumPy、SciPy、Pandas、Matplotlib、Scikit-learn 等机器学习常用库在内的 180 多个工具包，使用 Anaconda 可一次性安装 Python 开发环境及大量的第三方库。于是，小旌决定使用 Anaconda 来完成机器学习开发环境的搭建。

项目分析

按照项目要求，使用 Anaconda 搭建机器学习开发环境的具体步骤分解如下。

第 1 步：下载 Anaconda，从 Anaconda 的官方网站或者国内镜像站点下载 Anaconda 软件包。

第 2 步：双击下载好的 Anaconda 安装程序，根据安装步骤完成 Anaconda 的安装。

第 3 步：启动 Jupyter Notebook，使用 Jupyter Notebook 编辑、运行和调试程序。

学习知识的时候，要知其然，还要知其所以然。为更好地进行机器学习的开发，本项目将对相关知识进行介绍，包含机器学习的概念与应用领域、机器学习的类型、机器学习的一般过程，以及 Python 机器学习常用库。

项目准备

全班学生以 3～5 人为一组进行分组，各组选出组长，组长组织组员扫码观看"人工智能、机器学习与深度学习的关系"和"机器学习的发展历史"视频，讨论并回答下列问题。

问题 1：画出人工智能、机器学习与深度学习的关系图。

扫一扫

人工智能、机器学习
与深度学习的关系

问题 2：什么是人工智能？

问题 3：简述机器学习的发展历程。

扫一扫

机器学习的发展历史

1.1 机器学习的概念与应用领域

1.1.1 机器学习的概念

1. 什么是机器学习

人们往往会有这样的经历：看到微雨过后的晚霞，就能预测出明天是一个好天气；看到色泽青绿、根蒂蜷缩、敲起来声音浊响的西瓜，就认为是一个好西瓜。这是因为在生活中人们已经遇到过很多类似情况，根据生活经验就可以做出有效判断。

那么，计算机呢？是不是也能做出类似的预测呢？机器学习正是这样的一门学科，它致力于研究如何使计算机能够模拟人的学习行为，实现自主获取新知识，并重新组织已有的知识结构，不断提升自身解决问题的能力。机器学习过程与人类通过经验预测未来的过程类似，如图 1-1 所示。

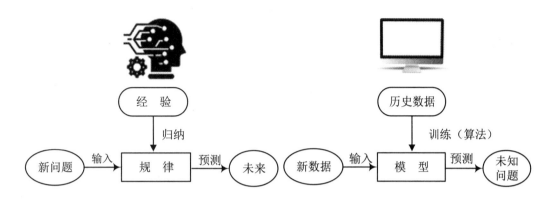

图 1-1　机器学习与人类思考的类比

人类通过经验归纳出相应规律来解决新问题，而机器学习通过"历史数据"训练出一个"模型"，运用模型预测新的未知问题。这里的"历史数据"对应于人类的经验；"模型"对应于人类总结出的规律（即习得的结果）；"训练"对应于人类通过经验归纳出规律的过程；"算法"对应于人类归纳规律时所用的方法。

在学术界，机器学习还没有一个公认且准确的定义。目前，认可度比较高的定义有如下两个。

（1）亚瑟·塞缪尔的定义：机器学习是一个研究领域，让计算机无须进行显著式编程就具备学习能力。

什么是"显著式编程"？举例说明，假如要让计算机识别菊花和玫瑰花，人为地告诉计算机菊花是黄色的，玫瑰花是红色的。那么，计算机"看到"黄色的花就认为是菊花，"看到"红色的花就认为是玫瑰花，这样的编程方式就是"显著式编程"。

但是，如果给计算机一批菊花的图片和一批玫瑰花的图片，然后编写程序，让计算机自己总结出识别菊花和玫瑰花的规律，再来辨认菊花和玫瑰花。这种让计算机自己总结规律的编程方式是"非显著式编程"。

（2）汤姆·米切尔的定义：一个计算机程序被称为可以学习，是指它针对某个任务 T 和某个性能指标 P，能够从经验 E 中去学习。这种学习的特点是，它在 T 上的被 P 所衡量的性能，会随着经验 E 的增加而提高。

在识别菊花和玫瑰花的例子中，任务 T 就是编写计算机程序识别菊花和玫瑰花；经验 E 就是给计算机输入一批菊花和玫瑰花的图片；而性能指标 P 可以认为是能正确识别菊花和玫瑰花的概率。

综合分析学者们的描述，机器学习可以这样理解：机器学习（machine learning, ML）是研究计算机怎样模拟或实现人类的学习行为，以获取新知识或技能的技术，是一门通过编程让计算机从数据中进行学习的科学。

2. 机器学习的相关术语

机器学习过程中的相关术语包含数据相关术语、训练模型相关术语和获得模型后的相关术语。

（1）数据相关术语。① 机器学习的基础是大量的数据，具有相似结构的数据样本集合称为数据集；② 数据集的每条记录是关于一个事件或对象的描述，称为一个样本或示例；③ 反映事件或对象在某方面的表现或性质的事项，称为特征或属性；④ 属性上的取值称为特征值或属性值；⑤ 描述样本特征参数的个数称为维数。

以计算机识别图像中的动物是否是猫为例，其数据集、样本、特征、特征值如图 1-2 所示。

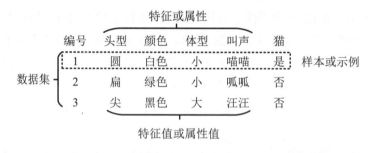

图 1-2　数据相关术语

（2）训练模型相关术语。① 从数据中学习得到模型的过程称为训练或学习；② 训练过程中使用的数据称为训练数据，每个样本称为训练样本，训练样本组成的集合称为训练集；③ 为得到效果最佳的模型，用来调整模型参数的样本称为验证样本，验证样本组成的集合称为验证集。

（3）获得模型后的相关术语。① 使用模型对未知数据进行预测的过程称为测试，用于预测的样本称为测试样本，测试样本组成的集合称为测试集；② 模型适用于新样本的能力，称为泛化能力。

1.1.2　机器学习的应用领域

技术的不断进步，使得机器学习的应用领域越来越宽广，应用效果也越来越显著。总体来说，机器学习的应用主要集中在语音识别、计算机视觉、自然语言处理、自动驾驶与大数据分析等领域。

扫一扫

世上无难事——机器学习入门

1. 语音识别

语音识别是让机器理解人说话的声音信号，并将其转换成文字的过程，它是机器学习较早的应用领域。语音识别算法是语音输入法、人机对话系统等应用的关键技术。

目前，运用语音识别技术的很多产品已经进入了我们的生活。例如，智能家居中，只要与智能音箱进行简单对话，就能控制家电的开关状态，给人们的生活带来了极大的便利。

2. 计算机视觉

计算机视觉是研究如何让机器"看"的科学。目前常用的计算机视觉技术包含人脸识别、指纹识别、车牌识别等。其目的在于使用计算机代替人眼，对目标进行识别、跟踪，以及估计目标的大小与距离等。

机器学习是计算机视觉的重要基础，计算机视觉的各个环节都需要机器学习算法。例如，目前常用的人脸识别就用到了深度学习中的算法。

📖 拓展阅读

计算机视觉与机器视觉的区别。

第一，概念不同。计算机视觉是利用计算机及其辅助设备来模拟人的视觉功能，实现对客观世界三维场景的感知、识别和理解；机器视觉就是用机器代替人眼进行测量和判断。

第二，侧重点不同。计算机视觉侧重理论算法的研究，强调理论；而机器视觉侧重工程的应用，强调实时性、高精度和高速度。

3. 自然语言处理

自然语言处理（见图 1-3）是计算机科学与语言学相结合而产生的一个应用领域，主要研究使用电子计算机模拟人的语言交际过程，使计算机能理解和运用人们生活中使用的自然语言，实现人机之间的自然语言通信，从而进一步实现计算机代替人进行部分脑力劳动的目标。其中，部分脑力劳动主要包括查询资料、解答问题、摘录文献、汇编资料，以及一切与自然语言信息有关的加工处理。

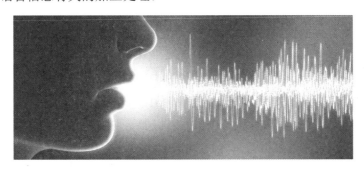

图 1-3　自然语言处理

自然语言处理通常包括自然语言分析和自然语言生成两方面内容。自然语言分析包括分词方法、命名实体识别、句法分析、语义分析等方面的研究，这些方面的研究都以机器学习技术为基础，如对分词方法的研究会涉及隐马尔可夫模型；自然语言生成是将存储于计算机中的数据转化为人们能够理解的自然语言。

高手点拨

语言的理解和生成是一个极为复杂的解码和编码过程。一个能够理解自然语言的计算机系统看起来就像一个人一样，它不仅能理解上下文知识和信息，还能用信息发生器进行推理。理解和书写语言的计算机系统需要具有表示上下文知识结构的某些人工智能思想，以及根据这些知识进行推理的某些技术。

4. 自动驾驶

自动驾驶的研究在 20 世纪 80 年代就开始了。近几年，自动驾驶汽车（见图 1-4）获得了飞跃式的发展。奥迪、大众、宝马等传统汽车公司均投入巨资研发自动驾驶汽车，目前已有产品进入市场。2011 年 6 月，美国内华达州通过法案，成为美国第一个认可自动驾驶汽车的州，此后，其他州也相继通过类似法案。自动驾驶汽车有望在不久的将来出现在普通人的生活中，而机器学习技术则起到了"司机"的作用。

图 1-4　自动驾驶汽车

5. 大数据分析

机器学习与大数据的结合将产生巨大的价值。目前，机器学习技术已经在电子商务、互联网金融、旅游推荐、社交网络分析等众多行业和领域中得到广泛应用。例如，在金融领域，银行可利用机器学习技术，对消费者的刷卡数据进行统计和分类，从而获得消费者的消费习惯、消费能力和消费偏好等具有商业价值的数据信息，向消费者精准推荐各种服务（如理财或信贷服务）；电信行业可以借助以机器学习为基础的大数据处理软件，对用户信息进行处理，从而得到能够查询客户信用情况的数据，使得第三方企业可以凭借这些数据信息制订市场分析报告或对目标客户群体的行为轨迹进行分析。

畅|所|欲|言

请查阅相关资料，然后分组讨论机器学习现有的其他应用领域，并畅想机器学习未来的发展。

素养之窗

　　2022 年 9 月 6 日，"2022 智能经济高峰论坛"在北京举行。本次论坛的主题为"智能经济助推实体经济高质量发展"。会上，百度智能云重磅发布全新战略"云智一体，深入产业"及"云智一体 3.0"架构，还展示了在多个领域的产业智能化落地成果。其中，产业级深度学习平台——飞桨，是一个便捷的深度学习框架，官方开源算法新增了 100 多个，整体模型数量超过了 500 个。目前，智能化已经应用到了水电能、制造、政务、交通及金融等产业领域，助力提升我国产业的核心竞争力。

1.2 机器学习的类型

1.2.1 按学习的过程分类

　　从学习过程来看，机器学习可分为监督学习（supervised learning）、无监督学习（unsupervised learning）、半监督学习（semi-supervised learning）、强化学习（reinforcement learning）和深度学习（deep learning）。

扫一扫

机器学习的类型扩展

　　1. 监督学习

　　监督学习是从带有类别标签（label）的训练数据中学得一个模型，并基于此模型预测新样本标签的一种学习方式，是机器学习中使用最广泛的一种类型。监督学习的训练样本包含特征属性和类别标签两部分。例如，图 1-2 中所示的数据集就是一个监督学习的数据集，其中头型、颜色、体型和叫声是数据集的特征属性，是否为猫属性即为类别标签。

　　监督学习在手写文字识别、声音处理、图像处理、垃圾邮件分类与拦截等各个方面，都有广泛应用。

畅所欲言

　　请查阅相关资料，然后分组讨论，列举几个监督学习的例子。

　　2. 无监督学习

　　无监督学习是机器学习的另一大类学习方法，是在无标签的训练样本中发现数据规律的一种学习方式。无监督学习的训练样本中没有标签，这是它与监督学习最主要的区别。无监督学习在人造卫星故障诊断、视频分析、社交网站解析、数据可视化等方面有着广泛应用。另外，无监督学习还可作为监督学习方法的前处理工具。

3. 半监督学习

半监督学习是监督学习与无监督学习结合在一起的一种学习方法。半监督学习的数据由大量的无标签数据和少量的有标签数据混合而成。因此，可通过在模型训练中引入无标签样本，来弥补监督学习训练样本不足的缺陷。

例如，在识别芒果是否成熟的任务中，有这样的情形：在一个芒果园中，果农拿来 5 个芒果说这都是成熟的芒果，然后再指着树上的 3 个芒果说这些还不熟。如果我们根据这 8 个样本训练一个机器学习模型来预测新的芒果是否成熟，这样的训练样本显然太少了。此时，就可以使用半监督学习的方法，将树上的其他芒果都用上，这样训练样本就增加了，训练出来的模型性能更高。

高手点拨

半监督学习方法训练模型时，可以先利用有标签的样本训练出一个模型，用这个模型去预测新的数据，然后询问专家，再将这个样本变为有标签样本；把这个新获得的有标签的样本加入训练集后重新训练一个模型，再去预测，依次重复，若每次都能预测出对改善模型性能帮助较大的数据，则只需询问专家较少的次数就能构建出较强的模型，从而大幅度降低标记成本。

4. 强化学习

强化学习是机器学习中一个较新的领域，它能根据环境的改变而改变，从而获取最大的收益。强化学习的思想来源于心理学中的行为主义理论，即动物如何在环境给予的刺激下，逐渐形成对刺激的反应，从而产生能获得最大收益的习惯性行为。例如，婴幼儿往往是为了获得父母的表扬去做事情。强化学习正是模仿人类的这种学习行为而产生的一种学习方式。强化学习在机器人的自动控制、计算机游戏中的人工智能、市场战略的最优化等方面均有广泛应用。

5. 深度学习

深度学习的概念来源于对人工神经网络的研究，其模型结构是一种含多隐层的神经网络。深度学习使机器能模仿人类的视听与思考等活动，解决了很多复杂的模式识别难题，使得人工智能相关技术取得了很大进步。在海量数据中，深度学习的表现要比普通的机器学习更为出色。深度学习在搜索技术、数据挖掘、机器翻译、自然语言处理、多媒体学习和个性化技术等领域都有着广泛的应用。

1.2.2 按完成的任务分类

从机器学习完成的任务来看，机器学习可分为回归、分类和聚类等学习任务。

1. 回归

回归属于监督学习，最初是统计学中的一种方法，用来预测某个变量的变化趋势，其预测结果是连续的值，如预测房价、预测股价等。若一个产品的实际价格为 300 元，通过回归分析预测值为 299 元，则认为这是一个比较好的回归分析。回归是对真实值的一种逼近预测。

在机器学习领域中，回归任务的实现需要先对数据样本点进行拟合，再根据拟合出来的函数对输入的新数据进行输出预测，如图 1-5 所示。

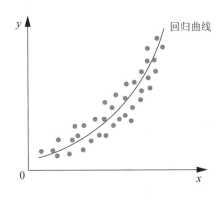

图 1-5　回归任务

图 1-5 中，圆点表示带有标签的训练数据；回归曲线表示经过训练后获得的回归函数或回归模型。若该回归任务表示对商品价格走势的预测（x 表示年份，y 表示商品价格），则由回归函数可以预测未来某年的商品价格。

2. 分类

分类是通过在已有数据的基础上进行学习，得到一个分类模型，该模型可以将待分类的数据集映射到某个给定的类别中，从而实现数据分类。其中，分类模型也称为分类器。

分类属于监督学习，其数据集包含特征属性和类别标签两部分，其中类别标签是预设的类别号。例如，用机器学习模型判断一幅图上的动物是猫还是狗，假设用 1 代表猫，用 2 代表狗，那么模型的预测结果就是 1 或 2，分别代表猫和狗。分类的最终正确结果只有一个，错误的就是错误的，不会有相近的概念。

根据预设的类别数目，分类模型可分为二分类和多分类。例如，判断图片上的动物是猫还是狗，是二分类问题；如果要判断图片上的动物是自然界动物中的哪一类，则属于多分类问题。

在机器学习领域，分类任务的实现需要先利用已有数据训练一个分类模型（类似于数据样本中的分界线），然后对输入的新数据进行预测，即根据分界线对新数据进行分类，如图 1-6 所示。

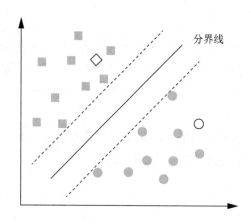

图 1-6 分类任务

图 1-6 中，实心的正方形和圆表示带有标签的训练数据；分界线表示经过训练后获得的分类模型；空心的正方形和圆表示对输入的新数据进行预测。

3. 聚类

聚类属于无监督学习，是按照某个特定标准把一个数据集分割成不同的类，使得同一类中的数据对象之间相似性尽可能大，不同类中的数据对象之间差异性也尽可能大。可见，聚类后的数据中，同类数据尽可能聚集到一起，不同类数据尽可能分离。聚类任务中，每个类称为一个簇。

聚类任务常用于对目标群体进行多指标划分，如图 1-7 所示。例如，现有多个客户的购物记录数据，且未对数据进行标记，通过聚类任务可将具有相同购物习惯的客户汇聚成类，不同类中的客户购买的商品种类不同，店铺运营即可根据该反馈信息向客户推荐相关商品。

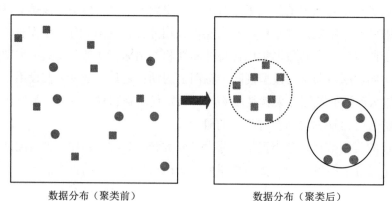

数据分布（聚类前）　　　　　数据分布（聚类后）

图 1-7 聚类任务

指点迷津

由于聚类任务中的数据没有标签，所以不知道输入数据的输出结果是什么，但是可以清晰地知道输入数据属于数据的哪一类。

1.3 机器学习的一般过程

机器学习的基本思想是通过从样本数据中提取所需特征构造一个有效的模型，并使用所建模型来完成具体的任务。使用机器学习方法解决具体问题的一般过程如图 1-8 所示。

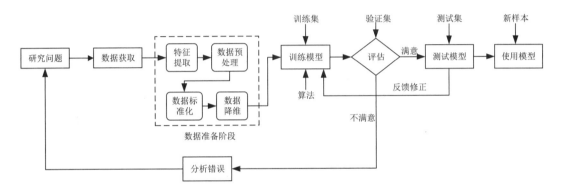

图 1-8 机器学习的一般过程

利用机器学习解决问题时，首先要获取所研究问题的数据，其次是对获取到的数据进行适当处理，然后选取合适的算法训练模型，最后对训练好的模型进行评估，以判定其是否满足任务需求，如满足，即可使用模型。机器学习的过程是一个繁琐复杂的过程，下面介绍各个阶段需要做的一些工作。

1.3.1 数据获取

机器学习的第一步是收集与学习任务相关的数据，这是最基础也是最重要的一步。虽然现在是大数据时代，但对于一个给定任务，要得到与之相关的数据有时却很困难。业界广泛流传这样一句话：数据和特征决定了机器学习的上限，而模型和算法只是逼近这个上限的方法而已。因此，数据的获取尤为重要。

在训练最优的机器学习模型时，一定要选择最有代表性的数据集。只有选择最合适的属性作为特征，才能保证机器学习项目能应用于实际。

1.3.2　特征提取

特征提取是使用专业的背景知识和技巧最大限度地从原始数据中提取并处理数据，使得特征在机器学习的模型上得到更好的发挥，它直接影响机器学习的效果。例如，在机器自动分辨筷子和牙签两种物品的实验中，收集到的样本数据集如表 1-1 所示。

表 1-1　"筷子和牙签"样本数据集

序　号	长度/（cm）	质量/（g）	材　质	类　别
1	25	8	竹	筷子
2	23	7	竹	筷子
3	20	4	木	筷子
4	6	0.1	竹	牙签
5	5	0.08	竹	牙签
6	5.8	0.09	竹	牙签
…	…	…	…	…

观察表 1-1 中的数据集可发现，根据长度和质量这两个特征即可分辨筷子和牙签，材质这个特征对区分筷子和牙签的作用并不明显，故可在特征属性中提取长度和质量这两个特征，而将材质这个特征删除，这个过程称为特征提取。

1.3.3　数据预处理

现实生活中，收集到的数据往往会有数据量纲（数据的度量单位）或数据类型不一致等问题。因此，在获取样本之后，通常需要对数据进行预处理。数据预处理没有标准流程，通常包含去除唯一属性，处理缺失值、重复值和异常值，以及数据定量化等几个步骤。

表 1-2 的数据集是某平台上的"客户信息样本数据集"，要求使用机器学习方法，进行聚类，将客户划分为几种类型，以便为其推销相关的产品。在训练模型之前，我们需要对数据集中的数据进行预处理，才能得到理想的机器学习样本数据集。

表 1-2　客户信息样本数据集

序　号	姓　名	年龄/（岁）	年收入/（元）	性　别	学　历	年消费/（元）
1	张三	36	50 000	男	本科	30 000
2	赵琦	42	45 000	女	本科	40 000
3	李武	23	30 000	男	高中	
4	王波	61	70 000	男	本科	20 000

表 1-2（续）

序　号	姓　名	年龄/（岁）	年收入/（元）	性　别	学　历	年消费/（元）
5	刘玉琦	38	20 000	女	大专	10 000
6	赵琦	42	45 000	女	本科	40 000
7	赵倩	−5	30 000	女	本科	90 000

1. 去除唯一属性

唯一属性通常指 ID、姓名等属性，每个样本的取值都不一样且唯一，这些属性不能刻画样本自身的分布规律，在做数据预处理时，需将这些属性删除。表 1-2 中的数据经过"去除唯一属性"处理后的结果如表 1-3 所示。

表 1-3　去除唯一属性后的客户信息样本数据集

序　号	年龄/（岁）	年收入/（元）	性　别	学　历	年消费/（元）
1	36	50 000	男	本科	30 000
2	42	45 000	女	本科	40 000
3	23	30 000	男	高中	
4	61	70 000	男	本科	20 000
5	38	20 000	女	大专	10 000
6	42	45 000	女	本科	40 000
7	−5	30 000	女	本科	90 000

2. 缺失值、重复值和异常值处理

收集到的数据集在很多时候会有缺失值，如表 1-2 的数据集中姓名为"李武"的客户，未能收集到他的消费数据，导致存在缺失值。常见的缺失值处理方法有 3 种：① 直接使用含有缺失值的特征；② 删除含有缺失值的特征；③ 缺失值补全。其中，缺失值补全是最常用的手段。

缺失值补全常用的方法有均值插补法与同类均值插补法。均值插补法是指使用该属性有效值的平均值来插补缺失的值；同类均值插补法是指首先将样本进行分类或聚类，然后以该类中样本的均值插补缺失值。

对表 1-2 中的数据进行聚类，假设序号为 3、4、5 的客户聚为一类，采用同类均值插补法，则"李武"的年消费额属性值应补全为"15 000"。

收集到的数据中，有时会有重复的记录，它会导致数据的方差变小，数据的分布发生较大变化。因此，若检查到数据集中有重复数据，要将其删除。表 1-2 中，第 2 条数据与第 6 条数据重复，可将其中一条数据删除。

异常值是指超出或低于正常范围的值，如年龄为负数、身高大于 3 m 等，它会导致分

析结果产生偏差甚至错误。检查到异常值后，可对异常值进行删除或替换处理。表 1-3 中的数据经过缺失值、重复值和异常值处理后的结果如表 1-4 所示。

表 1-4 缺失值、重复值和异常值处理后的客户信息样本数据集

序　号	年龄/（岁）	年收入/（元）	性　别	学　历	年消费/（元）
1	36	50 000	男	本科	30 000
2	42	45 000	女	本科	40 000
3	23	30 000	男	高中	15 000
4	61	70 000	男	本科	20 000
5	38	20 000	女	大专	10 000

3. 数据定量化

计算机只能处理数值型数据。因此，在数据预处理时，如果有非数值型数据，都要先转换成数值型数据。表 1-2 中，性别和学历都是非数值型数据，需将其处理成数值型数据，如学历"高中"可用 20 代替，"大专"可用 40 代替，"本科"可用 60 代替；性别中的"男"可用 1 代替，"女"可用 2 代替。表 1-4 中的数据经过定量化处理后的结果如表 1-5 所示。

表 1-5 数据定量化处理后的客户信息样本数据集

序　号	年龄/（岁）	年收入/（元）	性　别	学　历	年消费/（元）
1	36	50 000	1	60	30 000
2	42	45 000	2	60	40 000
3	23	30 000	1	20	15 000
4	61	70 000	1	60	20 000
5	38	20 000	2	40	10 000

1.3.4　数据标准化

表 1-5 中的数据都已经做了定量化处理，但是经观察发现，有些数据的数量级差别较大（如年龄与年收入），如果直接用这样的数据训练模型，数量级较大的属性会占主导地位，导致模型较弱。因此，需对其进行标准化处理。

数据标准化是指将数据按比例缩放，使之落入一个特定区间，从而消除数据之间数量级的差异。经过标准化处理后，不同的特征可以具有相同的尺度。常用的数据标准化方法有 min-max 标准化和 z-score 标准化。

（1）min-max 标准化（归一化）。数据集的每个属性（数据表中的列）中都有一个最大值和一个最小值，分别用 max 和 min 表示，然后通过一个公式将原始值映射到区间[0, 1]

上。其公式为

$$新值 = (原始值 - 最小值) / (最大值 - 最小值)$$

表 1-5 中，序号为 1 的记录经过 min-max 标准化处理后的性别值为 $(1-1) / (2-1) = 0$。整个数据集的数据经过 min-max 标准化处理后的结果如表 1-6 所示。

表 1-6　min-max 标准化处理后的客户信息样本数据集

序　号	年　龄	年　收　入	性　别	学　历	年　消　费
1	0.34	0.6	0	1	0.67
2	0.5	0.5	1	1	1
3	0	0.2	0	0	0.17
4	1	1	0	1	0.33
5	0.39	0	1	0.5	0

这种处理方法的缺点是当有新数据加入时，可能会导致最大值和最小值发生变化，需要重新定义。

（2）z-score 标准化（规范化）。它是基于原始数据的均值和标准差进行数据标准化的一种方法。z-score 标准化方法适用于属性的最大值和最小值未知的情况或有超出取值范围的离群数据的情况。其公式为

扫一扫

标准差的计算方法

$$新值 = (原始值 - 均值) / 标准差$$

表 1-5 中，序号为 1 的记录经过 z-score 标准化处理后的性别值为 $(1-1.4) / 0.49 \approx -0.82$。整个数据集的数据经过 z-score 标准化处理后的数据如表 1-7 所示。

表 1-7　z-score 标准化处理后的客户信息样本数据集

序　号	年　龄	年　收　入	性　别	学　历	年　消　费
1	−0.33	0.41	−0.82	0.75	0.65
2	0.16	0.12	1.22	0.75	1.58
3	−1.38	−0.76	−0.82	−1.75	−0.74
4	1.71	1.56	−0.82	0.75	−0.28
5	−0.16	−1.34	1.22	−0.5	−1.21

指点迷津

z-score 标准化要求样本属性值数据服从正态分布，这就要求样本数量足够多，故此案例不适合使用 z-score 标准化进行数据处理。

1.3.5 数据降维

在机器学习中，"维度"是指样本集中特征属性的个数。如表 1-7 中有 5 个特征属性，则数据的维度是 5。"降维"是指减少特征矩阵中特征的数量。为什么要进行降维处理呢？降维的目的有两个，一个是为了对数据进行可视化，以便对数据进行观察和探索；另外一个是简化机器学习模型的训练，使模型的泛化能力更好，避免"维度灾难"。

在实际应用中，数据一般是高维的。例如，手写的数字图片，如果将其缩放到 28×28 像素的大小，那么它的维度就是 $28 \times 28 = 784$ 维，图 1-9 是手写的"1"及其对应的图像二维矩阵（数据已经被规范化到 $[0,1]$ 范围内）。

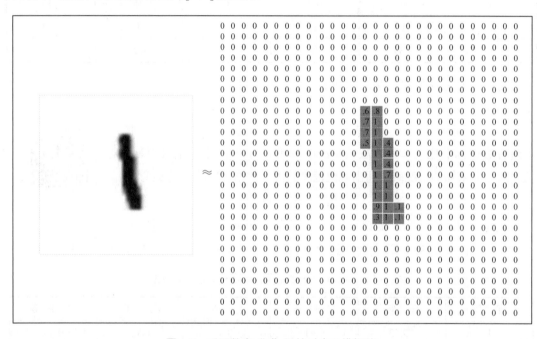

图 1-9 手写数字"1"及其对应二维矩阵

我们很难对高维数据具有直观的认识，如果把数据的维度降低到 2 维或者 3 维，并且保持数据点的关系与原高维空间里的关系不变或者近似，就可以进行可视化，用肉眼来观察数据。

那么，是不是数据维数越少越好呢？并非如此。例如，对苹果和梨子进行分类时，若只将形状作为特征，则很可能会出现错误分类的情况；若再将大小作为特征，则可减少错误分类的情况；若再将颜色作为特征，则可进一步减少错误分类的情况。可见，特征增加后，分类效果可能会更好。故得到结论：维数太多或太少都不好，设置恰当的维数对机器学习模型非常重要。

数据降维最常用的方法是主成分分析法。深度学习就是对样本的特征进行复杂的变换，得到最有效的特征，从而提高机器学习的性能。

1.3.6 训练模型

1. 训练集、验证集和测试集

数据处理好之后，就可以使用精心准备的数据来训练模型了。在训练模型的过程中，需要将输入的样本数据划分为训练集、验证集和测试集 3 个部分：① 训练集是用来训练模型的数据集；② 验证集是为了调整模型的参数而设置的数据集，在模型训练过程中对模型进行评估，评估之后模型还会继续修改；③ 测试集是模型训练好之后，用来对模型进行评估的数据集。

训练机器学习模型时，样本数据集的选取应满足以下几点要求：① 训练集的数据要尽可能充分且分布平衡（即每个类别的样本数量差不多），否则不可能训练出一个完好的模型；② 验证集或测试集的样本也需要符合一定的平衡分布，否则将无法测试出一个准确的模型；③ 训练模型和测试模型使用的样本不能相同。

2. 机器学习算法

训练机器学习模型时，要根据具体的学习任务，选择合适的算法。分类任务经常使用的算法有 k 近邻、朴素贝叶斯、决策树、支持向量机等；回归任务经常使用的算法有线性回归、k 近邻、决策树等；聚类任务经常使用的算法有 k 均值、DBSCAN、GMM 等。

1.3.7 评估模型的有效性

一个机器学习模型训练出来后，一般需要评估该模型的效果，看其是否能满足实际问题的需要。评估模型的有效性就是利用测试集对模型进行测试，评估其输出结果。

1. 过拟合与欠拟合

什么样的模型是一个好的模型呢？事实上，我们希望得到一个在新的未知样本上表现很好的模型，即泛化能力好的模型。为了达到这个目的，应该从训练样本中尽量学习出适用于新样本的"普遍规律"，才能在遇到新样本时，做出正确的判别。然而，如果模型在训练样本上学得"太好"了，很可能把训练样本自身的一些特点当成了所有样本的一般性质，导致泛化能力下降，这种现象在机器学习中称为"过拟合"。与"过拟合"相对的就是"欠拟合"，指对训练样本的一般性质尚未学好。图 1-10 给出了关于过拟合与欠拟合的一个类比，便于理解。

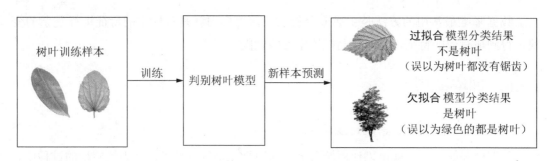

图 1-10　过拟合与欠拟合的直观类比

2. 性能度量

对机器学习的泛化能力进行评估时，需要有衡量模型泛化能力的评价标准。不同类型的学习任务，其评价标准也是不同的。

（1）回归任务。回归任务中最常用的评估方法有残差、和方差、均方误差、均方根误差和确定系数（R^2）等。

① 残差：在数理统计中是指所有拟合数据（即模型预测数据）与原始数据（样本实际值）之间的差的和。

② 和方差（SSE）：拟合数据和原始数据对应点的误差的平方和。SSE 越接近于 0，说明模型越好，数据预测也越成功。

③ 均方误差（MSE）：拟合数据和原始数据对应点误差的平方和的均值，即 SSE/n。

④ 均方根误差（RMSE）：MSE 的平方根，也称回归任务的拟合标准差。

⑤ 确定系数（R^2）：通过数据的变化来表征一个拟合的好坏，R^2 的正常取值范围为 [0，1]，越接近 1，表明模型越好。

（2）分类任务。分类任务中最常用的评估方法有准确率、精确率、召回率和 F1 值等。下面以一个二分类问题为例，介绍这些评估方法的含义。

在二分类中，假设样本有正反两个类别，则分类模型预测的结果有两种，正例和反例；真实数据的标签也有两种，正例和反例。那么，预测结果与真实标签的组合就有真正例（true positive）、真反例（true negative）、假正例（false positive）和假反例（false negative）4 种情况，分别用 TP、TN、FP 和 FN 表示以上 4 种情况，如表 1-8 所示。

表 1-8　预测结果与真实结果的组合

真 实 值	预 测 值	
	正 例	反 例
正例	真正例（TP）	假反例（FN）
反例	假正例（FP）	真反例（TN）

在表 1-8 中，TP 表示真实值与预测值都是正样本的数量；FN 表示真实值是正样本，而预测值却是反样本的数量；FP 表示真实值是反样本，而预测值却是正样本的数量；TN

表示真实值与预测值都是反样本的数量。可见，TP 与 TN 都是预测正确的情况。因此，预测的准确率可定义为

$$Accuracy = (TP + TN) / (TP + TN + FP + FN)$$

而预测的精确率表示预测为正的样本中有多少是真正的正例，故精确率可定义为

$$Precision = TP / (TP + FP)$$

召回率表示样本中的正例有多少被预测正确了，故召回率可定义为

$$Recall = TP / (TP + FN)$$

对于机器学习模型来说，当然希望精确率和召回率都保持较高的水准。但事实上，这两者在很多时候是不能兼得的。为此，提出了 F1 值，它同时兼顾了分类模型的精确率和召回率。它的最大值是 1，最小值是 0。其定义为

$$F1 = 2 \times Precision \times Recall / (Precision + Recall)$$

（3）聚类任务。在聚类任务中，我们希望同一类的样本尽量类似，不同类的样本尽量不同。即簇内对象的相似度越大，不同簇之间的对象差别越大，聚类效果越好。聚类任务常用的评估指标如表 1-9 所示。

表 1-9 聚类任务常用的评估指标

方 法 名	是否需要真实值监控	最 佳 值
ARI（兰德系数）评价法	需要	1.0
AMI（互信息）评价法	需要	1.0
V-measure 评分	需要	1.0
FMI 评价法	需要	1.0
轮廓系数评价法	不需要	畸变程度最大
calinski_harabasz 指数评价法	不需要	相比较最大

表 1-9 中列出了 6 种聚类模型的评估方法，其中前 4 种方法需要真实值（已知类别的标签）的配合，才能评价聚类模型的优劣，后两种方法则不需要真实值的配合。一般来说，前 4 种方法的评价效果更好。

除轮廓系数评价法之外，其他 5 种方法都是分值越高，聚类效果越好；轮廓系数评价法需要判断不同类别数目情况下轮廓系数的走势，才能寻找最佳的聚类数目。

1.3.8 使用模型

经过评估，如果模型的性能能达到实际需求，就可以使用该模型预测新样本了。例如，假设区分筷子和牙签的模型训练出来并且能达到实际需求，那么，就可以将一个新样本的数据（长度为 14 cm，质量为 6 g）输入到该模型中，使用模型预测出输入的数据是筷子还是牙签，如图 1-11 所示。

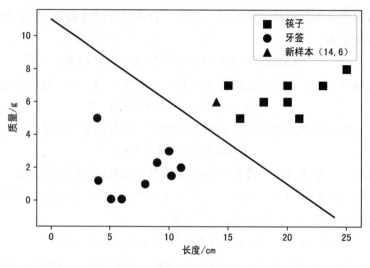

图 1-11　使用模型预测新样本

1.4 Python 机器学习常用库

1.4.1　NumPy——科学计算基础库

NumPy 是 Numerical Python 的简称，它是 Python 科学计算的基础库。NumPy 可用来存储和处理大型矩阵，比 Python 自身的嵌套列表结构更高效，支持大量的多维数组与矩阵运算，也为数组运算提供了大量的数学函数库。

此外，由其他语言（如 C 和 Fortran）编写的库也可以直接操作 NumPy 数组中的数据，无须进行任何数据复制操作。

1.4.2　SciPy——科学计算扩展库

SciPy 是 Python 的一个科学计算扩展库，它需要依赖 NumPy 的支持才能安装和运行。SciPy 一般都是操控 NumPy 的数组来进行科学计算和统计分析，因此可以说 SciPy 是建立在 NumPy 基础之上的。SciPy 主要在 NumPy 的基础上增加了数学、科学和工程计算领域中常用的库函数，如线性代数、常微分方程数值求解、信号处理、图像处理、稀疏矩阵等。NumPy 和 SciPy 协同工作，可提高解决问题的效率。

1.4.3　Pandas——数据分析工具库

Pandas 是一个基于 NumPy 的免费开源第三方 Python 库，它可以生成类似于 Excel 表格式的数据表，而且可以对数据表进行修改操作。Pandas 可以从各种格式的文件中提取数据，如 CSV 文件、JSON 文件、SQL 数据库、Excel 表格等；还可以对各种数据进行合并、转换、选择、清洗和特征加工等运算。

Pandas 是为解决数据分析任务而创建的工具库，提供了高效操作大型数据集所需的工具，自诞生后就广泛应用于金融、统计学、社会科学、建筑工程等领域。

1.4.4　Matplotlib——数据可视化扩展库

Matplotlib 是 Python 中的一个绘图库，支持跨平台运行，可以生成出版级别的图形。Matplotlib 能够输出的图形包括折线图、散点图、曲线图、直方图、饼状图、条形图及极坐标图等，其强大的绘图能力能够使用户对数据形成非常清晰直观的认知。

【例 1-1】　使用 Matplotlib 绘制 $y = x^2$ 的图形。

【参考代码】

```
import numpy as np                    #导入 NumPy 库
import matplotlib.pyplot as plt       #导入 Matplotlib 库
x=np.arange(-5,5,0.01)                #设置 x 的取值范围，设置坐标值
y=x*x                                 #设置 y 值，令 y=x*x
plt.plot(x,y,'k-')                    #绘制曲线，第 3 个参数表示黑色实线
plt.show()                            #显示图形
```

【运行结果】　程序运行结果如图 1-12 所示。

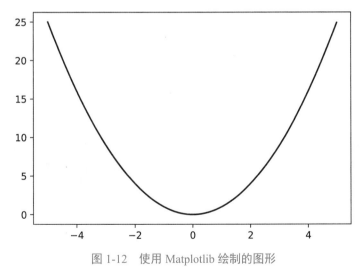

图 1-12　使用 Matplotlib 绘制的图形

【程序说明】　plot() 函数的第 3 个参数 "k-" 用来指定线条的颜色和线型，其颜色和线型参数值如表 1-10 和表 1-11 所示。

表 1-10　plot()函数颜色参数值

蓝	绿	红	青	品 红	黄	黑	白
'b'	'g'	'r'	'c'	'm'	'y'	'k'	'w'

表 1-11　plot()函数线型参数值（部分）

实 线	虚 线	点 线	星 型	正方形	五边形	加 号	正三角
'-'	'--'	':'	'*'	's'	'p'	'+'	'^'

1.4.5　Scikit-learn——机器学习库

Scikit-learn（简称 Sklearn）是 Python 基于 NumPy、SciPy 和 Matplotlib 实现机器学习的算法库，是一个简洁、高效的数据挖掘和数据分析工具。Sklearn 基本功能主要分为 6 大部分：分类、回归、聚类、降维、模型选择和数据预处理。在数据量不大的情况下，Sklearn 可以解决大部分问题。对算法不精通的用户在执行建模任务时，并不需要自行编写所有的算法，只需要调用 Sklearn 库里的模块即可。本教材后续的项目都是基于 Sklearn 中的算法进行实践的。

项目实施——搭建机器学习开发环境

扫一扫

安装 Anaconda

1. 安装 Anaconda

步骤 1　访问 https://www.anaconda.com，在打开的 Anaconda 主页中选择 "Products" → "Anaconda Distribution" 选项，如图 1-13 所示。

图 1-13　Anaconda 主页

步骤 2　打开下载页面，向下拖动滚动条，直到出现 Anaconda 安装版本信息，选择 "Windows" → "Python 3.9" → "64-Bit Graphical Installer" 选项，下载安装程序，如图 1-14 所示。

图 1-14　下载 Anaconda

指点迷津

如果官网下载速度较慢，也可以从清华镜像网站 https://mirrors.tuna.tsinghua.edu.cn/anaconda/archive 上下载。

步骤 3 双击下载好的 Anaconda 安装程序，在打开的对话框中单击"Next"按钮，如图 1-15 所示。

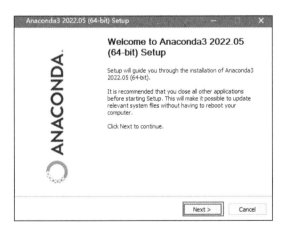

图 1-15　欢迎安装

步骤 4 显示"License Agreement"界面，单击"I Agree"按钮，如图 1-16 所示。

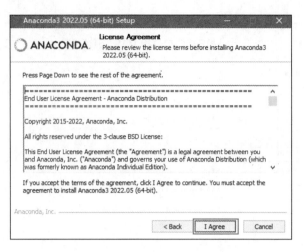

图 1-16　同意安装许可

步骤5　显示 "Select Installation Type" 界面，在 "Install for" 列表中勾选 "Just Me" 单选钮，然后单击 "Next" 按钮，如图 1-17 所示。如果系统创建了多个用户并且都允许使用 Anaconda，则勾选 "All Users" 单选钮。

步骤6　显示 "Choose Install Location" 界面，直接使用默认路径，单击 "Next" 按钮，如图 1-18 所示。

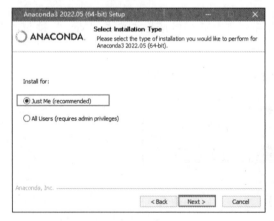

图 1-17　选择用户

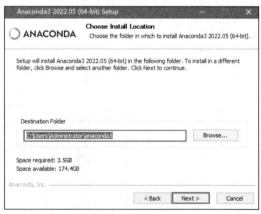

图 1-18　设置安装路径

步骤7　显示 "Advanced Installation Options" 界面，在 "Advanced Options" 列表中勾选 "Add Anaconda3 to my PATH environment variable" 和 "Register Anaconda3 as my default Python 3.9" 复选框，单击 "Install" 按钮，进行安装，如图 1-19 所示。

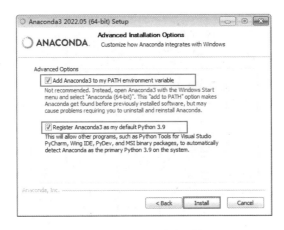

图 1-19 设置系统环境

高手点拨

勾选"Add Anaconda3 to my PATH environment variable"表示把 Anaconda3 加入环境变量；勾选"Register Anaconda3 as my default Python 3.9"表示将 Anaconda3 注册为默认安装的 Python 3.9。

步骤 8 安装完成后单击"Next"按钮，最后单击"Finish"按钮，完成 Anaconda3 的安装。

步骤 9 单击"开始"按钮，选择"Anaconda3"→"Anaconda Prompt"选项，如图 1-20 所示。

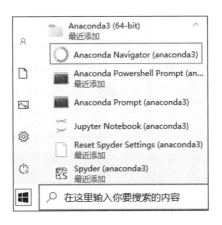

图 1-20 启动 Anaconda Prompt

步骤 10 在打开的"Anaconda Prompt"窗口中输入"conda list"命令，按"Enter"键，如果显示很多库名和版本号列表，说明 Anaconda 安装成功了，如图 1-21 所示。

图 1-21　Anaconda 库名和版本号列表

2. 使用 Jupyter Notebook

Jupyter Notebook 是 Anaconda 套件中一款开源的 Web 应用程序，可以编写代码、公式、解释性文本和绘图，并且可以把创建好的文档进行分享。目前，Jupyter Notebook 广泛应用于数据处理、数学模拟、统计建模、机器学习等重要领域。它支持四十余种编程语言，可以实时运行代码并可将运行结果显示在代码下方，方便用户使用。下面介绍使用 Jupyter Notebook 编写程序的步骤。

扫一扫

使用 Jupyter Notebook

步骤 1　在 "Anaconda Navigator" 窗口中，单击 "Jupyter Notebook" → "Launch" 按钮，如图 1-22 所示。

图 1-22　在 "Anaconda Navigator" 窗口中启动 Jupyter Notebook

步骤 2 在默认的浏览器中打开 Jupyter Notebook，如图 1-23 所示。

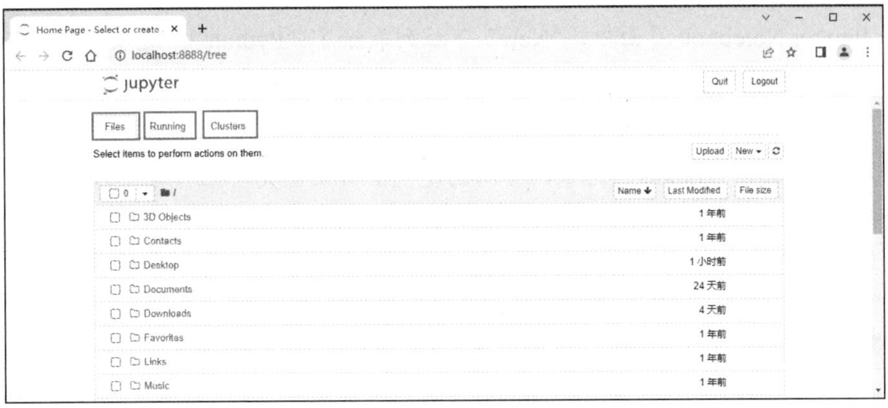

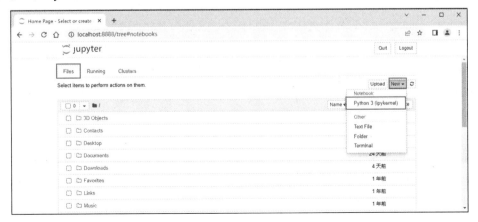

图 1-23　Jupyter Notebook 界面

指点迷津

Jupyter Notebook 界面的顶部有 3 个选项卡，分别是"Files""Running"和"Clusters"。其中，"Files"中列出了所有文件，"Running"中显示已经打开的终端和 Notebook 运行状况，"Clusters"则是由 IPython parallel 包提供，用于并行计算。

高手点拨

还可以通过下面两种方法启动 Jupyter Notebook：① 单击"开始"按钮，选择"Anaconda3"→"Jupyter Notebook"选项；② 在 Windows 命令终端输入命令"jupyter notebook"。

步骤 3 在 Jupyter Notebook 界面中选择"Files"→"New"→"Python 3"选项，可以新建一个 Python 3 文件，如图 1-24 所示。

图 1-24　在 Jupyter Notebook 中新建一个 Python 3 文件

高手点拨

在 Jupyter Notebook 界面中，"New"下拉列表除了"Python 3"选项外，还有"Text File""Folder"和"Terminal"3 个选项：① 选择"Text File"选项，会新建一个空白文档，在其中可以编辑任何字母、单词和数字，也可以选择一种编程语言，然后用该语言编写脚本；② 选择"Folder"选项，可以创建一个新文件夹，把所需文档放入其中，也可以修改文件夹的名称或删除文件夹；③ 选择"Terminal"选项，其工作方式与在个人终端上完全相同，只是将终端嵌入到 Web 浏览器中工作。

步骤 4 以 Python 3 工作方式打开 Jupyter Notebook，如图 1-25 所示。

图 1-25　以 Python 3 工作方式新建文档

指点迷津

当以 Python 3 工作方式新建一个文档时，在 Jupyter Notebook 中会显示 Notebook 名称、菜单栏、工具栏和代码单元格等。单击文件名称"Untitled1"会弹出一个对话框，可以对当前文档进行重命名操作。

步骤 5 在代码单元格中输入以下语句。

```
import numpy as np                      #导入 NumPy 库
import matplotlib.pyplot as plt         #导入 Matplotlib 库
x=np.arange(-10,10,0.01)                #设置 x 的取值范围，设置坐标值
y=x*x*x                                 #设置 y 值，令 y=x*x*x
plt.plot(x,y,'r--')                     #绘制曲线，第 3 个参数表示红色虚线
plt.show()                              #显示图形
```

步骤 6 使用快捷键"Shift+Enter"或单击工具栏中的"运行"按钮，运行代码单元格中的代码，运行结果将显示在代码单元格下方，并在运行结果下方产生一个新的空白代码单元格，如图 1-26 所示。

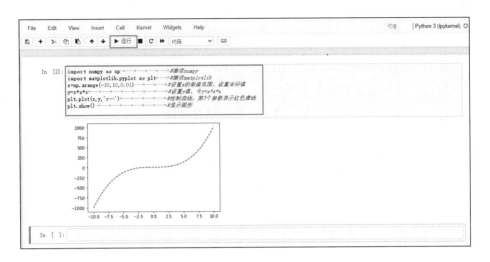

图 1-26 使用 Jupyter Notebook 运行代码

高手点拨

在 Jupyter Notebook 中，运行代码还可以使用快捷键 "Alt+Enter" 或 "Ctrl+Enter"。其中，快捷键 "Alt+Enter" 表示运行当前单元格并在下方插入新的空白单元格；快捷键 "Ctrl+Enter" 表示运行当前单元格并进入命令模式，但不会有新的单元格产生。

项目实训

1. 实训目的

（1）熟练使用 Jupyter Notebook 新建文档并重命名。

（2）熟练使用 Jupyter Notebook 编辑和运行 Python 程序。

（3）学会设置 Jupyter Notebook 文件保存位置。

2. 实训内容

（1）编辑代码并运行。

① 启动 Jupyter Notebook，以 Python 3 工作方式新建 Jupyter Notebook 文档，并重命名为 "xfunc.ipynb"。

② 在空白代码单元格中输入下列代码，并运行。

```
import numpy as np                    #导入 NumPy 库
import matplotlib.pyplot as plt       #导入 Matplotlib 库
x=np.arange(-10,10,0.01)              #设置 x 的取值范围，设置坐标值
y=x*x+2*x+5                           #设置 y 值，令 y=x*x+2*x+5
```

```
plt.plot(x,y,'r--')                    #绘制曲线，第3个参数表示红色虚线
plt.show()                             #显示图形
```

（2）配置 Jupyter Notebook 文件的保存位置。

① 在空白代码单元格中输入下列代码，并运行。

```
#通过%pwd命令来获取当前文件所在位置的绝对路径
%pwd
```

② 打开资源管理器，在 E 盘新建文件夹，并命名为 "jupyterfile"。

③ 在 Windows 命令窗口中，输入命令 "jupyter notebook --generate-config" 生成配置文件。

④ 使用记事本打开配置文件 "jupyter_notebook_config.py"（配置文件的位置在上一步操作中可以查看到），搜索 "_dir"，定位到配置文件的键值 "c.NotebookApp.notebook_dir ="，删除其前面的注释符号 "#" 并将其值更改为希望保存的工作文件夹（代码前不能加空格），修改的配置文件命令（部分）如下所示，然后保存文件。

```
## The directory to use for notebooks and kernels.
#  Default: ''
c.NotebookApp.notebook_dir = 'E:/jupyterfile'
```

这样，在 "Anaconda Navigator" 窗口中打开 Jupyter Notebook 后，所创建的文件都会保存在这个文件夹中。

3. 实训小结

按要求完成实训内容，并将实训过程中遇到的问题和解决办法记录在表 1-12 中。

表 1-12　实训过程

序　号	主要问题	解决办法

项目总结

完成本项目的学习与实践后，请总结应掌握的重点内容，并将图 1-27 的空白处填写完整。

搭建机器学习开发环境

机器学习的概念与应用领域

机器学习的概念

机器学习（machine learning, ML）是研究计算机怎样模拟或实现人类的学习行为，以获取新知识或技能的技术，是一门通过编程让计算机从数据中进行学习的科学

机器学习的相关术语

数据集、样本、特征、特征值、维数等

训练、训练集、验证集、测试集

机器学习的应用领域

包含语音识别、计算机视觉、自然语言处理、自动驾驶与大数据分析等领域

机器学习的类型

按学习的过程分类

监督学习

（　　　　）

（　　　　）

（　　　　）

按完成的任务分类

回归

（　　　　）

（　　　　）

机器学习的一般过程

数据获取

特征提取

（　　　　）

通常包含去除唯一属性，处理缺失值、重复值和异常值，以及数据定量化等几个步骤

（　　　　）

min-max标准化（归一化）与z-score标准化（规范化）处理

数据降维

训练模型

评估模型的有效性

过拟合指（　　　　）

欠拟合指（　　　　）

性能度量：回归、分类与聚类任务的性能度量

使用模型

Python机器学习常用库

科学计算基础库：NumPy

科学计算扩展库：SciPy

数据分析工具库：Pandas

数据可视化扩展库：Matplotlib

机器学习库：Scikit-learn

图 1-27　项目总结

项目考核

1. 选择题

（1）下列学习类型中，使用的训练数据集只有部分存在标签的是（　　）。

    A. 监督学习　　　　　　　　　　B. 深度学习

    C. 半监督学习　　　　　　　　　D. 无监督学习

（2）给出一定数量的菊花和玫瑰花图像，以及它们对应的标签，设计出一个菊花和玫瑰花的分类器，这属于（　　）问题。

    A. 监督学习　　　　　　　　　　B. 无监督学习

    C. 半监督学习　　　　　　　　　D. 以上都可以

（3）下列说法正确的是（　　）。

    A. 特征的个数越多，机器学习的效果越准确

    B. 样本的数量越多，机器学习的效果越准确

    C. "过拟合"只有在监督学习中出现，在无监督学习中没有"过拟合"现象

    D. 特征的个数应和样本的数量相匹配

（4）Python 机器学习常用库中，（　　）是实现机器学习的算法库。

    A. NumPy　　　　　　　　　　　B. Pandas

    C. Scikit-learn　　　　　　　　　D. Matplotlib

（5）使用 Jupyter Notebook 编辑器运行代码时，要求代码运行结果直接显示在单元格下方，并且在单元格下方又新建一个单元格，需要按（　　）快捷键。

    A. Shift+Enter　　　　　　　　　B. Ctrl+Enter

    C. Shift+Ctrl　　　　　　　　　　D. Alt+Ctrl

2. 简答题

（1）什么是机器学习？

（2）训练机器学习模型时，样本数据集的选取应满足哪些要求？

（3）按照学习过程进行分类，机器学习可分为哪几类？

3. 实践题

使用 Jupyter Notebook 编写程序，生成函数 $y = x^3 + 2x^2$ 的图像，且 x 的取值范围为 $[-2, 0.5]$，要求线条颜色为绿色、线型为星型。

项目评价

结合本项目的学习情况，完成项目评价并将评价结果填入表 1-13 中。

表 1-13 项目评价

评价项目	评价内容	评价分数			
		分值	自评	互评	师评
项目完成度评价（20%）	项目准备阶段，回答问题是否清晰准确，能够紧扣主题，没有明显错误	5 分			
	项目实施阶段，是否能够根据操作步骤完成本项目	5 分			
	项目实训阶段，是否能够出色完成实训内容	5 分			
	项目总结阶段，是否能够正确地将项目总结的空白信息补充完整	2 分			
	项目考核阶段，是否能够正确地完成考核题目	3 分			
知识评价（30%）	是否理解机器学习的概念、了解其应用领域	5 分			
	是否了解机器学习的常见类型，理解每种类型的特点	10 分			
	是否掌握机器学习的一般过程，了解每个环节需要处理的工作	10 分			
	是否了解机器学习常用库，包括 NumPy、SciPy、Pandas、Matplotlib 和 Scikit-learn	5 分			
技能评价（30%）	是否能够使用 Anaconda 成功搭建机器学习的开发环境	15 分			
	是否能够在 Jupyter Notebook 编辑器中独立编写、运行和调试程序	15 分			
素养评价（20%）	是否遵守课堂纪律，上课精神是否饱满	5 分			
	是否具有自主学习意识，做好课前准备	5 分			
	是否善于思考，积极参与，勇于提出问题	5 分			
	是否具有团队合作精神，出色完成小组任务	5 分			
合计	综合分数_____自评（25%）+互评（25%）+师评（50%）	100 分			
	综合等级_____	指导老师签字_____			
综合评价	最突出的表现（创新或进步）： 还需改进的地方（不足或缺点）：				

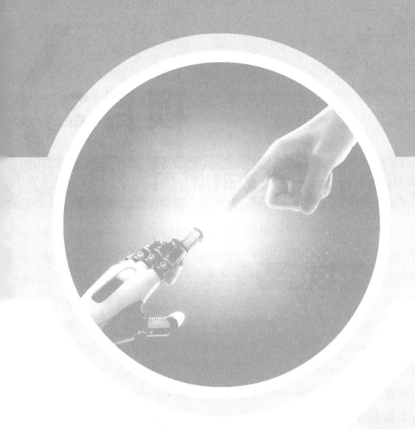

算法篇

SUAN FA PIAN

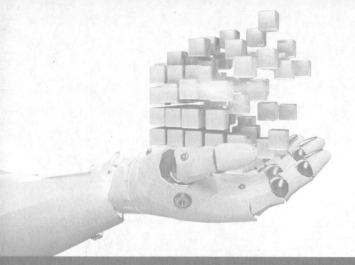

项目 2

训练线性回归预测模型

项目目标

知识目标

- ⊙ 理解相关与回归的基本概念。
- ⊙ 理解线性回归的基本原理。
- ⊙ 掌握线性回归方程的参数求解方法。
- ⊙ 掌握线性回归模型的性能评估方法。
- ⊙ 掌握岭回归与套索回归的基本原理与参数调节方法。

技能目标

- ⊙ 能够对训练完成的线性回归模型进行评估。
- ⊙ 能够编写程序，训练线性回归模型并实现预测。

素养目标

- ⊙ 学习基础知识，提高选择合适方法解决不同问题的能力。
- ⊙ 养成分析问题、事前做好准备的良好习惯。

📖 **项目描述**

在平时生活中，我们经常会遇到需要根据某些已知变量来预测某个变量的情况。例如，网站会根据已有的历史数据（如新用户的注册量、老用户的活跃度、网站内容的更新频率等）预测用户的支付转化率。小旌了解到，利用线性回归模型即可实现上述功能。于是，他开始训练线性回归模型用于房价预测。

小旌采用的数据集是著名的波士顿房价数据集，其网址为 http://lib.stat.cmu.edu/datasets/boston。数据集共记录了 506 条波士顿郊区的房价（房价的平均值）以及 13 个影响因素信息。从数据集中可以看出，影响波士顿郊区房价的因素主要有城镇人均犯罪率、住宅用地所占比例、城镇中非零售业的商业用地所占比例、每栋住宅的房间数、距离 5 个波士顿就业中心的加权距离、地区中有多少房东属于低收入人群，以及距离高速公路的便利指数等。数据集的前 22 行是信息介绍，从第 23 行开始是数据，经过处理后的部分数据如表 2-1 所示。

表 2-1　波士顿房价数据集（部分）

1	2	3	4	5	6	7	8	9	10	11	12	13	14
0.00632	18.00	2.310	0	0.5380	6.5750	65.20	4.0900	1	296.0	15.30	396.90	4.98	24.00
0.02731	0.00	7.070	0	0.4690	6.4210	78.90	4.9671	2	242.0	17.80	396.90	9.14	21.60
0.02729	0.00	7.070	0	0.4690	7.1850	61.10	4.9671	2	242.0	17.80	392.83	4.03	34.70
0.03237	0.00	2.180	0	0.4580	6.9980	45.80	6.0622	3	222.0	18.70	394.63	2.94	33.40
...	...	...	...	...	...	...	...	...	...	...	...	...	...
0.06905	0.00	2.180	0	0.4580	7.1470	54.20	6.0622	3	222.0	18.70	396.90	5.33	36.20
0.02985	0.00	2.180	0	0.4580	6.4300	58.70	6.0622	3	222.0	18.70	394.12	5.21	28.70
0.08829	12.50	7.870	0	0.5240	6.0120	66.60	5.5605	5	311.0	15.20	395.60	12.43	22.90
0.14455	12.50	7.870	0	0.5240	6.1720	96.10	5.9505	5	311.0	15.20	396.90	19.15	27.10

小旌打算基于波士顿郊区房价数据集，分别使用线性回归、岭回归和套索回归构建模型，完成波士顿房价预测，并显示各种算法的回归结果。

项目分析

按照项目要求，训练线性回归预测模型的步骤分解如下。

第 1 步：数据准备。首先应用 Pandas 读取波士顿房价数据，然后将数据集拆分为特征变量与标签两部分。

第 2 步：训练与评估模型。将波士顿房价数据集拆分为训练集与测试集，然后使用线性回归、岭回归与套索回归算法分别训练模型，并输出评估结果。

第 3 步：显示回归效果。绘制不同 alpha 取值下，3 个模型的回归效果图。

要将上述步骤转化为代码并一步步实现，还需要知识的积累。本项目将对相关知识进行介绍，包括线性回归的基本原理，线性回归模型的性能评估，以及线性回归的改进模型——岭回归与套索回归。

项目准备

全班学生以 3～5 人为一组进行分组，各组选出组长，组长组织组员扫码观看"什么是线性回归"视频，讨论并回答下列问题。

问题 1：一元线性回归的表达式是什么？

扫一扫

什么是线性回归

问题 2：多元线性回归的表达式是什么？

问题 3：求解线性回归方程参数的方法有哪些？

2.1　线性回归的基本原理

2.1.1　相关与回归

相关描述的是变量之间的一种关系。从统计角度看，变量之间的关系有函数关系和相关关系两种。函数关系，即当一个或多个变量取一定值时，另一个变量有唯一确定值与之对应。例如，若速度固定，路程和时间之间的关系就是函数关系，如图 2-1 所示。

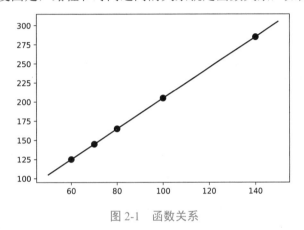

图 2-1　函数关系

在实际生活中，有些变量之间并不像函数关系那样，有明确的关系，但又的确存在一定的关系。例如，二手房的房价与面积，这两个变量之间不存在完全确定的关系，但却存在一定的趋势，即面积会对房价有一定影响，但又存在很大的不确定性。通常把变量之间的这种不确定的相互依存关系称为相关关系，如果两个变量之间存在相关关系，则可以用回归方法研究一个变量对另一个变量的影响，如图 2-2 所示。

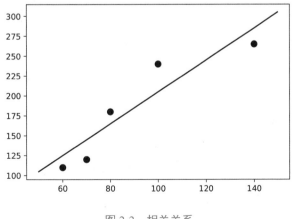

图 2-2　相关关系

添砖加瓦

相关分析与回归分析的联系与区别

相关分析与回归分析既有联系又有区别，其联系在于相关分析是回归分析的基础和前提，回归分析是相关分析的深入和继续。其区别主要包含以下 3 点。

第一，相关分析所研究的两个变量是对等关系，不区分自变量和因变量，而回归分析所研究的两个变量不是对等关系，必须根据研究目的确定其中的自变量和因变量。

第二，对于变量 x 和 y 来说，相关分析只能计算出一个反映两个变量间相关密切程度的相关系数，不能估计或推算出具体数值。而回归分析则可以用自变量数值推算因变量的估计值。

第三，相关分析中，两个变量都是随机的，或者一个变量是随机的，另一个变量是非随机的。而回归分析中，自变量是可以控制的变量（给定的变量），因变量是随机变量。

2.1.2 线性回归的原理分析

1. 线性回归的一般公式

回归是研究一组随机变量与另一组变量之间关系的统计分析方法，通常用 y 表示因变量，而 x 被看成是影响 y 的因素，称为自变量。利用机器学习解决回归问题时，首先要对所研究的回归问题进行分析，然后选取合适的算法训练模型，运用训练好的模型去预测新的数据。如果所研究的回归问题中，自变量与因变量呈线性关系，就可以用线性回归算法去训练模型。那么，什么是线性回归呢？

线性回归就是运用直线来描述数据之间关系的一种算法。直线的方程式可以表示为

$$f(x) = wx + b$$

其中，w 表示直线的斜率，b 表示直线的截距，x 表示自变量，即数据集中的特征变量，$f(x)$ 表示因变量，即模型对于数据结果的预测值。例如，运用线性回归预测二手房房价的例子中，房屋面积就是自变量，房屋售价的预测值就是因变量。

在上述方程式中，只有一个 x 和一个 $f(x)$，说明训练样本数据集中的特征变量只有一个，这种只有一个自变量和一个因变量组成的模型称为一元线性回归。

如果训练样本的数据集中有多个特征变量，则线性回归的一般预测公式为

$$f(x) = w_1x_1 + w_2x_2 + \cdots + w_nx_n + b$$

其中，x_1，x_2，$\cdots$，x_n 表示数据集中的特征变量（数据集中共有 n 个特征）；$f(x)$ 表示模型对于数据结果的预测值；w_1，w_2，$\cdots$，w_n 和 b 表示模型的参数，每个 w_i 值对应一条特征直线的斜率。像这样，由有线性关系的多个自变量和一个因变量组成的模型称为多元线

性回归。线性模型的一般公式也可以这样理解，模型给出的预测值可以看作各个特征的加权和，w_i 表示各个特征的权重。

畅|所|欲|言

请查阅相关资料，说说你对线性回归算法的理解。

2. 线性回归的损失函数

众所周知，平面上的两个点可以确定一条直线。假设训练数据集中只有两个样本，如表 2-2 所示。运用这两个样本很容易就可以得到一条拟合直线，如图 2-3 所示。

表 2-2　两个样本的训练数据集

序　号	x　值	y　值
1	5	15
2	15	35

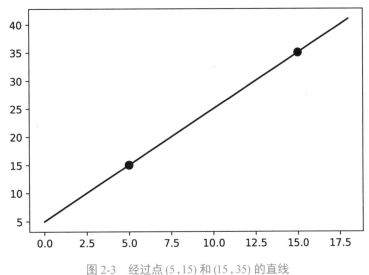

图 2-3　经过点 $(5, 15)$ 和 $(15, 35)$ 的直线

如果训练数据集中增加一个样本，这个样本在坐标系中所表示的点的坐标是 $(10, 15)$。怎样画一条直线来拟合这 3 个点呢？

在坐标系中，先随机画出多条直线，如图 2-4 所示。接下来通过计算来寻找最合适的拟合直线。

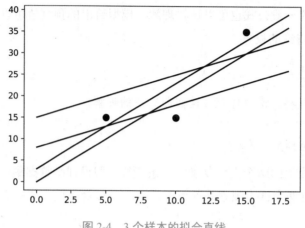

图 2-4 3 个样本的拟合直线

模型输出的预测值与真实值越接近，说明模型越好。如果用 $f(x)$ 表示模型的预测值，y 表示训练样本的真实值。那么，$f(x)$ 与 y 的接近程度就可以用 "$y-f(x)$" 来表示，由于 y 值有可能比 $f(x)$ 的值大，也可能比 $f(x)$ 的值小，因此，在实际应用中，通常用平方误差度量 $f(x)$ 与 y 的接近程度，即

$$e = [y - f(x)]^2$$

单个样本的误差度量为 $e = [y - f(x)]^2$，则 3 个样本所产生的误差总和为

$$J = [y_1 - f(x_1)]^2 + [y_2 - f(x_2)]^2 + [y_3 - f(x_3)]^2$$

显然，只要计算出总误差 J 的最小值，就能找到其对应的直线，求得对应方程的参数，从而找到最合适的线性回归方程。

在机器学习的训练集中，通常有多个样本，可将上述 3 个样本的情况扩展到多个样本，将所有训练样本所产生的误差总和看成线性回归模型的总误差。因此，对于任意给定的 n 个训练样本 x_1，x_2，$\cdots$，x_n，其标签分别为 y_1，y_2，$\cdots$，y_n，则所有样本的总误差为

扫一扫

损失函数扩展

$$J = [y_1 - f(x_1)]^2 + [y_2 - f(x_2)]^2 + \cdots + [y_n - f(x_n)]^2$$

在机器学习中，我们把上述函数 J 称为损失函数（loss function）。损失函数又称错误函数或 J 函数，用来对模型的预测误差进行评估。

素养之窗

在我国，机器学习领域最主要的学术活动是两年一次的"中国机器学习大会（CCML）"和每年举行的"机器学习及其应用"研讨会（MLA）。

第十八届中国机器学习大会（CCML 2021）由中国人工智能学会和中国计算机学会联合主办，中国人工智能学会机器学习专业委员会和中国计算机学会人工智能与模

式识别专业委员会协办，国防科技大学承办。此次会议为机器学习及相关研究领域的学者交流最新研究成果、进行广泛的学术讨论提供了便利，并且邀请了国内机器学习领域的著名学者做了精彩报告。

"机器学习及其应用"研讨会自 2002 年开始，先后在上海、南京、北京、西安、天津等地举行。第二十届中国机器学习及其应用研讨会于 2022 年 11 月 4 日—2022 年 11 月 6 日，在南京大学举办，邀请了海内外从事机器学习及相关领域的 10 余位专家与会进行了学术交流。

2.1.3 线性回归方程的参数求解方法

线性回归的基本思想是先求出损失函数的最小值，然后找出对应的直线，进而求出直线方程的参数 w 和 b 的值，得到线性回归方程。求参数 w 和 b 的值有两种方法：最小二乘法和梯度下降法。

1. 最小二乘法

最小二乘法又称最小平方法，它通过最小化误差的平方和寻找数据的最佳函数匹配。Sklearn 的 linear_model 模块中提供了 LinearRegression 类，该类使用最小二乘法实现线性回归，可通过下面语句导入线性回归模型。

```
from sklearn.linear_model import LinearRegression
```

LinearRegression 类提供了如下两个属性：① "coef_"表示回归系数，即斜率；② "intercept_"表示截距。

【例 2-1】 使用最小二乘法训练线性回归模型，预测面积为 200 m² 的房屋售价。二手房房屋销售数据如表 2-3 所示。

表 2-3 二手房房屋销售数据（训练集）

面积/（m²）	售价/（万元）	面积/（m²）	售价/（万元）
100	301	113	324
90	285	89	296
60	200	70	260
50	300	45	120
55	180	78	245

【程序分析】 使用最小二乘法训练线性回归模型并预测面积为 200 m² 的房屋售价，其步骤如下。

（1）使用最小二乘法训练线性回归模型。

【参考代码】

```
#导入 NumPy 与线性回归模型
import numpy as np
from sklearn.linear_model import LinearRegression
#输入训练集数据
x=np.array([[100],[113],[90],[89],[60],[70],[50],[45],[55],[78]])
                                #房屋面积
y=np.array([[301],[324],[285],[296],[200],[260],[300],[120],
[180],[245]])                    #售价
#建立模型，训练模型
model=LinearRegression()    #建立基于最小二乘法的线性回归模型
model.fit(x,y)              #开始训练模型
#求解线性回归方程参数
print("w=",model.coef_[0],"b=",model.intercept_)
```

【运行结果】　程序运行结果如图 2-5 所示。即用最小二乘法求得的线性回归方程为 $y = 2.13756953x + 90.78228498$。

$$\boxed{\text{w= [2.13756953] b= [90.78228498]}}$$

图 2-5　最小二乘法求解线性回归方程参数

【程序说明】　① 在机器学习中，如果数据集比较小，一般可将其保存成数组直接写在程序中，然后让程序读取该数组的内容即可。NumPy 用于创建数组对象，[1,2,3]表示一维数组，[[1,2],[3,4]]表示二维数组，本例中的数据集就是利用 NumPy 创建的二维数组。另外，获取数组中的数据时，下标要从 0 开始，本例中 x[0][0]表示数据 100；② fit(x,y)表示传入数据 x 与标签 y，训练模型。

（2）为了便于观察，将原始数据与求得的方程用图表示出来。

【参考代码】

```
#导入画图工具
import matplotlib.pyplot as plt
#求模型预测值
y2=model.predict(x)
#设置坐标轴
plt.xlabel('面积')                      #图形横轴的标签名称
```

```
plt.ylabel('售价')                                    #图形纵轴的标签名称
plt.rcParams['font.sans-serif']='Simhei'              #中文文字设置为黑体
plt.axis([40,125,100,400])        #设置图像横轴与纵轴的最大值与最小值
#绘制并显示图形
plt.scatter(x,y,s=60,c='k',marker='o')        #绘制散点图
plt.plot(x,y2,'r-')                      #绘制直线，第 3 个参数表示红色实线
plt.show()                               #显示图形
```

【运行结果】 程序运行结果如图 2-6 所示。

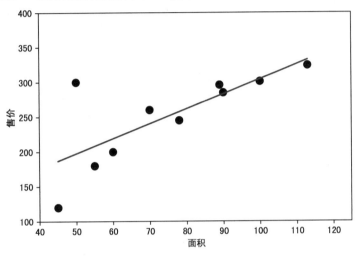

图 2-6 最小二乘法训练模型的实际值与预测值可视化

【程序说明】 ① 得到线性回归方程后，可用 predict()函数求解横坐标的预测值；② Matplotlib 中的 axis([40,125,100,400])函数用于设置图像横轴和纵轴的最大值与最小值，其中，40 和 125 分别表示横轴的最小值和最大值，100 和 400 分别表示纵轴的最小值和最大值；③ Matplotlib 中的 scatter()函数用于画散点图，前两个参数表示横轴和纵轴的坐标值，第 3 个参数 s 表示散点的大小（s 值越大，点越大），c 表示散点的颜色，"k"表示黑色，marker 表示散点的样式，"o"表示圆点。

（3）使用训练好的线性回归模型预测面积为 200 m^2 的房屋售价。

【参考代码】

```
a=model.predict([[200]])
print("200 平方米二手房的预测房价是: ",a[0][0])
```

【运行结果】 程序运行结果如图 2-7 所示。

200平方米二手房的预测房价是: 518.2961916987591

图 2-7 最小二乘法训练模型的预测结果

2. 梯度下降法

在机器学习中，梯度下降法是很普遍的算法，不仅可用于线性回归问题，还可用于神经网络等模型中。梯度下降法适用于特征个数较多，训练样本较多，内存无法满足要求时使用，是一种比较高效的优化方法。Sklearn 中提供的 SGDRegressor() 函数可以实现基于梯度下降法的回归分析，该函数的语法如下。

```
SGDRegressor(loss='squared_loss',n_iter_no_change=5,
max_iter=1000)
```

其中，loss 用于指定损失函数的形式，默认值 squared_loss 表示普通最小二乘法，当使用梯度下降法实现回归任务时，需要将其值设置为 huber；n_iter_no_change 表示梯度下降的迭代次数，默认值为 5，该值越大，精确率越高；max_iter 用来指定最大迭代次数，默认值为 1 000。

【例 2-2】 使用梯度下降法训练线性回归模型，预测面积为 200 m^2 的房屋售价。二手房房屋销售数据如表 2-3 所示。

【程序分析】 使用梯度下降法训练线性回归模型并预测面积为 200 m^2 的房屋售价，其步骤如下。

（1）使用梯度下降法训练线性回归模型。

【参考代码】

```
#导入 NumPy 与线性回归及梯度下降法模型
import numpy as np
from sklearn.linear_model import LinearRegression,SGDRegressor
#输入训练集数据
x=np.array([[100],[113],[90],[89],[60],[70],[50],[45],[55],[78]])
                              #房屋面积
y=np.array([[301],[324],[285],[296],[200],[260],[300],[120],
[180],[245]])                 #售价
#建立模型，训练模型
model=SGDRegressor(loss='huber',max_iter=5000,random_state=42)
                              #建立基于梯度下降法的线性回归模型
model.fit(x,y.ravel())        #开始训练模型
#求解线性回归方程参数
print("w=",model.coef_,"b=",model.intercept_)
```

【运行结果】 程序运行结果如图 2-8 所示。即用梯度下降法求得的线性回归方程为 $y = 3.15636039x + 0.04433569$。

w= [3.15636039] b= [0.04433569]

图 2-8　梯度下降法求解线性回归方程参数

【程序说明】　　① fit(x,y.ravel())中的 ravel()函数可以扁平化数组，即将二维数组转换为一维数组；② random_state 的值相当于一种规则，通过设定为相同的数值，每次运行程序得到的结果都相同。

（2）将原始数据与求得的方程用图表示出来。

【参考代码】

```
import matplotlib.pyplot as plt
#求模型预测值
y2=model.predict(x)
#设置坐标轴
plt.xlabel('面积')                              #图形横轴的标签名称
plt.ylabel('售价')                              #图形纵轴的标签名称
plt.rcParams['font.sans-serif']='Simhei'        #中文文字设置为黑体
plt.axis([40,125,100,400])      #设置图像横轴与纵轴的最大值与最小值
#绘制并显示图形
plt.scatter(x,y,s=60,c='k',marker='o')          #绘制散点图
plt.plot(x,y2,'r-')                 #绘制直线，第 3 个参数表示红色实线
plt.legend(['真实值','预测值']) #显示图例
plt.show()                          #显示图形
```

【运行结果】　　程序运行结果如图 2-9 所示。

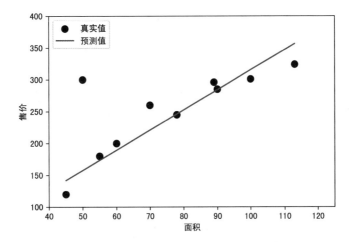

图 2-9　梯度下降法训练模型的实际值与预测值可视化

（3）使用训练好的线性回归模型预测面积为 200 m² 的房屋售价。

【参考代码】

```
a=model.predict([[200]])
print("200平方米二手房的预测房价是：",a[0])
```

【运行结果】　程序运行结果如图 2-10 所示。

200平方米二手房的预测房价是：631.3164144744751

图 2-10　梯度下降法训练模型的预测结果

可见，两种方法求解的线性回归方程还是有很大区别的。哪个模型更好呢？那么，就需要对线性回归模型进行性能评估了。

2.2　线性回归模型的性能评估

评估线性回归模型时，首先要建立评估的测试数据集（测试集不能与训练集相同），然后选择合适的评估方法，实现对线性回归模型的评估。回归任务中最常用的评估方法有均方误差、均方根误差和预测准确率（确定系数）。

【例 2-3】　分别对例 2-1 和例 2-2 中的两个模型进行评估，输入的测试集如表 2-4 所示。

表 2-4　二手房房屋销售数据（测试集）

面积/（m²）	售价/（万元）	面积/（m²）	售价/（万元）
103	301	115	344
90	275	89	276
60	206	70	210
50	160	45	124
55	190	78	235

【程序分析】　分别在例 2-1 和例 2-2 的程序文件的空白单元格中输入如下代码，对两个模型进行评估。

【参考代码】

```
#输入测试集
x_test=np.array([[103],[115],[90],[89],[60],[70],[50],[45],
[55],[78]])                              #房屋面积
y_test=np.array([[301],[344],[275],[276],[206],[210],[160],
[124],[190],[235]])                      #售价
#计算三个值
```

```
mse=np.average((y2-np.array(y))**2)        #均方误差
rmse=np.sqrt(mse)                           #均方根误差
r2=model.score(x_test,y_test)               #预测准确率
#输出三个值
print("均方误差为: ",mse)                    #输出均方误差
print("均方根误差为: ",rmse)                 #输出均方根误差
print("预测准确率为: ",r2)                   #输出预测准确率
```

【运行结果】

（1）最小二乘法训练模型的评估结果如图 2-11 所示。

（2）梯度下降法训练模型的评估结果如图 2-12 所示。

```
均方误差为:    1697.4442789901582
均方根误差为:   41.200051929459484
预测准确率为:   0.8148333769437266
```

```
均方误差为:    8694.924125979616
均方根误差为:   93.246577020176
预测准确率为:   0.9468153562441872
```

图 2-11　最小二乘法训练模型的评估结果　　　图 2-12　梯度下降法训练模型的评估结果

　　预测准确率越接近 1，说明模型对数据的拟合程度越好。从两个模型的评估结果来看，最小二乘法训练模型的预测准确率约为 81%，而梯度下降法训练模型的预测准确率约为 94%，训练的模型基本上都能拟合测试集数据。但现实生活中，真实数据的复杂程度很高，线性回归的表现就会大幅度下降。

　　【程序说明】　① average()函数用于计算平均值；② sqrt()函数用于计算平方根；③ score()函数用于对模型的预测准确率进行评估。

　　【例 2-4】　利用 Sklearn 中自带的数据集——糖尿病数据集训练一个模型，然后对这个模型进行评估。

　　【程序分析】　利用糖尿病数据集训练模型并对模型进行评估，其步骤如下。

　　（1）训练糖尿病数据的线性回归模型。

　　【参考代码】

```
#导入线性回归模型、糖尿病数据集及划分样本的方法
from sklearn.linear_model import LinearRegression
from sklearn.datasets import load_diabetes        #导入糖尿病数据集
from sklearn.model_selection import train_test_split
#将数据集划分为训练集和测试集
x,y=load_diabetes().data,load_diabetes().target
x_train,x_test,y_train,y_test=train_test_split(x,y,random_state=8)
#训练模型
model=LinearRegression()
```

```
model.fit(x_train,y_train)
#求解线性回归方程参数
print("w=",model.coef_,"b=",model.intercept_)
```

【运行结果】 程序运行结果如图 2-13 所示。从代码的运行结果可以看到，w 的值有多个，说明数据集的维度有多个，数据集的复杂性很高。

```
w= [   11.5106203   -282.51347161    534.20455671    401.73142674
   -1043.89718398    634.92464089    186.43262636    204.93373199
     762.47149733     91.9460394 ] b= 152.5624877455247
```

图 2-13 糖尿病数据集的线性回归参数

【程序说明】 ① train_test_split()函数用于将数据集划分为训练集和测试集，该函数默认把数据集的 75%作为训练集，把数据集的 25%作为测试集，也可使用 test_size 设置测试集所占的比例；② random_state 的值相当于一种规则，通过设定为相同的数值，每次划分样本时，分割的结果都相同。

（2）评估模型在训练集与测试集上预测准确率。

【参考代码】
```
#计算模型的预测准确率
r21=model.score(x_train,y_train)  #计算模型在训练集上的预测准确率
r22=model.score(x_test,y_test)    #计算模型在测试集上的预测准确率
#输出模型的预测准确率
print("模型在训练集上的预测准确率为: ",r21)
print("模型在测试集上的预测准确率为: ",r22)
```

【运行结果】 程序运行结果如图 2-14 所示。该模型的预测准确率比二手房模型低了很多，在训练集上的预测准确率约为 53%，而在测试集上的预测准确率只有约 46%。在训练集与测试集的预测准确率之间存在很大差异，这是过拟合的表现。

```
模型在训练集上的预测准确率为:  0.5303814759709331
模型在测试集上的预测准确率为:  0.4593440496691642
```

图 2-14 糖尿病数据集的线性回归模型性能评估

线性回归模型很容易出现过拟合现象。能不能找到一个算法，使人们能控制模型的复杂度，避免过拟合现象呢？那就要介绍一下线性回归模型最常用的替代模型——岭回归和套索回归。

2.3 岭回归与套索回归

2.3.1 岭回归的原理与参数调节

岭回归也是一种常用的回归模型，它实际上是一种改良的最小二乘法，是以损失部分信息、降低精度为代价以获得回归系数，是更为符合实际、更可靠的回归方法，常用于多维问题。

1. 岭回归原理

岭回归是避免线性回归过拟合现象的一种线性模型。过拟合是指模型的"学习能力"太强了，以致于把训练样本自身的一些特点当成了所有样本的一般性质进行学习，导致泛化能力下降。因此，要训练实用性更强的模型，就需要减小特征变量对预测结果的影响。岭回归通过保持模型所有的特征变量而减小特征变量的系数值，来减小特征变量对预测结果的影响。这种保留全部特征属性，只是降低特征变量的系数值来避免过拟合的方法称为L2 正则化。在 Sklearn 中，可通过如下语句导入岭回归模型。

```
from sklearn.linear_model import Ridge
```

【例 2-5】 使用糖尿病数据集，用岭回归训练一个模型，并对其进行评估。

【参考代码】

```
#导入岭回归模型、糖尿病数据集及划分样本的方法
from sklearn.linear_model import Ridge
from sklearn.datasets import load_diabetes
from sklearn.model_selection import train_test_split
#将数据集划分为训练集和测试集
x,y=load_diabetes().data,load_diabetes().target
x_train,x_test,y_train,y_test=train_test_split(x,y,random_state=8)
#训练模型
model=Ridge()
model.fit(x_train,y_train)
#评估模型，计算模型的预测准确率
r21=model.score(x_train,y_train)   #计算模型在训练集上的预测准确率
r22=model.score(x_test,y_test)     #计算模型在测试集上的预测准确率
#输出模型的预测准确率
print("模型在训练集上的预测准确率为: ",r21)
print("模型在测试集上的预测准确率为: ",r22)
```

【运行结果】 程序运行结果如图 2-15 所示。与例 2-4 结果相比，本例中使用岭回归训练的模型，预测的准确率要比线性回归稍微低一些，但是在测试数据集上的准确率与训练数据集上的准确率几乎一致，说明岭回归的泛化能力更强。

```
模型在训练集上的预测准确率为：  0.4326376676137663
模型在测试集上的预测准确率为：  0.4325217769068185
```

图 2-15 岭回归训练模型的预测准确率

2. 岭回归参数的调节

在岭回归中，可以通过改变 alpha 参数的值来控制减小特征变量系数的程度，alpha 参数的默认值为 1。

高手点拨

alpha 参数的取值没有一定的规定。alpha 的最佳设置取决于特定的数据集。增加 alpha 值会降低特征变量的系数，使之趋近于零，从而降低其在训练集上的性能，但更有助于提高泛化能力。

【例 2-6】 修改例 2-5 中糖尿病模型的 alpha 参数，将其值设置为 10，观察其运行结果。

【程序分析】 将例 2-5 程序中的"model=Ridge()"修改为"model=Ridge(alpha=10)"。

【运行结果】 程序运行结果如图 2-16 所示。可见，提高 alpha 值之后，模型的性能大大降低了，但是测试集的预测准确率却超过了训练集。

```
模型在训练集上的预测准确率为：  0.1511996236701113
模型在测试集上的预测准确率为：  0.16202013428866247
```

图 2-16 alpha=10 时岭回归模型的预测准确率

【例 2-7】 修改例 2-5 中糖尿病模型的 alpha 参数，将其值设置为 0.1，观察其运行结果。

【程序分析】 将例 2-5 程序中的"model=Ridge()"修改为"model=Ridge(alpha=0.1)"。

【运行结果】 程序运行结果如图 2-17 所示。可见，把 alpha 值设置为 0.1 之后，模型在训练集上的预测准确率就略低于线性回归，但在测试集上的预测准确率却有所提升。如果 alpha 值非常小，那么系统的限制几乎可以忽略不计，得到的结果也会非常接近线性回归。

```
模型在训练集上的预测准确率为：  0.5215646055241339
模型在测试集上的预测准确率为：  0.4734019500945308
```

图 2-17 alpha=0.1 时岭回归模型的预测准确率

2.3.2 套索回归的原理与参数调节

1. 套索回归原理

除岭回归之外，还有一个可以对线性回归进行正则化的模型，即套索回归。套索回归通过减少部分特征来减小特征变量对预测结果的影响，从而避免过拟合，这种方法称为L1正则化。L1正则化会导致在使用套索回归时，有部分特征的系数为0，从而忽略掉一些特征，可以看成是模型对特征进行自动选择的一种方式。在 Sklearn 中，可通过如下语句导入套索回归模型。

```
from sklearn.linear_model import Lasso
```

【例 2-8】　使用糖尿病数据集，用套索回归训练一个模型，并对其进行评估。

【参考代码】

```
#导入套索回归模型、糖尿病数据集、划分样本的方法及 NumPy 库
from sklearn.linear_model import Lasso
from sklearn.datasets import load_diabetes
from sklearn.model_selection import train_test_split
import numpy as np
#将数据集划分为训练集和测试集
x,y=load_diabetes().data,load_diabetes().target
x_train,x_test,y_train,y_test=train_test_split(x,y,random_state=8)
#训练模型
model=Lasso()
model.fit(x_train,y_train)
a=np.sum(model.coef_!=0)              #模型特征属性不等于 0 的个数
#评估模型，计算模型的预测准确率
r21=model.score(x_train,y_train)  #计算模型在训练集上的预测准确率
r22=model.score(x_test,y_test)    #计算模型在测试集上的预测准确率
#输出模型的预测准确率
print("模型在训练集上的预测准确率为: ",r21)
print("模型在测试集上的预测准确率为: ",r22)
print("套索回归使用的特征数为: ",a)
```

【运行结果】　程序运行结果如图 2-18 所示。可以看到，套索回归在训练集与测试集上的表现都比较糟糕，这意味着模型发生了欠拟合问题。在这 10 个特征中，套索回归模型只用了 3 个。与岭回归相似，套索回归也可通过调节其 alpha 参数，来控制特征变量系数被约束到 0 的强度。

```
模型在训练集上的预测准确率为： 0.36242428249291325
模型在测试集上的预测准确率为： 0.36561858962128
套索回归使用的特征数为： 3
```

图 2-18　套索回归训练模型的预测准确率

【程序说明】　"np.sum(model.coef_!=0)"用于设置模型中 w 值不等于 0 的个数，即真正使用的特征个数。

2. 套索回归参数的调节

在套索回归中，alpha 参数的默认值也是 1。为了降低欠拟合的程度，增加特征变量的数量，需要将 alpha 的值减小，并且增大最大迭代次数。

【例 2-9】　修改例 2-8 中糖尿病模型的 alpha 参数，将其值设置为 0.1，观察其运行结果。

【程序分析】　将例 2-8 程序中的"model=Lasso()"修改为"model=Lasso(alpha=0.1,max_iter=100000)"。

【运行结果】　程序运行结果如图 2-19 所示。可见，降低 alpha 参数的值会使得模型使用的特征数量变多，从而在训练集与测试集上有更好的表现。

```
模型在训练集上的预测准确率为： 0.519480608218357
模型在测试集上的预测准确率为： 0.47994757514558173
套索回归使用的特征数为： 7
```

图 2-19　alpha=0.1 时套索回归模型预测准确率

高手点拨

在实际应用中，该如何选择岭回归和套索回归呢？在实践中，岭回归往往是这两个模型的优选。但是，如果数据集中特征数量过多，而且只有一小部分是真正重要的，那么套索回归会是更好的选择。

项目实施——波士顿房价线性回归预测

1. 数据准备

步骤 1　导入 Pandas 与 NumPy 库。

步骤 2　读取波士顿房价数据集，并将数据集拆分为特征变量与标签两部分。

扫一扫

波士顿房价线性
回归预测

指点迷津

如果从网址 http://lib.stat.cmu.edu/datasets/boston 不能正确导入波士顿房价数据集，也可以使用本书提供的配套素材"item2/item2-ss-data.txt"，如果使用本书提供的配套素材，须将该文件复制到当前工作目录中。

步骤 3 将特征变量（data）与标签（target）分别存储于数组 x 和 y 中。

【参考代码】

```
import pandas as pd
import numpy as np
#读取数据并将数据集进行分离，拆分为特征变量（data）与标签（target）
data_url="http://lib.stat.cmu.edu/datasets/boston"
raw_df=pd.read_csv(data_url,sep="\s+",skiprows=22,header=None)
data=np.hstack([raw_df.values[::2,:],raw_df.values[1::2,:2]])
target=raw_df.values[1::2,2]
#将特征变量（data）与标签（target）分别赋值给 x 和 y
x,y=data,target
```

指点迷津

（1）pd.read_csv(data_url,sep="\s+",skiprows=22,header=None)函数用于读取 csv 文件，第一个参数为必填参数，表示读取的文件路径；"sep"参数可定义列与列之间的分隔符，默认为逗号，指定为"\s+"的含义是分隔符为一个或多个（数量不限）空格；"skiprows=22"表示忽略前面的 22 行内容（页面的前 22 行是数据集信息介绍）；"header"参数用来指定文件中的哪些内容作为列名，一般文件中的第一行为列名，None 表示不指定列名。

（2）hstack()函数可按水平方向（列顺序）堆叠数组构成一个新的数组，即将原文件中的数据去除标签值之后重新组成一个数组，可以提取数据集中的特征变量。

2. 训练与评估模型

为便于比较线性回归、岭回归与套索回归 3 种算法的效果，现分别使用这 3 种算法训练模型。

步骤 1 导入线性回归、岭回归与套索回归模型。

步骤 2 导入划分样本函数 train_test_split()，并使用该函数将数据集划分为训练集与测试集，测试集所占比例为 30%。

步骤 3 定义线性回归、岭回归与套索回归 3 个模型并将其分别命名为"Linear"

"Ridge" 与 "Lasso"。

指点迷津

　　3 个线性模型定义好之后，可将这 3 个模型放于数组 "model" 中，将模型对应的名称放于数组 "names" 中。

步骤4　分别训练线性回归、岭回归与套索回归模型，计算其预测准确率并进行输出。

【参考代码】

```
#导入3种模型及划分样本函数
from sklearn.linear_model import LinearRegression,Ridge,Lasso
from sklearn.model_selection import train_test_split
import matplotlib.pyplot as plt
#分割训练集和测试集
x_train,x_test,y_train,y_test=train_test_split(x,y,
random_state=1,test_size=0.3)
#定义各种线性回归对象
lr=LinearRegression()
rd=Ridge()
ls=Lasso()
models=[lr,rd,ls]
names=['Linear','Ridge','Lasso']
#分别训练模型并进行回归，计算预测准确率
for model,name in zip(models,names):
    model.fit(x_train,y_train)
    score=model.score(x_test,y_test)
    print("%s模型的预测准确率为：%.5f"%(name,score))
```

【运行结果】　程序运行结果如图 2-20 所示。

```
Linear模型的预测准确率为：0.78363
Ridge模型的预测准确率为：0.78905
Lasso模型的预测准确率为：0.66948
```

图 2-20　3 个模型的预测准确率

3. 显示回归效果

步骤1　将 alpha 的取值设置为 0.0001、0.0005、0.001、0.005、0.01、0.05、0.1、0.5、1、5、10 与 50。

步骤 2 分别测试每个模型在每个 alpha 值下的预测准确率。

指点迷津

alpha 取值共有 12 个，要测试每个模型在这些 alpha 取值下的情况，就要重复执行 36 次，可使用 for 循环编写程序。Python 中有函数 enumerate()，用于 for 循环中可将一个可遍历的数据对象组合为一个索引序列，同时获得数据和数据下标；append() 函数用于在数组末尾添加新的元素，可使用该函数将每次得到的结果添加到数组中。

步骤 3 绘制结果图，输出每个模型中，alpha 取不同值的情况下，预测准确率的变化图形。

指点迷津

使用 Matplotlib 画图时，figure() 函数可用于创建一个绘图对象；subplot() 函数可用于创建子图，显示图像位置布局。

【参考代码】

```
#测试 alpha 在不同取值下的回归效果
scores=[]
alphas=[0.0001,0.0005,0.001,0.005,0.01,0.05,0.1,0.5,1,5,10,50]
for index,model in enumerate(models):
    scores.append([])
    for alpha in alphas:
        if index>0:
            model.alpha=alpha
        model.fit(x_train,y_train)
        scores[index].append(model.score(x_test,y_test))
#绘制结果图
fig=plt.figure(figsize=(10,7))
for i,name in enumerate(names):
    plt.subplot(2,2,i+1)
    plt.plot(range(len(alphas)),scores[i],'g-')
    plt.title(name)
    print('%s 模型的最大预测准确率为: %.5f'%(name,max(scores[i])))
plt.show()
```

【运行结果】 程序运行结果如图 2-21 和图 2-22 所示。

Linear模型的最大预测准确率为: 0.78363
Ridge模型的最大预测准确率为: 0.78905
Lasso模型的最大预测准确率为: 0.78573

图 2-21　3 个模型的最大预测准确率

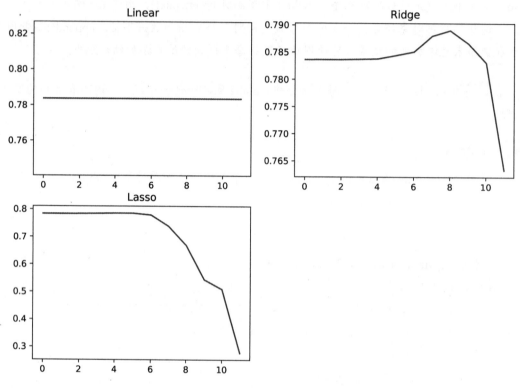

图 2-22　不同算法的波士顿房价数据集的回归效果比较

在使用默认参数的情况下，3 种算法的预测准确率相差不大，其中岭回归给出了最高的预测准确率。但对两种正则化回归算法的 alpha 值进行调整后，这两种算法的最高预测准确率均高于简单线性回归的预测准确率。另外，图 2-22 的图像显示，较大的 alpha 参数会导致模型的复杂度下降，预测的准确率也会随之下降。

指点迷津

　　同学们可将程序中的"plt.subplot(2,2,i+1)"修改为"plt.subplot(2,4,i+1)"或"plt.subplot(4,2,i+1)"，观察图像结果，深刻理解 subplot()函数。

项目实训

1. 实训目的

（1）理解数据分析的过程。

（2）掌握机器学习常用库（NumPy、Pandas、Matplotlib）的使用方法。

（3）掌握使用 Sklearn 训练线性回归模型并进行预测的方法。

2. 实训内容

已知某公司员工工龄与平均工资之间有一定的相关关系（见表 2-5），要求使用线性回归算法分析平均工资与工龄的关系。

表 2-5　工龄与平均工资数据集

工龄/（年）	平均工资/（元）	工龄/（年）	平均工资/（元）
1	2 000	6	10 567
2	2 200	7	9 566
3	4 900	8	15 678
4	3 221	9	13 644
5	6 834	10	15 789

（1）启动 Jupyter Notebook，以 Python 3 工作方式新建 Jupyter Notebook 文档，并重命名为"item2-sx.ipynb"。

（2）数据准备。

① 导入 NumPy 库。

② 使用 NumPy 定义两个数组，分别存放工龄数据与平均工资数据。

（3）训练线性回归模型。

① 导入线性回归模型 LinearRegression。

② 使用 LinearRegression 建立基于工龄与平均工资数据集的线性回归模型。

③ 训练线性回归模型。

（4）绘制图像。

① 导入 Matplotlib 库。

② 定义图像的标题为"工龄与平均工资之间的关系图"。

③ 定义图像的横坐标为"工龄/年"，纵坐标为"平均工资/元"。

④ 将步骤②和③中出现的中文字体设置为黑体。

⑤ 使用 scatter() 函数绘制原始数据点。

⑥ 使用 plot()函数绘制拟合线。

⑦ 使用 show()函数显示所画图形。

3. 实训小结

按要求完成实训内容，并将实训过程中遇到的问题和解决办法记录在表 2-6 中。

表 2-6　实训过程

序　号	主要问题	解决办法

项目总结

完成本项目的学习与实践后，请总结应掌握的重点内容，并将图 2-23 的空白处填写完整。

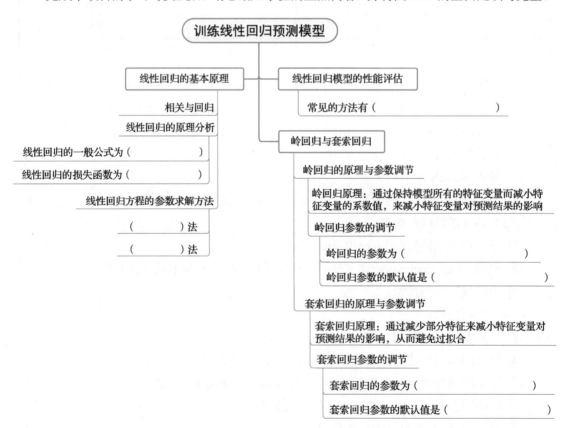

图 2-23　项目总结

项目考核

1. 选择题

（1）读取 csv 文件中的数据，可使用（　　）库。

　　A．Sklearn　　　　　　　　　B．Matplotlib

　　C．Pandas　　　　　　　　　 D．SciPy

（2）使用线性回归训练模型时，需要导入（　　）库。

　　A．Sklearn　　　　　　　　　B．Matplotlib

　　C．Pandas　　　　　　　　　 D．SciPy

（3）变量之间的关系可分为（　　）两大类。

　　A．函数关系与相关关系　　　　B．线性相关关系与非线性相关关系

　　C．正相关关系与负相关关系　　D．简单相关关系与复杂相关关系

（4）下列说法正确的是（　　）。

　　A．套索回归通过保持模型所有的特征变量而减小特征变量的系数值来减小特征
　　　　变量对预测结果的影响

　　B．岭回归通过减少部分特征来减小特征变量对预测结果的影响

　　C．套索回归通过减少部分特征来减小特征变量对预测结果的影响

　　D．以上说法都正确

2. 填空题

（1）LinearRegression 将训练好的模型分两部分存放，_____用于存放回归系数，
_____用于存放截距。

（2）线性回归方程参数的求解方法有_____和_____。

（3）保留全部特征属性，只是降低特征变量的系数值来避免过拟合的方法为_____。

3. 简答题

（1）简述相关分析与回归分析之间的联系与区别。

（2）简述岭回归与套索回归的含义。

项目评价

结合本项目的学习情况，完成项目评价，并将评价结果填入表 2-7 中。

表 2-7　项目评价

评价项目	评价内容	评价分数			
		分值	自评	互评	师评
项目完成度评价（20%）	项目准备阶段，回答问题是否清晰准确，能够紧扣主题，没有明显错误	5 分			
	项目实施阶段，是否能够根据操作步骤完成本项目	5 分			
	项目实训阶段，是否能够出色完成实训内容	5 分			
	项目总结阶段，是否能够正确地将项目总结的空白信息补充完整	2 分			
	项目考核阶段，是否能够正确地完成考核题目	3 分			
知识评价（30%）	是否理解相关与回归的基本概念	5 分			
	是否掌握线性回归的基本原理	10 分			
	是否掌握线性回归方程的参数求解方法	10 分			
	是否掌握岭回归与套索回归的基本原理与参数调节方法	5 分			
技能评价（30%）	是否能够使用线性回归算法训练模型	15 分			
	是否能够对训练完成的模型进行评估	10 分			
	是否能够使用岭回归与套索回归算法训练模型	5 分			
素养评价（20%）	是否遵守课堂纪律，上课精神是否饱满	5 分			
	是否具有自主学习意识，做好课前准备	5 分			
	是否善于思考，积极参与，勇于提出问题	5 分			
	是否具有团队合作精神，出色完成小组任务	5 分			
合计	综合分数_____自评（25%）+互评（25%）+师评（50%）	100 分			
	综合等级_____	指导老师签字_____			
综合评价	最突出的表现（创新或进步）： 还需改进的地方（不足或缺点）：				

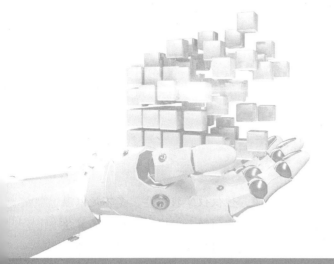

项目3

使用逻辑回归进行分类

项目目标

知识目标

- ⊙ 了解回归与分类的区别。
- ⊙ 掌握逻辑回归的基本原理。
- ⊙ 掌握逻辑回归算法的 Sklearn 实现方法。

技能目标

- ⊙ 能够编写程序，训练逻辑回归模型并实现预测。
- ⊙ 能够对训练完成的逻辑回归模型进行评估。

素养目标

- ⊙ 锻炼具体问题具体分析的思维方式，培养一丝不苟的工作态度，增强积极主动寻求解决方法的意识。
- ⊙ 研究逻辑回归的基础知识，提升知识水平，培养钻研精神。

📖 项目描述

　　小旌已经可以使用线性回归模型解决部分回归问题了，但仅仅掌握这些，是不足以胜任机器学习相关工作的。于是，他开始学习如何解决分类预测问题。实现分类预测的算法有很多，了解到逻辑回归是在线性回归的基础上进行的改进，对小旌来说比较容易上手，于是，他决定先从训练逻辑回归模型做起。

　　小旌采用的数据集是著名的鸢尾花数据集，该数据集是 Sklearn 自带的样本数据集。数据集共记录了 150 条数据，每条数据包含 4 个特征变量和 1 个类别值。其中，特征变量分别是花萼长度、花萼宽度、花瓣长度与花瓣宽度；类别值指明了每条数据所属的类别，数据集中鸢尾花的类别有 Iris-setosa、Iris-versicolor 和 Iris-virginica。部分数据如表 3-1 所示。

表 3-1　鸢尾花数据集（部分）

Sepal.Length/（cm）	Sepal.Width/（cm）	Petal.Length/（cm）	Petal.Width/（cm）	Species
5.1	3.5	1.4	0.2	Iris-setosa
4.9	3.0	1.4	0.2	Iris-setosa
4.7	3.2	1.3	0.2	Iris-setosa
4.6	3.1	1.5	0.2	Iris-setosa
5.0	3.6	1.4	0.2	Iris-setosa
…	…	…	…	…
7.0	3.2	4.7	1.4	Iris-versicolor
6.4	3.2	4.5	1.5	Iris-versicolor
6.9	3.1	4.9	1.5	Iris-versicolor
5.5	2.3	4.0	1.3	Iris-versicolor
6.5	2.8	4.6	1.5	Iris-versicolor
…	…	…	…	…
6.3	3.3	6.0	2.5	Iris-virginica
5.8	2.7	5.1	1.9	Iris-virginica
7.1	3.0	5.9	2.1	Iris-virginica
6.3	2.9	5.6	1.8	Iris-virginica
6.5	3.0	5.8	2.2	Iris-virginica

　　小旌打算基于鸢尾花数据集，使用逻辑回归算法构建一个分类器，能够对 3 种类别的鸢尾花进行分类，并使用 Matplotlib 画图，显示分类效果。

项目分析

按照项目要求，使用逻辑回归将鸢尾花进行分类的步骤分解如下。

第 1 步：数据准备。首先导入 Sklearn 自带的样本数据集——鸢尾花数据集，然后提取花瓣长度和花瓣宽度这两个特征作为训练模型的特征属性，并将数据集划分为训练集与测试集。

第 2 步：训练与评估模型。使用逻辑回归算法构建一个分类器，并输出该分类器的评估结果。

第 3 步：显示分类效果。绘制分类决策边界与样本数据图，显示分类效果。

使用逻辑回归算法训练鸢尾花的分类模型，需要先理解逻辑回归的基本原理。本项目将对相关知识进行介绍，包括回归与分类的区别、逻辑回归的原理分析与逻辑回归在 Sklearn 中的实现方法。

项目准备

全班学生以 3～5 人为一组进行分组，各组选出组长，组长组织组员扫码观看"逻辑回归的基本原理"视频，讨论并回答下列问题。

问题 1：画出阶跃函数与 Sigmoid 函数的图像。

扫一扫

逻辑回归的基本原理

问题 2：写出 Sigmoid 函数的数学表达式。

问题 3：写出逻辑回归的函数表达式。

3.1 逻辑回归的基本原理

逻辑回归虽然名为回归，实际上却是一种线性分类模型。逻辑回归与线性回归的目标都是得到一条直线，不同的是，线性回归的直线是尽可能拟合自变量的分布，使得训练集中所有样本点到直线的距离尽可能短；而逻辑回归的直线是尽可能拟合决策边界，使得训练样本中不同类的样本点尽可能分离。

3.1.1 回归与分类的区别

回归与分类最主要的区别就是预测值的类型，如果模型的预测值是连续的数值，就是回归问题；如果模型的预测值是不连续的离散值，就是分类问题。

例如，用房屋面积和房屋离市中心的距离来预测连续的房屋价值，这是回归问题，如表 3-2 所示；用房屋面积和房屋离市中心的距离来预测房价的高低，这就是分类问题，如表 3-3 所示。

表 3-2　回归数据集

房屋面积/（m²）	房屋离市中心的距离/（km）	房价/（万元）
100	18.00	320
90	9.00	290
89	40.00	234

表 3-3　分类数据集

房屋面积/（m²）	房屋离市中心的距离/（km）	房 价
100	18.00	高
90	9.00	低
89	40.00	低

对于回归模型的预测值，如果人为地设置一个阈值（如 300），低于该阈值的归类为低房价，高于或等于该阈值的归类为高房价。那么，就可以把线性回归模型输出的连续值进行离散化，即将线性回归模型改造成相应的线性分类模型。

3.1.2 逻辑回归的原理分析

1. 阶跃函数

线性回归模型改造成线性分类模型的关键在于如何将模型输出的连续值进行离散化。最直接的方法是设置若干阈值，将回归模型输出的连续值分割为不同的区间，每个区间表示一个类别，从而实现连续值的离散化。然而，这种方法需要人为设置阈值，阈值怎样设置才合理呢？通常对于二分类问题，可将阈值设置为所有样本因变量的中位数或均值。但对于有些问题，这样的分类并不合理，如考试成绩及格或不及格，并不是以均值或中位数对样本进行划分的。

从数学角度看，这种人为地设置阈值的方法相当于使用阶跃函数（见图 3-1）对线性回归模型的输出值进行函数映射。

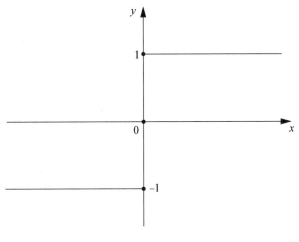

图 3-1 阶跃函数

2. 激活函数

阶跃函数是不连续的函数，无法求导数，而求线性回归参数时，通常需要使用求导数的方法来求极小值。因此，引入阶跃函数之后将导致线性回归模型无法求方程的参数。为此，人们设计出了一些具有良好数学性质的激活函数来代替阶跃函数，以实现对连续值的离散化。

线性回归模型引入激活函数后就变成了线性分类模型。可见，线性分类模型就是在线性回归模型的基础上增加了一层激活函数。逻辑回归就是这样一种线性分类模型，它在线性回归模型的基础上增加了激活函数 Sigmoid，Sigmoid 函数的数学表达式为

$$\text{Sigmoid}(x) = \frac{1}{1 + e^{-x}}$$

图 3-2 为 Sigmoid 函数的图形，它与阶跃函数的形状很相似，但在阶跃处是连续的。

当 $x = 0$ 时，Sigmoid 的值为 0.5，随着 x 值的增大，对应的 Sigmoid 值逐渐接近 1；随着 x 值的减小，Sigmoid 值逐渐接近 0，但 Sigmoid 的值永远不可能达到 1 或 0。

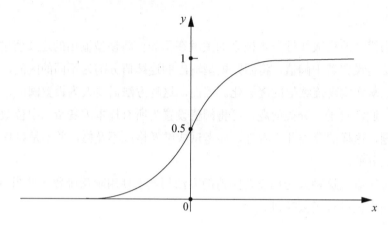

图 3-2　Sigmoid 函数的图形

3. 逻辑回归的函数表达式

线性回归模型的函数为 $g(x) = w_1 x_1 + w_2 x_2 + \cdots + w_n x_n + b$，逻辑回归是在线性回归的基础上增加了一层 Sigmoid 函数。如果令 $f(x) = \text{Sigmoid}(x)$，并且将 $g(x) = w_1 x_1 + w_2 x_2 + \cdots + w_n x_n + b$ 作为自变量代入 $f(x)$ 中，即可得到逻辑回归模型。因此，逻辑回归的函数表达式为

$$f[g(x)] = \frac{1}{1 + \mathrm{e}^{-(w_1 x_1 + w_2 x_2 + \cdots + w_n x_n + b)}}$$

即

$$f(x) = \frac{1}{1 + \mathrm{e}^{-(w_1 x_1 + w_2 x_2 + \cdots + w_n x_n + b)}}$$

通过函数表达式可以看到，$f(x)$ 的值域为 $(0,1)$。因此，可将 $f(x)$ 看成是一个关于样本的概率分布。

训练逻辑回归模型的过程就是寻求参数 w 和 b 的最佳值的过程。那么，怎样求得参数 w 和 b 的最佳值呢？使用逻辑回归处理二分类问题时，模型的预测结果为 0 或 1。对于每个样本，希望逻辑回归预测的类别为真实类别的概率越大越好。具体来说，对于任意给定的 n 个样本组成的数据集，X_i 表示某个样本，y_i 表示该样本的标签。如果 X_i 为正例（标签为 1），则希望 $f(X_i)$ 的值越大越好；如果 X_i 为反例（标签为 0），则希望 $f(X_i)$ 的值越小越好，即"$1 - f(X_i)$"的值越大越好。由于样本的标签 y_i 的两个取值互补，故可将两式结合起来，得到

$$P(y_i \mid X_i) = f(X_i)^{y_i} [1 - f(X_i)]^{1 - y_i}$$

高手点拨

公式 $P(y_i | X_i) = f(X_i)^{y_i} [1 - f(X_i)]^{1-y_i}$ 中，如果 X_i 为正例，则其标签为 1，即 $y_i = 1$，代入公式中，公式变为 $P(y_i | X_i) = f(X_i)$；如果 X_i 为反例，则其标签为 0，即 $y_i = 0$，代入公式中，公式变为 $P(y_i | X_i) = 1 - f(X_i)$。因此，可将正例与反例结合起来，得到该公式。

此时，无论样本是正例还是反例，都希望 $P(y_i | X_i)$ 的值越大越好。扩展到整个样本数据集上，即可得到似然函数 L，其公式为

$$L = \prod_{i=1}^{n} f(X_i)^{y_i} [1 - f(X_i)]^{1-y_i}$$

知|识|库

在数学中，$\prod$ 通常表示连乘，如 $\prod n$ 表示 $1 \times 2 \times 3 \times \cdots \times n$。

显然，求似然函数的最大值就是逻辑回归的目标。只要求出似然函数的最大值，就可以得到对应的参数 w 与 b 的值，最终得到逻辑回归模型。

指点迷津

在机器学习中，损失函数指的是预测值与真实值的误差，通常求得的模型会将损失降到最低，即最小化损失函数。在逻辑回归中，当似然函数最大时，预测的准确率最高，即损失函数最小。因此，在逻辑回归中，最大化似然函数就是最小化损失函数。

一个样本逻辑回归的预测值如果大于或等于 0.5，则更接近于 1，可以判定该样本属于正例的概率大于属于反例的概率；如果该值小于 0.5，则更接近于 0，可以判定该样本属于反例的概率大于属于正例的概率。因此，在逻辑回归中，把 0.5 作为分类的阈值，大于 0.5 的样本划分为正例，小于 0.5 的样本划分为反例。

畅|所|欲|言

请查阅相关资料，说说你对逻辑回归算法的理解。

素养之窗

2022 年 4 月，中国信息通信研究院正式发布了《人工智能白皮书（2022 年）》。白皮书全面回顾了 2021 年以来全球人工智能在政策、技术、应用和治理等方面的最新动向，重点分析了人工智能所面临的新发展形势及其所处的新发展阶段，致力于全面梳理当前人工智能发展态势，为各界提供参考，共同推动人工智能持续健康发展。

白皮书认为，人工智能逐步进入新阶段，下一步的发展方向为技术创新、工程实践、可信安全"三维"坐标。第一个维度突出创新，算法和算力方面的创新仍会不断涌现；第二个维度突出工程，工程化能力逐渐成为人工智能大规模赋能千行百业的关键要素；第三个维度突出可信，发展负责任可信赖的人工智能成为共识，将抽象的治理原则落实到人工智能全生命流程将成为重点。

3.2 逻辑回归算法的 Sklearn 实现

3.2.1 Sklearn 中的逻辑回归模块

Sklearn 的 linear_model 模块提供了 LogisticRegression 类，用于实现逻辑回归。在 Sklearn 中，可通过下面语句导入逻辑回归模型。

```
from sklearn.linear_model import LogisticRegression
```

LogisticRegression 类提供了如下参数。

（1）参数 solver 用来指定损失函数的优化方法，其取值有 4 个，分别为 liblinear、lbfgs、newton-cg 和 sag。

① liblinear 表示内部使用了梯度下降法迭代优化损失函数。

② lbfgs 是一种拟牛顿法，利用损失函数二阶导数矩阵迭代优化损失函数。

扫一扫

交叉验证法

③ newton-cg 也是利用损失函数二阶导数矩阵迭代优化损失函数，其复杂度较低。

④ sag 表示随机平均梯度下降，是梯度下降法的变种，适合于样本数据较多的情况。

（2）参数 penalty 用于指定损失函数的正则化参数，其取值为 "l1" 或 "l2"（默认值）。其中，"l2" 支持 liblinear、lbfgs、newton-cg 和 sag 这 4 种算法，"l1" 只支持 liblinear 算法。

（3）参数 fit_intercept 用来设置是否存在截距，默认为 True，存在截距。

（4）参数 C 用来表示正则化系数的倒数，必须为正数，默认为 1。C 值越小，代表正则化越强。

📖 添砖加瓦

在 Sklearn 中，除 LogisticRegression 类外，LogisticRegressionCV 类和 logistic_regression_path 类也可以用来做逻辑回归。其中，两者的主要区别是 LogisticRegressionCV 类使用了交叉验证来选择正则化系数 C，而 logistic_regression_path 类需要自己指定一个正则化系数。

3.2.2 逻辑回归应用举例

【例 3-1】 某超市为了分析顾客是否要购买新引进的辣椒酱,以"辣椒酱的辣度 x_1 与保质期 x_2 两因素对购买决定的影响"为主题,随机对 24 名顾客进行了调查,得到的数据如表 3-4 所示。使用逻辑回归对该问题进行建模,并判定新辣椒酱($x_1 = 3$, $x_2 = 7$)是否为顾客所购买。

表 3-4 顾客是否购买辣椒酱数据集

顾 客	x_1	x_2	y	顾 客	x_1	x_2	y
1	2	3	1	13	3	5	1
2	3	4	1	14	2	4	1
3	6	5	1	15	5	6	1
4	4	4	1	16	3	6	1
5	3	2	1	17	3	3	1
6	4	7	1	18	4	5	1
7	5	4	0	19	4	2	0
8	4	3	0	20	5	5	0
9	7	5	0	21	6	7	0
10	3	3	0	22	5	3	0
11	4	4	0	23	6	4	0
12	5	2	0	24	6	6	0

【程序分析】 (1)这是一个二分类问题,有两个特征变量,逻辑回归模型可表示为

$$f(x) = \frac{1}{1 + e^{-(w_1 x_1 + w_2 x_2 + b)}}$$

为了求模型参数 w_1 、 w_2 与 b 的值,需计算似然函数 $L = \prod_{i=1}^{n} f(X_i)^{y_i}[1 - f(X_i)]^{1-y_i}$ 的最大值。将数据集中 1~12 号顾客作为训练集,13~24 号顾客作为测试集,计算参数的值。

【参考代码】

```
#导入 NumPy 与逻辑回归模型
import numpy as np
from sklearn.linear_model import LogisticRegression
#输入训练集数据
x=np.array([[2,3],[3,4],[6,5],[4,4],[3,2],[4,7],[5,4],[4,3],
[7,5],[3,3],[4,4],[5,2]])        #特征变量:辣椒酱辣度与保质期
y=np.array([[1],[1],[1],[1],[1],[1],[0],[0],[0],[0],[0],[0]])
                        #顾客是否购买,1 表示购买,0 表示不购买
```

```
#建立模型，训练模型
model=LogisticRegression()
model.fit(x,y.ravel())
#求解逻辑回归方程参数
print("w=",model.coef_,"b=",model.intercept_)
```

【运行结果】　程序运行结果如图3-3所示。即得到的逻辑回归模型为

$$f(x)=\frac{1}{1+e^{-(-0.7119552x_1+0.62359736x_2+0.5919836)}}。$$

w= [[-0.7119552   0.62359736]] b= [0.5919836]

图 3-3　逻辑回归方程参数

（2）测试该模型的预测准确率。

【参考代码】

```
#输入测试集
x_test=np.array([[3,5],[2,4],[5,6],[3,6],[3,3],[4,5],[4,2],
[5,5],[6,7],[5,3],[6,4],[6,6]])#特征变量：辣椒酱辣度与保质期
y_test=np.array([[1],[1],[1],[1],[1],[1],[0],[0],[0],[0],[0],
[0]])                          #顾客是否购买，1表示购买，0表示不购买
#模型预测准确率评估
r2=model.score(x_test,y_test)        #计算模型的预测准确率
print("模型预测准确率为: ",r2)        #输出模型的预测准确率
```

【运行结果】　程序运行结果如图3-4所示。在样本数据很少的情况下，这个模型的性能已经很好了，可以对新样本进行预测。

模型预测准确率为: 　0.75

图 3-4　逻辑回归模型预测准确率

（3）预测新样本所属类别。

【参考代码】

```
a=model.predict([[3,7]])
print("新样本的预测标签为: ",a[0])
```

【运行结果】　程序运行结果如图3-5所示。可见，该样本应划分为正例，即顾客会购买该辣椒酱。

新样本的预测标签为： 1

图 3-5 逻辑回归模型新样本预测

指点迷津

使用逻辑回归算法得到模型 $f(x) = \dfrac{1}{1+e^{-(-0.7119552x_1+0.62359736x_2+0.5919836)}}$ 后，可以通过计算

验证得到的结论是否正确。即将 $x_1=3$ ， $x_2=7$ 代入公式中，求得：

$f(x) = \dfrac{1}{1+e^{-(-0.7119552x_1+0.62359736x_2+0.5919836)}} = \dfrac{1}{1+e^{-(-0.7119552\times3+0.62359736\times7+0.5919836)}} \approx 0.944 > 0.5$ 。因

此，该样本应划分为正例，即顾客会购买该辣椒酱。

项目实施 ——鸢尾花逻辑回归分类

1. 数据准备

步骤1 从 Sklearn 中导入鸢尾花数据集。

步骤2 提取数据集中的花瓣长度和花瓣宽度两个特征作为
训练模型的特征属性。

扫一扫

鸢尾花逻辑回归分类

指点迷津

本项目最后一步需要用图形表示模型的分类效果，而数据集中有 4 个特征，维度较
高，难以直接用图形表示。因此，本项目选取其中两个特征训练模型。观察表 3-1 的数
据发现，花瓣长度和花瓣宽度这两个特征的分类作用较明显，故本项目在特征属性中提
取花瓣长度和花瓣宽度这两个特征作为训练模型的特征属性。

步骤3 使用 train_test_split()方法将数据集划分为训练集与测试集。

【参考代码】

```
#导入鸢尾花数据集
from sklearn.datasets import load_iris
from sklearn.model_selection import train_test_split
#提取特征，划分数据集
x,y=load_iris().data[:,2:4],load_iris().target
                          #提取花瓣长度与花瓣宽度作为特征，训练模型
```

```
x_train,x_test,y_train,y_test=train_test_split(x,y,random_state=1
,test_size=50)                #将数据集拆分为训练集与测试集
```

2. 训练与评估模型

步骤 1 导入逻辑回归模型与评估分类准确率的方法。

步骤 2 使用逻辑回归 LogisticRegression 定义模型，并对模型进行训练。

步骤 3 对训练完成的逻辑回归模型进行预测准确率的评估。

指点迷津

在 Sklearn 中，可以使用 accuracy_score()函数评估模型的预测准确率。accuracy_score() 函数在 Sklearn 的 metrics 模块中，使用前需要先将其导入程序中。

【参考代码】

```
#导入逻辑回归模型与评估分类准确率的方法
from sklearn.linear_model import LogisticRegression
from sklearn.metrics import accuracy_score
#定义与训练逻辑回归模型
model=LogisticRegression()       #建立逻辑回归模型
model.fit(x_train,y_train)       #训练模型
#模型评估
ac=accuracy_score(y_test,model.predict(x_test))
print("模型预测准确率: ",ac)
```

【运行结果】 程序运行结果如图 3-6 所示。

模型预测准确率: 0.98

图 3-6 鸢尾花分类模型预测准确率

3. 显示分类效果

步骤 1 导入 Matplotlib 与 NumPy 库。

指点迷津

使用 Matplotlib 绘制图形时，可以使用"from matplotlib.colors import ListedColormap" 语句导入 Matplotlib 的颜色模块，以实现使用不同的颜色块表示不同类别鸢尾花的区域。

步骤 2 使用 Matplotlib，绘制 3 种类别鸢尾花的分类界面。

指点迷津

使用 Matplotlib 绘制分类界面的步骤如下。

（1）使用 np.meshgrid()函数生成网格点。

（2）使用 model.predict()函数预测所有网格点的类别标签。

（3）使用 pcolormesh()函数绘制各个网格点类别对应的颜色块。这样只要网格点足够多，足够密，就会产生很多个小颜色块。不同类别网格点的颜色块不同，聚集在一起就形成了分类界面图像。

使用 Matplotlib 绘制分类界面时，可能用到的部分函数如下。

（1）np.linspace(start,stop,num)函数可生成等间距数组，其参数 start 与 stop 分别表示数组起始与终止位置，参数 num 表示包含 start 与 stop 在内的间隔点的总数。

（2）np.stack((x1.flat,x2.flat),axis=1)用来将两个一维数组合并成一个二维数组，axis=1 表示按列合并，即将两个一维数组看成两列，再进行合并；axis=0 表示按行合并。

（3）flat()函数表示将原始数组中深度为 1 的数组完全展平，原始数组中深度大于或等于 2 的数组的深度减小 1。

（4）reshape()函数的功能是改变数组或矩阵的形状。

① a.reshape(m,n)表示将原始数组 a 转化为一个 m 行 n 列的新数组，a 自身不变；

② 若将参数 m 或 n 其中一个写为"-1"，则表示计算机根据原始数组中的元素总数自动计算行或列的值。例如，若 a=np.array([0,1,2,3,4,5,6,7,8,9])，则 a.reshape(-1,5)的作用是将数组 a 改为一个 5 列的二维新数组 "[[0,1,2,3,4],[5,6,7,8,9]]"；

③ a.reshape(x1.shape)表示与 x1 数组设置相同的形状。

（5）pcolormesh(x1,x2,y_hat,cmap=iris_cmap)函数一般需要设置 4 个参数，参数 x1 和 x2 表示所有采样点的横坐标与纵坐标的集合；y_hat 表示所有采样点的类别，该参数必须是一个二维数组；cmap 表示该类别对应的颜色。

步骤 3 绘制 3 种类别鸢尾花的样本点。其中，标签 0 表示 Iris-setosa，标签 1 表示 Iris-versicolor，标签 2 表示 Iris-virginica。

步骤 4 设置坐标轴的名称并显示图形。

【参考代码】

```
#导入 Matplotlib 与 NumPy 库
import matplotlib.pyplot as plt
from matplotlib.colors import ListedColormap
import numpy as np
#绘制分类界面
N,M=500,500              #网格采样点的个数，采样点越多，分类界面图越精细
t1=np.linspace(0,8,N)                    #生成采样点的横坐标值
```

```
t2=np.linspace(0,3,M)                              #生成采样点的纵坐标值
x1,x2=np.meshgrid(t1,t2)                           #生成网格采样点
x_new=np.stack((x1.flat,x2.flat),axis=1)           #将采样点作为测试点
y_predict=model.predict(x_new)                     #预测测试点的值
y_hat=y_predict.reshape(x1.shape)                  #与 x1 设置相同的形状
iris_cmap=ListedColormap(["#ACC6C0","#FF8080","#A0A0FF"])
                                                   #设置分类界面的颜色
plt.pcolormesh(x1,x2,y_hat,cmap=iris_cmap)         #绘制分类界面
#绘制 3 种类别鸢尾花的样本点
plt.scatter(x[y==0,0],x[y==0,1],s=30,c='g',marker='^')
                                                   #绘制标签为 0 的样本点
plt.scatter(x[y==1,0],x[y==1,1],s=30,c='r',marker='o')
                                                   #绘制标签为 1 的样本点
plt.scatter(x[y==2,0],x[y==2,1],s=30,c='b',marker='s')
                                                   #绘制标签为 2 的样本点
#设置坐标轴的名称并显示图形
plt.rcParams['font.sans-serif']='Simhei'
plt.xlabel('花瓣长度')
plt.ylabel('花瓣宽度')
plt.show()
```

【运行结果】 程序运行结果如图 3-7 所示。可见，使用逻辑回归进行鸢尾花的分类时，约有 3 个样本分类错误，可以得到其在所有样本中的分类准确率为 $Accuracy = 147/150 = 0.98$，与测试集得到的预测准确率结果较吻合。

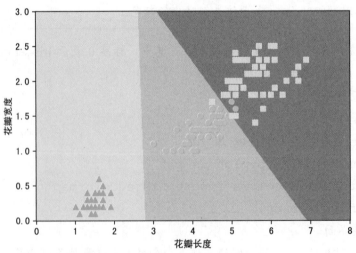

图 3-7 鸢尾花分类模型可视化图形

畅 | 所 | 欲 | 言 ▮▮▮

本项目如果选取其他特征（任意两个）训练模型，最后的可视化分类结果又是怎样的呢？请同学们自行选择其他特征训练模型，并对模型进行可视化展示。

项目实训

1. 实训目的

（1）掌握从外部导入数据集的方法。

（2）掌握数据集中特征变量与标签的提取方法。

（3）掌握建立逻辑回归模型的方法。

（4）掌握逻辑回归模型的评估方法。

（5）掌握绘制分类界面的方法。

2. 实训内容

为引进专业化人才，某单位组织了一次招聘考试，考试成绩（部分）如表 3-5 所示。公司根据这两门课的成绩决定是否录取该考试人员。试使用逻辑回归对样本数据进行分类，并使用图形展示可视化结果。

表 3-5 考试成绩数据集

科目 1 成绩	科目 2 成绩	是否录取（1 表示录取，0 表示不录取）
34	78	0
55	86	0
58	67	0
...	...	...
90	78	1
67	73	1
80	69	1

（1）启动 Jupyter Notebook，以 Python 3 工作方式新建 Jupyter Notebook 文档，并重命名为"item3-sx.ipynb"。

（2）数据准备。

① 导入 NumPy 库。

② 在代码单元格中输入如下代码，读取数据（数据集见本书提供的配套素材"item3/logi-y.txt"文件）。

扫一扫

提取数组中的行和列

```
raw_df=np.loadtxt('logi-y.txt',delimiter=',',encoding='utf-8')
```

③ 提取数据集中的第 0 列和第 1 列作为特征变量，并命名为 data。

④ 提取数据集中的第 2 列作为标签，命名为 target。

⑤ 使用 NumPy 定义两个数组 x 和 y，分别存放 data 与 target。

⑥ 将数据集拆分为训练集与测试集，要求测试集所占比例为 30%。

（3）训练逻辑回归模型并进行评估。

① 导入逻辑回归模型 LogisticRegression。

② 使用 LogisticRegression 建立基于考试成绩数据集的逻辑回归模型。

③ 训练逻辑回归模型。

④ 导入 accuracy_score()函数，用于评估逻辑回归模型。

⑤ 对训练完成的逻辑回归模型进行评估并输出评估结果。

（4）绘制图像。

① 导入 Matplotlib 库。

② 使用 pcolormesh()函数绘制分类边界。要求定义网格采样点的个数为 500×500，分类界面的颜色为"#ACF080"和"#A0A0FF"。

③ 使用 scatter()函数绘制原始数据点。本实训的原始数据共有两个类别，分别用"蓝色圆点"表示未被录取的考试人员，用"红色三角"表示已被录取的考试人员。

④ 设置图像横轴的标签名称为"科目 1 成绩"。

⑤ 设置图像纵轴的标签名称为"科目 2 成绩"。

⑥ 将图像中出现的中文字体设置为黑体。

⑦ 使用 show()函数显示所画图形。

3. 实训小结

按要求完成实训内容，并将实训过程中遇到的问题和解决办法记录在表 3-6 中。

表 3-6　实训过程

序　号	主要问题	解决办法

项目总结

完成本项目的学习与实践后，请总结应掌握的重点内容，并将图 3-8 的空白处填写完整。

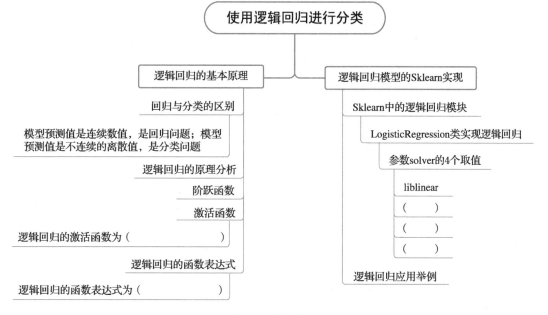

图 3-8 项目总结

项目考核

1. 选择题

（1）关于逻辑回归算法，下列说法错误的是（ ）。

    A. 逻辑回归属于有监督学习

    B. 逻辑回归仅能解决二分类问题

    C. 逻辑回归使用最大似然估计训练模型

    D. 逻辑回归是在线性回归的基础上增加了一层激活函数

（2）在 Sklearn 中，使用逻辑回归训练模型时，需要用到（ ）类。

    A. LinearRegression   B. Ridge

    C. LogisticRegression   D. Lasso

2. 填空题

（1）逻辑回归是一种线性分类模型，其激活函数为 Sigmoid 函数。Sigmoid 函数的数学表达式为_____。

（2）逻辑回归的函数表达式为_____。

（3）逻辑回归的似然函数为_____。

3. 简答题

（1）简述回归与分类的区别。

（2）简述逻辑回归的基本原理。

 项目评价

结合本项目的学习情况，完成项目评价并将评价结果填入表 3-7 中。

表 3-7 项目评价

评价项目	评价内容	评价分数			
		分值	自评	互评	师评
项目完成度评价（20%）	项目准备阶段，回答问题是否清晰准确，能够紧扣主题，没有明显错误	5 分			
	项目实施阶段，是否能够根据操作步骤完成本项目	5 分			
	项目实训阶段，是否能够出色完成实训内容	5 分			
	项目总结阶段，是否能够正确地将项目总结的空白信息补充完整	2 分			
	项目考核阶段，是否能够正确地完成考核题目	3 分			
知识评价（30%）	是否对相关与回归的区别有所了解	5 分			
	是否掌握逻辑回归的基本原理	10 分			
	是否掌握 Sklearn 中逻辑回归模块的使用方法	15 分			
技能评价（30%）	是否能够使用逻辑回归算法训练模型	20 分			
	是否能够对训练完成的逻辑回归模型进行评估	10 分			
素养评价（20%）	是否遵守课堂纪律，上课精神是否饱满	5 分			
	是否具有自主学习意识，做好课前准备	5 分			
	是否善于思考，积极参与，勇于提出问题	5 分			
	是否具有团队合作精神，出色完成小组任务	5 分			
合计	综合分数_____自评（25%）+互评（25%）+师评（50%）	100 分			
	综合等级_____	指导老师签字_____			
综合评价	最突出的表现（创新或进步）：				
	还需改进的地方（不足或缺点）：				

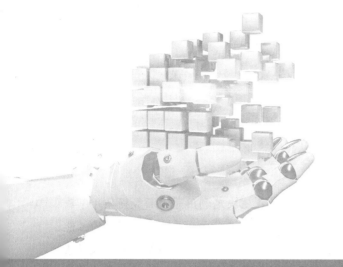

项目 4

使用 k 近邻算法实现分类与回归

项目目标

知识目标

- ⊙ 掌握 k 近邻算法解决分类问题的基本原理。
- ⊙ 掌握 k 近邻算法解决回归问题的基本原理。
- ⊙ 了解 k 近邻算法的常见问题及解决方法。
- ⊙ 掌握 k 近邻算法的 Sklearn 实现方法。

技能目标

- ⊙ 能够使用 k 近邻算法训练分类模型。
- ⊙ 能够使用 k 近邻算法训练回归模型。
- ⊙ 能够编写程序，寻找最优的 k 值。

素养目标

- ⊙ 了解科技前沿新应用，开阔视野，抓住机遇，展现新作为。
- ⊙ 增强创新意识，培养探究精神。

项目描述

小旌了解到 k 近邻算法也能实现分类和回归，于是，他决定利用葡萄酒数据集（下载网址 http://archive.ics.uci.edu/ml/datasets/Wine）训练 k 近邻分类模型，并对这个模型的性能进行评估。该数据集记录了意大利同一地区种植的葡萄酿制的 3 种类型的葡萄酒，数据集中共有 178 条数据，每条数据包含 13 个特征变量和 1 个类别值。其中，特征变量为每组葡萄酒经过化学分析后提取的 13 种成分，类别值记录了葡萄酒的 3 个类别，分别用 1、2、3 表示，部分数据如表 4-1 所示。

表 4-1　葡萄酒数据集（部分）

1	2	3	4	5	6	7	8	9	10	11	12	13	14
1	14.23	1.71	2.43	15.6	127	2.8	3.06	.28	2.29	5.64	1.04	3.92	1065
1	13.2	1.78	2.14	11.2	100	2.65	2.76	.26	1.28	4.38	1.05	3.4	1050
1	13.16	2.36	2.67	18.6	101	2.8	3.24	.3	2.81	5.68	1.03	3.17	1185
...	...	...	...	...	...	...	...	...	...	...	...	...	...
2	12.37	.94	1.36	10.6	88	1.98	.57	.28	.42	1.95	1.05	1.82	520
2	12.33	1.1	2.28	16	101	2.05	1.09	.63	.41	3.27	1.25	1.67	680
2	12.64	1.36	2.02	16.8	100	2.02	1.41	.53	.62	5.75	.98	1.59	450
...	...	...	...	...	...	...	...	...	...	...	...	...	...
3	12.86	1.35	2.32	18	122	1.51	1.25	.21	.94	4.1	.76	1.29	630
3	12.88	2.99	2.4	20	104	1.3	1.22	.24	.83	5.4	.74	1.42	530
3	12.81	2.31	2.4	24	98	1.15	1.09	.27	.83	5.7	.66	1.36	560

项目分析

按照项目要求，使用 k 近邻算法对葡萄酒进行分类的步骤分解如下。

第 1 步：数据准备。使用 Pandas 读取葡萄酒数据并为数据集指定列名称，然后分别提取数据集的特征变量与标签。

第 2 步：数据清洗。通过画箱形图找到数据集中的异常数据，并对异常数据进行处理，得到新的数据集文件。

第 3 步：数据标准化处理。导入新生成的数据集文件，并使用 z-score 标准化方法对数据集进行标准化处理，然后将数据集拆分为训练集与测试集。

第 4 步：k 值的选择。使用交叉验证法选择最优的 k 值，并使用 Matplotlib 绘制 k 取不同值时，预测误差率的变化曲线图。

第 5 步：训练与评估模型。使用 k 近邻算法训练模型，并对模型进行评估，输出预测准确率，以及测试集的预测标签值与真实标签值。

使用 k 近邻算法训练基于葡萄酒数据集的分类模型，需要先理解 k 近邻算法的基本原理。本项目将对相关知识进行介绍，包括 k 近邻算法解决分类与回归问题的基本原理，k 近邻算法的常见问题及解决方法，以及 k 近邻算法的 Sklearn 实现方法。

项目准备

全班学生以 3～5 人为一组进行分组，各组选出组长，组长组织组员扫码观看"k 近邻算法基本原理"视频，讨论并回答下列问题。

问题 1：k 近邻算法可以解决哪两类问题？

扫一扫

k 近邻算法基本原理

问题 2：简述 k 近邻算法解决分类问题的基本原理。

问题 3：简述 k 近邻算法解决回归问题的基本原理。

4.1 k 近邻算法的基本原理

k 近邻算法（k-Nearest Neighbor, kNN）由科弗和哈特提出，是机器学习中最简单也是应用最广泛的算法之一，它根据距离函数计算待测样本与所在特征空间中各个样本的距离，找到距离待测样本最近的 k 个样本，依此判定待测样本属于某类或用于回归计算。

4.1.1　k 近邻算法的原理分析

1. k 近邻算法解决分类问题的原理

k 近邻算法解决分类问题的原理是给定一个训练数据集，对新输入的样本，在训练数据集中找到与该样本距离最邻近的 k 个样本（也就是 k 个邻居），若这 k 个样本中多数属于某个类别，就把该输入样本划分为这个类别。要寻找与新输入样本最邻近的 k 个样本，需要计算两点之间的距离，此时，可使用欧式距离进行计算。假设两个点的坐标分别为 (x_1, y_1) 和 (x_2, y_2)，则这两点之间的欧式距离公式为

$$d = \sqrt{(x_2 - x_1)^2 + (y_2 - y_1)^2}$$

例如，图 4-1 中有两类不同的样本数据 D1 和 D2，D1 用小正方形表示，D2 用实心圆表示，小三角形表示新输入的未知类别样本。现在要对新样本进行分类，判断它属于 D1 还是 D2。

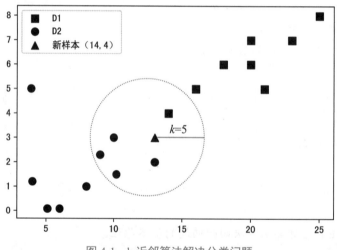

图 4-1　k 近邻算法解决分类问题

k 近邻分类的过程：先主观设置 k 的值，假设 k 的值为 5，然后通过距离计算找出与新样本距离最近的 5 个样本点，从图 4-1 中可以看出，这 5 个近邻点中有 4 个属于 D2 类，1 个属于 D1 类，从而可判定新样本属于 D2 类。

2. k 近邻算法解决回归问题的原理

回归问题研究的是一组变量与另一组变量之间的关系，其预测结果是连续的数值。使用 k 近邻算法解决回归问题时，仍然需要计算待测样本与所在特征空间中每个样本的距离，基于计算结果，找到与待测样本最邻近的 k 个样本，通过对这 k 个样本的某个值（如平均值）进行统计，依据各个待测样本的统计值画出回归曲线，进而预测新样本的值。

在研究二手房房价与面积之间关系的实例中，使用 k 近邻算法建立模型，得到的回归

曲线如图 4-2 所示。

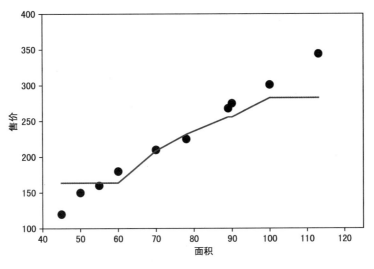

图 4-2　k 近邻算法解决回归问题

使用 k 近邻算法建立回归模型的过程：先主观设置 k 的值，假设 k 的值为 5，通过计算找到所在特征空间中与待测样本距离最近的 5 个样本，然后计算这 5 个样本的某个统计值（如平均值），将这个值作为待测样本的预测值，依据各个样本的预测值得到回归曲线。

4.1.2　k 近邻算法的常见问题及解决方法

k 近邻算法通常用于光学字符识别（optical character recognition, OCR）系统、电商平台用户分类、银行数据预测客户行为等领域。在实际应用中，k 近邻算法可能会遇到以下几个需要解决的问题。

1. 样本不平衡对算法的影响

k 近邻算法解决分类问题时，经常会遇到这样的问题：当样本分布不平衡时（即数据集中一个类的样本容量很大，而其他类的样本容量很小），很可能会出现对新样本的预测不准确的情况。因为样本分布不均匀，当输入一个新样本时，该样本的 k 个邻居中大数量类的样本占多数，很可能将新样本预测为大数量的样本类型，导致预测误差。如图 4-3 所示，新样本应属于 D1 类，但是应用 k 近邻算法会将其错误地划分为 D2 类。

对于这类问题，可以采用对近邻点赋权值的方法改进，即与该样本距离小的邻居权值大，与该样本距离大的邻居权值小。由此，将距离远近的因素也考虑在内，避免了因某个类别样本的容量过大而导致误判的情况。

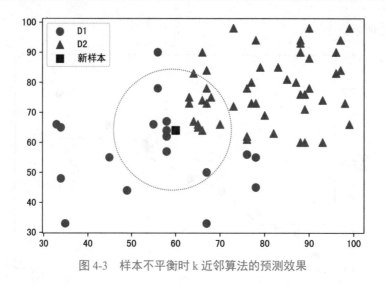

图 4-3　样本不平衡时 k 近邻算法的预测效果

2. k 的取值对算法的影响

在 k 近邻算法中，k 值是主观设定的，但人为设定 k 值是不科学的，会影响模型的性能。一般情况下，k 值与预测误差率的关系如图 4-4 所示。即随着 k 值的增大，误差率先降低后增高。这很好理解，在一定范围内，k 值越大，周围可以借鉴的样本就越多，预测误差率就会降低；但是当 k 值非常大时，几乎每个样本都变成了待测样本的邻居，预测误差率肯定就会增高。例如，训练集中共有 30 个样本，当 k 值增大到 30 时，k 近邻算法基本上就没有意义了。

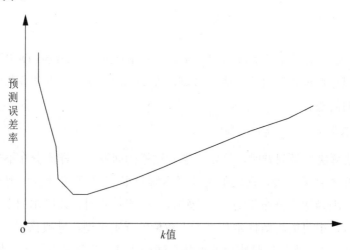

图 4-4　k 值与预测误差率的关系

要选出最优的 k 值，需要分别尝试不同 k 值下的预测效果。在 Sklearn 中，可使用交叉验证法或网格搜索法确定 k 的取值。

素养之窗

世界放射学界一年一度的盛会——北美放射学会年会于 2022 年 11 月 27 日—12 月 1 日在美国芝加哥举行，"AI+医疗"的创新研究与应用再度成为大会焦点。作为唯一一家参展的中国医疗人工智能企业，数坤（北京）网络科技股份有限公司向世界展示了中国原创、世界引领的科技创新成果，用中国人工智能为全球医疗健康行业的高质量发展注入新动力。

数坤（北京）网络科技股份有限公司本次参展的"数字医生"由 30 多种产品构成，覆盖心、脑、胸、腹等人体多个关键部位，支持心脑血管、肿瘤和慢性病等重大疾病的筛查、辅助诊断及治疗决策全流程，以完整的产品架构和全面的应用布局惊艳全场。让全世界深深记住了中国人工智能的价值与魅力。

4.2 k 近邻算法的 Sklearn 实现

4.2.1 Sklearn 中的 k 近邻模块

Sklearn 的 neighbors 模块提供了 KNeighborsClassifier 和 KNeighborsRegressor 类，分别用于实现 k 近邻分类和回归算法。在 Sklearn 中，可通过下面语句导入 k 近邻算法模块。

```
from sklearn.neighbors import KNeighborsClassifier
                                    #导入 k 近邻分类模块
from sklearn.neighbors import KNeighborsRegressor
                                    #导入 k 近邻回归模块
```

KNeighborsClassifier 和 KNeighborsRegressor 类都有如下几个参数。

（1）参数 n_neighbors 用来指定 k 近邻算法中的 k 值，该参数必须指定。

（2）参数 weights 用于指定权重，其取值有 uniform、distance 与自定义函数 3 种：① uniform 表示不管近邻点远近，权重值都一样，这是最普通的 k 近邻算法；② distance 表示权重和距离成反比，即距离预测目标越近权重值越大；③ 自定义函数表示用户可以自定义一个函数，根据输入的坐标值返回对应的权重值。

扫一扫

kd 树算法

（3）参数 algorithm 用来设置 k 近邻模型使用的算法，其取值有 brute、kd_tree、ball_tree 与 auto：① brute 表示直接计算所有距离再排序；② kd_tree 表示使用 kd 树实现 k 近邻算法；③ ball_tree 表示使用球树实现 k 近邻算法；④ auto 为默认参数，表示自动选择合适的方法构建模型。

4.2.2　k 近邻算法的应用举例

【例 4-1】　某学校话剧社团要招收新人，发出招新通知后，报名的学生非常多。于是，话剧社团决定组织一场个人比赛，比赛分为两个项目——表演和台词。表演项目得分用 x_1 表示，台词项目得分用 x_2 表示，最终成绩如表 4-2 所示（表中 y 的取值，1 表示能进入话剧社团，0 表示不能进入话剧社团）。使用 k 近邻算法建立模型，判断最后一个学生（$x_1 = 55$，$x_2 = 65$）是否能够进入该话剧社团。

表 4-2　话剧社团比赛成绩数据集

参赛学生	x_1	x_2	y	参赛学生	x_1	x_2	y
1	19	30	0	8	62	65	1
2	30	40	0	9	73	70	1
3	39	47	0	10	75	82	1
4	40	52	0	11	77	85	1
5	47	50	0	12	90	95	1
6	50	55	0	13	92	90	1
7	60	60	1				

【程序分析】　（1）这是一个二分类问题，有两个特征变量，使用 k 近邻算法建立模型，需要先确定最优的 k 值。在 Sklearn 中，可以使用交叉验证法得到最佳的 k 值。

【参考代码】

```
#导入需要的模块
import matplotlib.pyplot as plt
import numpy as np
from sklearn.neighbors import KNeighborsClassifier
from sklearn.model_selection import train_test_split
from sklearn.model_selection import cross_val_score
                                      #导入交叉验证模块
#数据处理
x=np.array([[19,30],[30,40],[39,47],[40,52],[47,50],[50,55],
[60,60],[62,65],[73,70],[75,82],[77,85],[90,95],[92,90]])
y=np.array([0,0,0,0,0,0,1,1,1,1,1,1,1])
x_train,x_test,y_train,y_test=train_test_split(x,y,test_size
=0.3,random_state=0)
#k取不同值的情况下，模型的预测误差率计算
```

```
k_range=range(2,11)                              #设置 k 值的取值范围
k_error=[]                                       #保存预测误差率的数组
for k in k_range:
    model=KNeighborsClassifier(n_neighbors=k)
    scores=cross_val_score(model,x,y,cv=5,scoring='accuracy')
#交叉验证中，cv 参数决定数据集划分比例，这里的训练集与测试集的比例是 5:1
    k_error.append(1-scores.mean())
#画图，x 轴表示 k 的取值，y 轴表示预测误差率
plt.rcParams['font.sans-serif']='Simhei'
plt.plot(k_range,k_error,'r-')
plt.xlabel('k 的取值')
plt.ylabel('预测误差率')
plt.show()
```

【运行结果】 程序运行结果如图 4-5 所示。可见，*k* 的取值为 5 或 7 时，模型的预测误差率最低。下面将选择这两个值作为 *k* 值，训练模型。

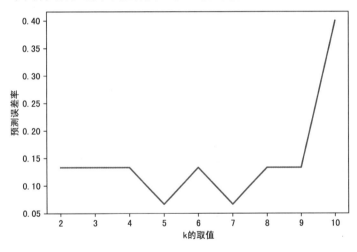

图 4-5 *k* 值与预测误差率的关系

（2）当 *k* 值为 5 或 7 时，使用 k 近邻算法分别训练模型，并对新样本进行预测。

【参考代码】

```
#k=5 与 k=7 时，分别训练模型
model1=KNeighborsClassifier(5)                   #k=5 时，建立模型
model1.fit(x_train,y_train)
model2=KNeighborsClassifier(7)                   #k=7 时，建立模型
model2.fit(x_train,y_train)
```

```
#分别使用两个模型预测新样本
pred1=model1.predict([[55,65]])
pred2=model2.predict([[55,65]])
print("k=5时，预测样本的分类结果为",pred1)
print("k=7时，预测样本的分类结果为",pred2)
```

【运行结果】 程序运行结果如图 4-6 所示。可见，$k=5$ 与 $k=7$ 时，两个模型的分类结果都是 0，即最后一位学生（$x_1=55$，$x_2=65$）不能进入该话剧社团。

```
k=5时，预测样本的分类结果为 [0]
k=7时，预测样本的分类结果为 [0]
```

图 4-6 新样本分类结果

【例 4-2】 表 4-3 是某班级学生身高和体重的数据集，表中最后一名学生只有身高信息，体重信息丢失。要求使用 k 近邻算法建立模型，预测最后一名学生（身高：173 cm）的体重。（本实例只用于学习，不代表实际值）

表 4-3 学生身高与体重数据集

学 生	身高/（cm）	体重/（kg）	学 生	身高/（cm）	体重/（kg）
1	182	113	7	158	72
2	178	105	8	154	45
3	170	86	9	149	49
4	168	83	10	144	43
5	165	86	11	173	?
6	162	74			

【程序分析】 （1）题目要求预测身高为 173 cm 学生的体重，这是一个回归问题，使用 k 近邻算法建立模型，需要先确定最优的 k 值。在 Sklearn 中，可以测试不同 k 值下，模型的预测准确率，从而找到最优的 k 值。

【参考代码】

```
#导入需要的模块
import matplotlib.pyplot as plt
import numpy as np
from sklearn.neighbors import KNeighborsRegressor
from sklearn.model_selection import train_test_split
#数据处理
x=np.array([[182],[178],[170],[168],[165],[162],[158],[154],
[149],[144]])
```

```
y=np.array([[113],[105],[86],[83],[86],[74],[72],[45],[49],
[43]])
    x_train,x_test,y_train,y_test=train_test_split(x,y,test_size
=0.3,random_state=0)
    #k 取不同值的情况下，模型的预测误差率计算
    k_range=range(2,8)                    #设置 k 值的取值范围
    k_error=[]                            #保存预测误差率的数组
    for k in k_range:
        model=KNeighborsRegressor(n_neighbors=k)
        model.fit(x_train,y_train)
        scores=model.score(x_test,y_test)
        k_error.append(1-scores)
    #画图，x 轴表示 k 的取值，y 轴表示预测误差率
    plt.rcParams['font.sans-serif']='Simhei'
    plt.plot(k_range,k_error,'r-')
    plt.xlabel('k 的取值')
    plt.ylabel('预测误差率')
    plt.show()
```

【运行结果】 程序运行结果如图 4-7 所示。可见，k 的取值为 3 时，模型的预测误差率最低。下面将选择这个值作为 k 值，训练模型。

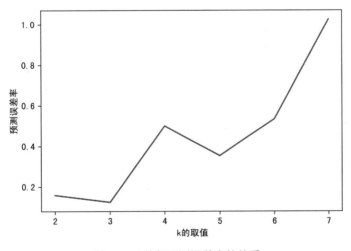

图 4-7 k 值与预测误差率的关系

（2）当 k 值为 3 时，使用 k 近邻算法训练模型，并画出回归曲线图。

【参考代码】

```
#建立模型，训练模型
model=KNeighborsRegressor(3)                    #建立模型
model.fit(x_train,y_train)                      #训练模型
#设置坐标轴
plt.xlabel('身高/cm')                           #图形横轴的标签名称
plt.ylabel('体重/kg')                           #图形纵轴的标签名称
plt.rcParams['font.sans-serif']='Simhei'        #中文文字设置为黑体
plt.axis([140,190,40,140])        #设置图像横轴与纵轴的最大值与最小值
#绘制并显示图形
plt.scatter(x,y,s=60,c='k',marker='o')          #绘制散点图
plt.plot(x,model.predict(x),'r-')               #绘制曲线
plt.show()
```

【运行结果】　程序运行结果如图 4-8 所示。

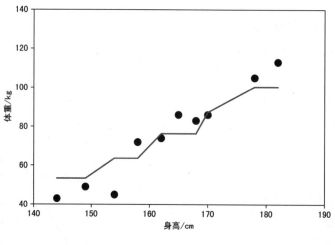

图 4-8　回归曲线

（3）对新样本进行预测。

【参考代码】

```
pred=model.predict([[173]])
print("身高173cm的学生体重预测为",pred)
```

【运行结果】　程序运行结果如图 4-9 所示。即最后一名学生的体重约为 100 kg。

身高173cm的学生体重预测为 [[100.33333333]]

图 4-9　回归模型预测结果

项目实施——k 近邻算法实现葡萄酒的分类

1. 数据准备

步骤 1 新建两个 Jupyter Notebook 文档，分别命名为 "item4-ss1-y.ipynb" 和 "item4-ss2-y.ipynb"，"item4-ss1-y.ipynb" 用来做数据预处理，"item4-ss2-y.ipynb" 用来训练模型。

步骤 2 在 "item4-ss1-y.ipynb" 文档中编写数据预处理程序。

扫一扫

数据准备

指点迷津

开始编写程序前，须将下载完成的葡萄酒数据集文件或本书提供的配套素材 "item4/wine.data" 复制到当前工作目录中，也可将数据文件放于其他盘，如果放于其他盘，使用 Pandas 读取数据文件时要指定路径。

步骤 3 导入 Pandas 库。

步骤 4 读取葡萄酒数据并为数据集指定列名称为 label、a1、a2、a3、a4、a5、a6、a7、a8、a9、a10、a11、a12 和 a13。

步骤 5 输出葡萄酒数据集。

步骤 6 提取数据集的特征变量与标签，分别存储在 data 与 target 中。

指点迷津

iloc 全称 index location，它可以对数据进行位置索引，从而在数据表中提取出相应的数据。

【参考代码】

```
import pandas as pd
#读取数据并进行输出
names=['label','a1','a2','a3','a4','a5','a6','a7','a8','a9',
'a10','a11','a12','a13']
dataset=pd.read_csv("wine.data",names=names)
print("葡萄酒数据集如下：")
print(dataset)
#分别提取数据集的特征变量与标签
data=dataset.iloc[range(0,178),range(1,14)]          #特征变量
target=dataset.iloc[range(0,178),range(0,1)]          #标签
```

【运行结果】 程序运行结果如图 4-10 所示。可见，葡萄酒数据集导入成功。

```
葡萄酒数据集如下：
     label    a1    a2    a3    a4   a5    a6    a7    a8    a9   a10   a11   a12   a13
0        1  14.23  1.71  2.43  15.6  127  2.80  3.06  0.28  2.29  5.64  1.04  3.92  1065
1        1  13.20  1.78  2.14  11.2  100  2.65  2.76  0.26  1.28  4.38  1.05  3.40  1050
2        1  13.16  2.36  2.67  18.6  101  2.80  3.24  0.30  2.81  5.68  1.03  3.17  1185
3        1  14.37  1.95  2.50  16.8  113  3.85  3.49  0.24  2.18  7.80  0.86  3.45  1480
4        1  13.24  2.59  2.87  21.0  118  2.80  2.69  0.39  1.82  4.32  1.04  2.93   735
..     ...    ...   ...   ...   ...  ...   ...   ...   ...   ...   ...   ...   ...   ...
173      3  13.71  5.65  2.45  20.5   95  1.68  0.61  0.52  1.06  7.70  0.64  1.74   740
174      3  13.40  3.91  2.48  23.0  102  1.80  0.75  0.43  1.41  7.30  0.70  1.56   750
175      3  13.27  4.28  2.26  20.0  120  1.59  0.69  0.43  1.35 10.20  0.59  1.56   835
176      3  13.17  2.59  2.37  20.0  120  1.65  0.68  0.53  1.46  9.30  0.60  1.62   840
177      3  14.13  4.10  2.74  24.5   96  2.05  0.76  0.56  1.35  9.20  0.61  1.60   560
```

图 4-10　葡萄酒数据集

2. 数据清洗

扫一扫

步骤 1 导入 Matplotlib 库，为画箱形图做准备。

步骤 2 使用 plot() 函数画出箱形图，检查数据集的每个特征中是否存在异常值。

数据清洗

高手点拨

　　在机器学习中，检查异常值通常使用箱形图。箱形图又称盒式图或箱线图，能够真实、直观地呈现数据的分布情况，并且对数据没有任何限制。箱形图通过上限和下限作为数据分布的边界，任何高于上限或低于下限的数据都可以认为是异常值，如图 4-11 所示。

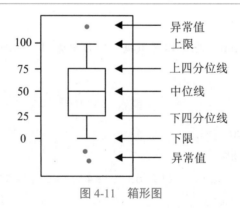

图 4-11　箱形图

指点迷津

　　使用 plot() 函数画箱形图时，可以设置如下参数：

（1）参数 kind 表示选择绘制图形的类别，选择 "box" 表示绘制箱形图。

（2）参数 subplots 用于设置是否对每列分别作子图。

（3）layout 表示图形的布局，如 layout=(4,4) 表示图形布局为 4 行 4 列。

步骤 3 查找数据集中的异常数据，并将异常数据显示出来。

【参考代码】

```
import matplotlib.pyplot as plt
#画箱形图
plt.style.use('seaborn-darkgrid')
plt.rcParams['axes.unicode_minus']=False        #正常显示负号
data.plot(kind='box',subplots=True,layout=(3,5),sharex=False
,sharey=False)
#查找异常数据并输出
p=data.boxplot(return_type='dict')              #返回字典类型数据
for i in range(13):
    y=p['fliers'][i].get_ydata()                #查找异常数据
    print('a',i+1,'中异常值: ',y)               #输出异常数据
plt.show()
```

【运行结果】 程序运行结果如图 4-12 和图 4-13 所示。从图 4-12 的箱形图中可以看到，特征变量 a2、a3、a4、a5、a9、a10 与 a11 都存在异常数据；图 4-13 显示了这些异常数据的具体情况。

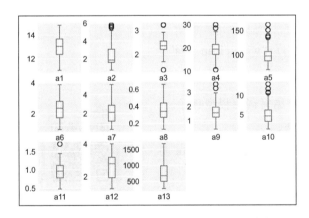

```
a 1  中异常值:  []
a 2  中异常值:  [5.8 5.51 5.65]
a 3  中异常值:  [1.36 3.22 3.23]
a 4  中异常值:  [10.6 30.0 28.5 28.5]
a 5  中异常值:  [151.0 139.0 136.0 162.0]
a 6  中异常值:  []
a 7  中异常值:  []
a 8  中异常值:  []
a 9  中异常值:  [3.28 3.58]
a 10 中异常值:  [10.8 13.0 11.75 10.68]
a 11 中异常值:  [1.71]
a 12 中异常值:  []
a 13 中异常值:  []
```

图 4-12 葡萄酒数据各特征变量的箱形图   图 4-13 葡萄酒数据集的异常数据

步骤 4 在数据集中，对显示出来的异常值进行处理。依据异常样本数据的前后值，人为近似估计替换异常值，如 a2 中的异常值 5.8 前后的数据分别为 4.43 和 4.31，故将此异常值替换为 4.37（近邻数据的平均值）。替换完成的异常值与修正值如表 4-4 所示。

表4-4　葡萄酒数据集异常值与修正值对比

标　签	异　常　值	修　正　值	标　签	异　常　值	修　正　值
a2	5.8	4.37	a3	1.36	2.4
	5.51	4.16		3.22	2.61
	5.65	3.21		3.23	2.58
a4	10.6	16.4	a5	151.0	106.5
	30.0	23.44		139.0	94
	28.5	23.25		136.0	106.5
	28.5	23		162.0	116
a9	3.28	2.41	a10	10.8	7.85
	3.58	1.855		13.0	7.74
a11	1.71	0.94		11.75	7.7
				10.68	8.44

高手点拨

　　对异常值进行处理时，处理的方法与业务有直接的关系，如果去掉异常数据对模型的影响不大，则可去掉异常值。否则，需要依据一定的算法（如近邻数据的平均值、专家的印象值等）对异常数据进行修改。

步骤5　将替换完成的数据集文件另存为"wine-clean.data"。

3. 数据标准化处理

步骤1　在"item4-ss2-y.ipynb"文档中编写训练模型程序。

步骤2　使用Pandas读取修正后的数据。

步骤3　提取数据集的特征变量与标签，分别存储在data与target中。

步骤4　导入preprocessing模块，使用z-score方法进行数据标准化处理，将处理后的数据存储在cdata中，并输出cdata的值。

扫一扫

数据标准化处理

【参考代码】

```
import pandas as pd
from sklearn import preprocessing
#导入数据，分别提取数据集的特征变量与标签
names=['label','a1','a2','a3','a4','a5','a6','a7','a8','a9',
'a10','a11','a12','a13']
dataset=pd.read_csv("wine-clean.data",names=names)
```

```
data=dataset.iloc[range(0,178),range(1,14)]
target=dataset.iloc[range(0,178),range(0,1)].values.reshape
(1,178)[0]
#使用 z-score 方法进行数据标准化处理
cdata=preprocessing.StandardScaler().fit_transform(data)
print(cdata)
```

【运行结果】 程序运行结果如图 4-14 所示。

```
[[ 1.51861254 -0.56906261  0.26105088 ...  0.39346131  1.83381234
   1.01300893]
 [ 0.24628963 -0.50234086 -0.90869274 ...  0.43875109  1.10735109
   0.96524152]
 [ 0.19687903  0.05049647  1.22911457 ...  0.34817153  0.7860317
   1.39514818]
 ...
 [ 0.33275817  1.88057869 -0.4246609  ... -1.64457872 -1.46320409
   0.28057537]
 [ 0.20923168  0.26972507  0.01903496 ... -1.59928894 -1.37938164
   0.29649784]
 [ 1.39508604  1.70900848  1.51146647 ... -1.55399916 -1.40732245
  -0.59516041]]
```

图 4-14 数据标准化处理后的结果

4. k 值的选择

步骤 1 导入需要的库。

步骤 2 将特征变量与标签分别赋值给 x 和 y，并将数据集拆分为训练集与测试集。

扫一扫

k 值的选择

步骤 3 测试 k 取不同值的情况下，模型的预测误差率。

步骤 4 绘制图像，显示 k 取不同值时，预测误差率的变化曲线图。

【参考代码】

```
#导入需要的库
import matplotlib.pyplot as plt
from sklearn.neighbors import KNeighborsClassifier
from sklearn.model_selection import train_test_split
from sklearn.model_selection import cross_val_score
                                          #导入交叉验证模块
#将特征变量与标签分别赋值给 x 和 y，并将数据集拆分为训练集与测试集
x,y=cdata,target
x_train,x_test,y_train,y_test=train_test_split(x,y,random_state=0)
#k 取不同值的情况下，模型的预测误差率计算
k_range=range(1,15)                        #设置 k 值的取值范围
```

```
k_error=[]                                          #保存预测误差率的数组
for k in k_range:
    model=KNeighborsClassifier(n_neighbors=k)
    scores=cross_val_score(model,x,y,cv=5,scoring='accuracy')
                                                    #5折交叉验证
    k_error.append(1-scores.mean())
#画图，x轴表示k的取值，y轴表示预测误差率
plt.rcParams['font.sans-serif']='Simhei'
plt.plot(k_range,k_error,'r-')
plt.xlabel('k的取值')
plt.ylabel('预测误差率')
plt.show()
```

【运行结果】 程序运行结果如图 4-15 所示。可见，*k* 值选择 9、11 与 13 时，模型的预测误差率较低。因此，本次训练模型选择 *k* 值为 9。

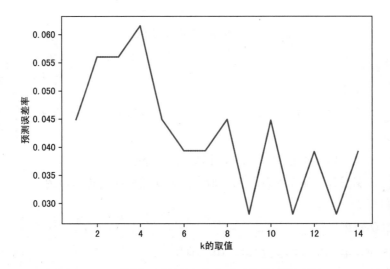

图 4-15 *k* 值与预测误差率的关系（葡萄酒数据集）

5. 训练与评估模型

步骤 1 导入模型预测准确率评估模块。

步骤 2 定义 k 近邻模型，*k* 取值为 9。

步骤 3 使用 accuracy_score()函数对模型进行评估，输出模型的预测准确率。

步骤 4 输出测试集的预测标签值与真实标签值，将两者进行对比，验证预测准确率的计算结果。

扫一扫

训练与评估模型

【参考代码】

```
from sklearn.metrics import accuracy_score
#k=9 时，训练模型
model=KNeighborsClassifier(n_neighbors=9)
model.fit(x_train,y_train)
#对模型进行评估
pred=model.predict(x_test)
ac=accuracy_score(y_test,pred)
print("模型预测准确率: ",ac)
print("测试集的预测标签: ",pred)
print("测试集的真实标签: ",y_test)
```

【运行结果】 程序运行结果如图 4-16 所示。可见，本模型在测试集上有两个样本预测错误，预测准确率为 $43/45 \approx 0.9556$，与程序输出结果基本吻合。

```
模型预测准确率: 0.9555555555555556
测试集的预测标签: [1 3 2 1 2 1 1 3 2 2 3 3 1 2 3 2 1 1 3 1 2 1 1 2 2 2
2 2 3 1 2 1 1 1 3 2 2 3 1 1 2 2 2]
测试集的真实标签: [1 3 2 1 2 2 1 3 2 2 3 3 1 2 3 2 1 1 2 1 2 1 1 2 2 2
2 2 3 1 1 2 1 1 1 3 2 2 3 1 1 2 2 2]
```

图 4-16 模型预测准确率结果

项目实训

1. 实训目的

（1）掌握导入 Sklearn 中自带的数据集的方法。

（2）掌握机器学习常用库 Matplotlib 的使用方法。

（3）掌握 k 近邻算法训练模型的方法。

2. 实训内容

使用 Sklearn 自带的葡萄酒数据集与 k 近邻算法，训练分类器，并对新样本所属类别进行预测，新样本数据如表 4-5 所示。

表 4-5 葡萄酒新样本数据

1	2	3	4	5	6	7	8	9	10	11	12	13
13.2	2.77	2.51	18.5	96.6	1.04	2.55	0.57	1.47	6.2	1.05	3.33	820

（1）启动 Jupyter Notebook，以 Python 3 工作方式新建 Jupyter Notebook 文档，并重命名为"item4-sx.ipynb"。

（2）数据准备。

① 在空白单元格中输入下列代码，导入 Sklearn 自带的葡萄酒数据集。

```
from sklearn.datasets import load_wine
```

② 导入 preprocessing 模块，使用 z-score 方法对数据进行标准化处理。

③ 将处理完成的数据和标签分别存放于数组 x 和 y 中。

④ 输出 x 和 y 的值，分别查看数据与标签值。

⑤ 将数据集拆分为训练集与测试集，要求测试集数据为 30 个。

（3）选择合适的 k 值。

① 将 k 的取值范围设置为 2～14（包括 2 和 14）。

② 定义一个变量，用来存放预测误差率。

③ 导入交叉验证模块，使用 5 折交叉验证，得到各个 k 值下的预测准确率数据。

④ 计算预测误差率。

⑤ 导入 Matplotlib 库，绘制图像。图像的横轴为 k 值，纵轴为预测误差率。

（4）训练与评估模型。

① 导入 k 近邻分类模块 KNeighborsClassifier，选择合适的 k 值训练模型。

② 对训练完成的模型进行评估，并输出预测准确率。

③ 分别输出测试集的预测标签与真实标签。

（5）对新样本所属类别进行预测。

① 导入 NumPy 库。

② 将新样本的数据存放于变量 x_new 中。

③ 使用 k 近邻模型预测新样本的类别标签并进行输出。

3. 实训小结

按要求完成实训内容，并将实训过程中遇到的问题和解决办法记录在表 4-6 中。

表 4-6 实训过程

序　号	主要问题	解决办法

📋 **项目总结**

完成本项目的学习与实践后，请总结应掌握的重点内容，并将图 4-17 的空白处填写完整。

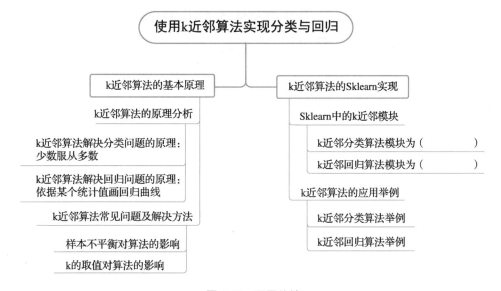

图 4-17　项目总结

📋 **项目考核**

1. 选择题

（1）下列关于 k 近邻算法的说法，错误的是（　　　）。

　　A．k 近邻算法由科弗和哈特提出

　　B．k 近邻算法可以用于回归问题

　　C．数据集样本分布不平衡不会对 k 近邻算法的预测准确率产生影响

　　D．Sklearn 的 neighbors 模块提供的 KNeighborsClassifier 类可实现 k 近邻分类

（2）在 Sklearn 中，使用 k 近邻算法训练回归模型时，需要用到（　　　）类。

　　A．LinearRegression　　　　　　　　B．KNeighborsClassifier

　　C．LogisticRegression　　　　　　　　D．KNeighborsRegressor

（3）在 Sklearn 中，使用 k 近邻算法训练分类模型时，需要用到（　　　）类。

　　A．LinearRegression　　　　　　　　B．KNeighborsClassifier

　　C．LogisticRegression　　　　　　　　D．KNeighborsRegressor

（4）下列关于 k 近邻算法说法，正确的是（　　）。

　　A．k 近邻算法是一种监督学习算法

　　B．k 近邻算法能够解决聚类问题

　　C．k 近邻算法中 k 代表分类的类别个数

　　D．k 值的选择对分类结果没有影响

（5）平面上两个点的坐标分别为 $(1,1)$ 和 $(4,5)$，则这两点之间的欧式距离为（　　）。

　　A．3　　　　　　　B．1　　　　　　　C．5　　　　　　　D．4

2．填空题

（1）k 近邻算法可以解决＿＿＿＿＿＿与＿＿＿＿＿＿问题。

（2）使用 k 近邻算法训练模型，当数据集的样本分布不平衡时，可使用＿＿＿＿＿＿方法解决分类不准确的问题。

（3）在 Sklearn 中，可使用＿＿＿＿＿＿法或＿＿＿＿＿＿法确定 k 的取值。

3．实践题

项目实训中，如果不进行数据标准化处理，而直接导入数据训练模型，会是什么结果呢？请编写程序，使用 k 近邻算法训练模型并对模型进行评估。

项目评价

结合本项目的学习情况，完成项目评价，并将评价结果填入表 4-7 中。

表 4-7　项目评价

评价项目	评价内容	评价分数			
		分值	自评	互评	师评
项目完成度评价（20%）	项目准备阶段，回答问题是否清晰准确，能够紧扣主题，没有明显错误	5分			
	项目实施阶段，是否能够根据操作步骤完成本项目	5分			
	项目实训阶段，是否能够出色完成实训内容	5分			
	项目总结阶段，是否能够正确地将项目总结的空白信息补充完整	2分			
	项目考核阶段，是否能够正确地完成考核题目	3分			
知识评价（30%）	是否掌握 k 近邻算法解决分类问题的基本原理	10分			
	是否掌握 k 近邻算法解决回归问题的基本原理	10分			
	是否了解 k 近邻算法的常见问题及解决方法	5分			
	是否掌握 Sklearn 中 k 近邻模块的使用方法	5分			

表 4-7（续）

评价项目	评价内容	评价分数			
		分值	自评	互评	师评
技能评价（30%）	是否能够使用 k 近邻算法训练分类模型	10 分			
	是否能够使用 k 近邻法算训练回归模型	10 分			
	是否能够编写程序，寻找最优的 k 值	10 分			
素养评价（20%）	是否遵守课堂纪律，上课精神是否饱满	5 分			
	是否具有自主学习意识，做好课前准备	5 分			
	是否善于思考，积极参与，勇于提出问题	5 分			
	是否具有团队合作精神，出色完成小组任务	5 分			
合计	综合分数_____自评（25%）+互评（25%）+师评（50%）	100 分			
	综合等级_____	指导老师签字_____			
综合评价	最突出的表现（创新或进步）： 还需改进的地方（不足或缺点）：				

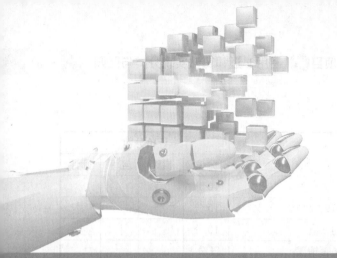

项目5

使用朴素贝叶斯算法训练分类器

项目目标

知识目标

- ⊙ 掌握先验概率与后验概率的计算方法。
- ⊙ 理解朴素贝叶斯算法的原理与流程。
- ⊙ 了解朴素贝叶斯算法的常见问题及解决方法。
- ⊙ 掌握朴素贝叶斯算法的 Sklearn 实现方法。

技能目标

- ⊙ 能够使用朴素贝叶斯算法训练分类模型。
- ⊙ 能够编写程序，使用朴素贝叶斯模型进行分类预测。

素养目标

- ⊙ 养成分析问题、事前规划的良好习惯。
- ⊙ 了解中国新技术的发展动向，增强民族自信心和自豪感。

📖 项目描述

邮件是人们工作、生活和学习中经常使用的一种方便、快捷的沟通工具。正常邮件能使人们获得有用信息，垃圾邮件会干扰人们的正常生活。小旌发现很多邮箱都有自动拦截垃圾邮件的功能，这是怎么做到的呢？小旌开始探索其中的奥秘。

要想拦截垃圾邮件，前提是能够辨别什么是正常邮件，什么是垃圾邮件，这正是机器学习中的二分类问题。了解到这一点后，小旌也想训练一个邮件分类器，用于区分正常邮件与垃圾邮件。训练分类器的第一步就是收集数据。于是，他将自己邮箱的正常邮件和垃圾邮件整理出来，分别存储于文件夹"normal"和"spam"中。正常邮件和垃圾邮件的样例描述如图 5-1 和图 5-2 所示。

张老师，您好！
上次您推荐给我的资料，对我来说帮助很大，希望您能再推荐一些资料给我，非常感谢。

图 5-1 "normal-mail1"文件内容（正常邮件举例）

某期刊：
【主要栏目】：技术与应用
投稿邮箱：xx@126.com

图 5-2 "spam-mail1"文件内容（垃圾邮件举例）

有了数据集之后，接下来小旌要做的就是找到一个合适的算法去训练分类器。了解到朴素贝叶斯算法中的多项式朴素贝叶斯算法经常用于文档分类。于是，他决定使用多项式朴素贝叶斯算法训练模型，并使用该模型对新的未知类别的邮件进行预测。

📝 项目分析

按照项目要求，使用朴素贝叶斯算法训练邮件分类器的步骤分解如下。

第 1 步：数据与停用词表准备。导入 os 模块，使用 os 模块的 listdir()函数获取正常邮件和垃圾邮件的文件列表，然后导入停用词表并输出停用词表中的停用词。

第 2 步：数据预处理。多项式朴素贝叶斯算法是通过提取文档中有效词语出现的次数对文档进行分类的。因此，数据预处理这个步骤要做的就是将数据集中的文档进行处理，得到有效词语在每封邮件中出现的次数。具体描述如下，首先定义一个用于提取文档有效词语的函数，使用该函数提取数据集中所有的有效词语，然后再从有效词语中找到出现频次最高的 10 个词语，最终得到这 10 个词语在每封邮件中出现的次数。

第 3 步：训练分类器。首先，导入多项式朴素贝叶斯模型，然后为数据集打标签，基于处理后的数据与标签，建立多项式朴素贝叶斯模型并进行训练。

第 4 步：测试邮件的类别预测。准备两封测试邮件（一封是正常邮件，一封是垃圾邮件），然后对测试邮件进行处理，得到高频词语在测试邮件中出现的次数。最后，使用训练完成的分类器对测试邮件进行预测，得到预测结果。

使用朴素贝叶斯算法训练邮件分类器，需要先理解朴素贝叶斯算法的基本原理。本项目将对相关知识进行介绍，包括先验概率和后验概率，朴素贝叶斯算法的原理与流程，朴素贝叶斯算法的常见问题及解决方法，以及朴素贝叶斯算法的 Sklearn 实现方法。

项目准备

全班学生以 3～5 人为一组进行分组，各组选出组长，组长组织组员扫码观看"贝叶斯算法的历史背景"视频，讨论并回答下列问题。

问题 1：关于贝叶斯算法，数学家贝叶斯最初提出的观点是什么？

问题 2：写出贝叶斯算法的数学原理。

扫一扫

贝叶斯算法的历史背景

问题 3：写出贝叶斯算法的数学表达式。

5.1 朴素贝叶斯算法的基本原理

朴素贝叶斯算法的基础是贝叶斯算法。贝叶斯算法最初是一种研究不确定性的推理方法，不确定性常用贝叶斯概率表示。贝叶斯概率是一种主观概率，对它的估计取决于先验知识的正确和后验知识的丰富和准确。因此，贝叶斯概率常常会根据个人信息的不同而发生变化。

例如，假设 1 班和 2 班即将进行一场拔河比赛，不同人对胜负的主观预测可能不同，但基本都会根据两班以前的比赛战况进行预测，那么两班以前的比赛战况就是一种先验知识。如果两班以前的比赛胜负次数是 9 : 1，那么贝叶斯概率就认为 1 班获胜的概率是 0.9。如果又获取到另一个先验知识，1 班有两名主力因受伤不能参加，则贝叶斯概率可能认为

1 班获胜的概率是 0.8。可见，虽然是一种主观概率，但贝叶斯概率按照相关先验知识对事件进行推理是一种合理的方法。

5.1.1 先验概率和后验概率

在一个空间中，事件 A 发生的概率用 $P(A)$ 表示；在事件 A 发生的条件下，事件 B 发生的概率用 $P(B\,|\,A)$ 表示。那么，$P(A)$ 就是先验概率（prior probability），$P(B\,|\,A)$ 则称作事件 B 的后验概率（posterior probability）。后验概率的计算公式为

$$P(B\,|\,A) = \frac{P(A\bigcap B)}{P(A)}$$

例如，经典的抛硬币实验，当实验发生一定次数后，整个样本空间中出现正面（F）与反面（R）的概率都趋近于 0.5。如果一起抛 3 枚硬币，那么，总共会出现{FFF，FFR，FRF，FRR，RRR，RFF，RFR，RRF}8 种情况，每种情况出现的概率为 1/8。现在，用 A 描述同时抛出 3 枚硬币时第一枚硬币出现正面的事件，第一枚硬币出现正面的情况有 4 种，分别是{FFF，FFR，FRF，FRR}，因此，概率为 $P(A) = 4/8$；用 B 描述硬币出现反面的事件，抛出 3 枚硬币出现反面的情况共有 7 种，分别是{FFR，FRF，FRR，RRR，RFF，RFR，RRF}。那么，事件 A 与事件 B 的交集为{FFR，FRF，FRR}，共有 3 种情况，概率为 $P(A\bigcap B) = 3/8$。因此，在事件 A 发生的条件下，事件 B 发生的概率，即事件 B 的后验概率为

$$P(B\,|\,A) = \frac{P(A\bigcap B)}{P(A)} = \frac{3/8}{4/8} = \frac{3}{4}$$

由于 $P(A\bigcap B) = P(B\bigcap A)$，$P(A\,|\,B) = \dfrac{P(B\bigcap A)}{P(B)}$，则有 $P(B\bigcap A) = P(A\,|\,B)P(B)$，因此有

$$P(B\,|\,A) = \frac{P(A\bigcap B)}{P(A)} = \frac{P(B\bigcap A)}{P(A)} = \frac{P(A\,|\,B)P(B)}{P(A)}$$

5.1.2 朴素贝叶斯算法的原理与流程

1. 朴素贝叶斯算法的原理

在机器学习中，分类任务就是预测某个样本属于某个类别的过程，预测时需要从已有的数据集中找到相关规律，然后根据规律进行判定。朴素贝叶斯算法找规律的原理是根据数据集中的已有数据得到先验概率，然后求解待测样本属于每个类别的后验概率，哪个类别概率高就将新样本判定为哪个类别。下面根据后验概率的公式，进一步进行推理。

假设数据集中有 1 个特征和两个类别标签，特征用 x 表示，两个类别分别用 C_1 和 C_2 表示。则两个类别的先验概率分别为 $P(C_1)$ 和 $P(C_2)$，样本属于类别 C_1 和 C_2 的后验概率分别为

$$P(C_1 \mid x) = \frac{P(x \mid C_1)P(C_1)}{P(x)}$$

$$P(C_2 \mid x) = \frac{P(x \mid C_2)P(C_2)}{P(x)}$$

计算得到的结果中，哪个概率大，就将新样本划分为哪个类别。

现在，将数据集进行扩展，如果数据集中有多个特征（用 x_1，x_2，$\cdots$，x_n 表示各特征）和多个类别标签（用 C_i 表示某个类别）。那么，样本属于某个类别的后验概率为

$$P(C_i \mid x_1, x_2, \cdots, x_n) = \frac{P(x_1, x_2, \cdots, x_n \mid C_i)P(C_i)}{P(x_1, x_2, \cdots, x_n)}$$

对于同一个数据集来说，每个类别的后验概率的分母 $P(x_1, x_2, \cdots, x_n)$ 都是相同的。因此，只需要比较分子 $P(x_1, x_2, \cdots, x_n \mid C_i)P(C_i)$ 的大小即可。

计算分子 $P(x_1, x_2, \cdots, x_n \mid C_i)P(C_i)$ 的值时，朴素贝叶斯算法做了一个假设，即数据集中所有特征相互独立，特征之间不存在依赖关系，因此下面的等式成立。

$$P(x_1, x_2, \cdots, x_n \mid C_i)P(C_i) = P(x_1 \mid C_i)P(x_2 \mid C_i)\cdots P(x_n \mid C_i)P(C_i)$$

而 $P(x_1 \mid C_i)P(x_2 \mid C_i)\cdots P(x_n \mid C_i)P(C_i)$ 中每一项的值都可以从数据集的样本中获得，因此，可以计算出 $P(x_1 \mid C_i)P(x_2 \mid C_i)\cdots P(x_n \mid C_i)P(C_i)$ 的值。

可见，朴素贝叶斯算法是基于贝叶斯算法与特征条件独立假设的分类算法，其中"朴素"的含义就是假设所有特征之间相互独立。

2. 朴素贝叶斯算法的流程

使用朴素贝叶斯算法训练分类器的流程如下。

（1）设 $x = \{x_1, x_2, \cdots, x_n\}$ 为一个待分类样本，x_1，x_2，$\cdots$，x_n 为样本的特征。

（2）有类别集合 $C = \{C_1, C_2, \cdots, C_m\}$。

（3）分别计算每个类别的后验概率 $P(C_1 \mid x)$，$P(C_2 \mid x)$，$\cdots$，$P(C_m \mid x)$，即等价于计算 $P(x_1 \mid C_1)P(x_2 \mid C_1)\cdots P(x_n \mid C_1)P(C_1)$，$P(x_1 \mid C_2)P(x_2 \mid C_2)\cdots P(x_n \mid C_2)P(C_2)$，$\cdots$，$P(x_1 \mid C_m)P(x_2 \mid C_m)\cdots P(x_n \mid C_m)P(C_m)$ 的值。

（4）如果 $P(C_k \mid x) = \max\{P(C_1 \mid x), P(C_2 \mid x), \cdots, P(C_m \mid x)\}$，则 $x \in C_k$。

【例 5-1】 某商家为了分析顾客是否要购买新引进的平板电脑，收集了 14 名客户的信息，如表 5-1 所示。试使用朴素贝叶斯算法进行计算，判断新客户（年龄<30，收入中等，是学生，信用一般）是否购买该平板电脑。

表 5-1 购买平板电脑的客户信息表

客户编号	年龄（岁）	收 入	是否为学生	信 用	是否购买平板电脑
1	<30	高	否	一般	否
2	<30	高	否	好	否

表 5-1（续）

客户编号	年龄（岁）	收　入	是否为学生	信　用	是否购买平板电脑
3	30～40	高	否	一般	是
4	>40	中等	否	一般	是
5	>40	低	是	一般	是
6	>40	低	否	好	否
7	30～40	低	是	好	是
8	<30	中等	是	一般	否
9	<30	低	是	一般	是
10	>40	中等	是	一般	是
11	<30	中等	是	好	是
12	30～40	中等	否	好	是
13	30～40	高	是	一般	是
14	>40	中等	否	好	否

【解】　数据集中每个样本有 4 个特征，分别为年龄、收入、是否为学生和信用；类别标签共有两个，分别为会购买平板电脑和不会购买平板电脑，分别用 C_1 和 C_2 表示。判定新客户是否会购买平板电脑是一个二分类问题，使用朴素贝叶斯算法计算的过程如下。

（1）计算每个类别属性的先验概率。先验概率的计算方法为每个类别的样本数量除以数据集中的样本总数量。

① 购买平板电脑的先验概率为 $P(C_1) = 9/14$；

② 不购买平板电脑的先验概率为 $P(C_2) = 5/14$。

（2）计算新客户在每个类别中的后验概率。

① 新客户（年龄<30，收入中等，是学生，信用一般）购买该平板电脑的后验概率为

$$P(C_1 | 年龄<30, 中等, 学生, 一般)$$

等价于计算 " $P(年龄<30 | C_1)P(中等 | C_1)P(学生 | C_1)P(一般 | C_1)P(C_1)$ " 的值。其中，$P(年龄<30 | C_1)$ 表示购买平板电脑的客户中年龄小于 30 岁的客户比例，查数据集表中的数据可知 $P(年龄<30 | C_1)$=2/9。同理，其他的数据也可以通过查表得到，于是有

$$P(年龄<30 | C_1)P(中等 | C_1)P(学生 | C_1)P(一般 | C_1)P(C_1)$$
$$= 2/9 \times 4/9 \times 6/9 \times 6/9 \times 9/14$$
$$\approx 0.028$$

② 新客户（年龄<30，收入中等，是学生，信用一般）不购买该平板电脑的后验概率为

$$P(C_2 | 年龄<30, 中等, 学生, 一般)$$

等价于计算 " $P(年龄<30 | C_2)P(中等 | C_2)P(学生 | C_2)P(一般 | C_2)P(C_2)$ " 的值。查数据集表

中的数据可得

$$P(年龄<30|C_2)P(中等|C_2)P(学生|C_2)P(一般|C_2)P(C_2)$$
$$=3/5\times2/5\times1/5\times2/5\times5/14$$
$$\approx 0.007$$

（3）比较两个值的大小。由于 0.028 大于 0.007，故判定新客户会购买该平板电脑。

3. 朴素贝叶斯算法的特点

朴素贝叶斯算法的优点：① 逻辑简单、易于实现，算法的复杂性较小；② 算法比较稳定，具有较好的健壮性；③ 对小规模的数据表现很好，能处理多分类任务；④ 对缺失数据不太敏感，常用于文本分类；⑤ 虽然概率估计可能是有偏差的，但人们大多关心的不是它的值，而是排列次序，因此有偏差的估计在某些情况下可能并不重要。

朴素贝叶斯算法的缺点：很多实际问题中，特征之间相互独立这个假设并不成立，如果在特征之间存在相关性，会导致分类效果下降。

5.1.3 朴素贝叶斯算法的常见问题及解决方法

朴素贝叶斯算法在实际应用时常会遇到以下几个需要解决的问题。

1. 零概率问题

在使用朴素贝叶斯算法解决实际问题时，很可能会遇到某个特征的概率为 0 的现象。例如，例 5-1 中，如果要预测的新客户的属性值为（30<年龄<40，收入中等，是学生，信用一般），则不购买平板电脑的概率计算如下。

$$P(C_2|30<年龄<40,中等,学生,一般)\rightarrow$$
$$P(30<年龄<40|C_2)P(中等|C_2)P(学生|C_2)P(一般|C_2)P(C_2)$$
$$=0/5\times2/5\times1/5\times2/5\times5/14=0$$

可见，计算公式中只要有一项为 0，其值必定为 0。显然，概率为 0 的类别肯定是所有类别中概率最小的类别，但零概率问题其实是因为数据集中某个特征属性值的样本没有出现造成的，不能因为概率是 0，就将这个类别排除，这是不合理的。

为解决零概率问题，科学家提出了使用"分子加 1，分母加特征个数"的方法估计各个类的后验概率，这个方法称为拉普拉斯平滑。使用拉普拉斯平滑判定属性值为（30<年龄<40，收入中等，是学生，信用一般）的新客户的所属类别过程如下（以下公式分母中的 4 表示特征的个数）。

$$P(30<年龄<40|C_2)=0/5=0 \quad \rightarrow P(30<年龄<40|C_2)=(0+1)/(5+4)=0.111$$
$$P(中等|C_2)=2/5=0.4 \quad \rightarrow P(中等|C_2)=(2+1)/(5+4)=0.333$$
$$P(学生|C_2)=1/5=0.2 \quad \rightarrow P(学生|C_2)=(1+1)/(5+4)=0.222$$
$$P(一般|C_2)=2/5=0.4 \quad \rightarrow P(一般|C_2)=(2+1)/(5+4)=0.333$$

如果样本量很大的情况下，每个分量的计数加 1 造成的估计概率变化可以忽略不计，这样就可以有效地避免零概率问题，而且拉普拉斯平滑对所有类的后验概率进行计算，也不会造成偏向某个类的现象。

2. 溢出问题

实际分类问题中，数据集的特征往往会有几十甚至上百个，每个特征的条件概率都小于 1，多个小于 1 的数相乘，最终的结果会是一个非常小的小数，而这个小数有可能会超出计算机浮点数的表示范围，出现浮点数溢出的计算错误。

为了解决这个问题，科学家们修改了条件概率的计算公式，即对公式 $P(x_1 | C_i)P(x_2 | C_i) \cdots P(x_n | C_i)P(C_i)$ 求对数，从而将各概率相乘变为相加。这样做肯定会改变计算结果，但是朴素贝叶斯算法是通过比较待分类样本属于各个类别的概率的大小实现分类的，并不关注概率本身。只要能比较概率的大小即可，无须计算准确的概率值。这种对计算结果求对数的方法在很多机器学习算法中都有应用，是一种常用的计算技巧。

3. 特征独立性无法满足的问题

朴素贝叶斯算法的一个基本假设就是样本的各特征之间相互独立，从而方便计算各个类别的概率值。但对于很多实际问题，样本的多个特征之间往往存在一定的联系，强制假设其相互独立在一定程度上会影响模型的预测准确性。为此，人们提出了一种半朴素贝叶斯分类模型，该模型允许样本的部分特征之间存在依赖关系。

半朴素贝叶斯分类模型通常采用"独依赖估计"策略表达特征之间的依赖关系。"独依赖估计"策略的基本思想是假设样本的每个特征都可关联一个对其产生影响的特征，基于此再进行计算。

素养之窗

截至 2022 年，百度已在人工智能领域深耕整十年，在 AI 专利申请量和授权量方面连续四年蝉联中国第一，成为人工智能领域获得中国专利奖奖项最多、获奖级别最高的高科技企业。

2022 年 9 月 20 日，百度首次发布"2022 十大科技前沿发明"，十大发明具体为跨模态通用可控 AIGC（基于人工智能的内容生成）、无人车多传感器融合处理系统、知识增强大模型、深度学习通用异构参数服务器架构、基于 AI 的生物计算平台 PaddleHelix、面向自动驾驶的车路协同关键技术、全平台量子软硬一体、数字人智能化生产、智慧城市全要素双总线技术与自动驾驶多模态行人运动预测。

百度领先的人工智能技术正在赋能千行百业，为中国人工智能产业发展提供了自主可控的知识产权驱动力。

5.2 朴素贝叶斯算法的 Sklearn 实现

5.2.1 Sklearn 中的朴素贝叶斯模块

Sklearn 的 naive_bayes 模块提供了 3 种朴素贝叶斯算法，分别是高斯朴素贝叶斯算法、多项式朴素贝叶斯算法和伯努利朴素贝叶斯算法。这 3 种算法适合应用在不同的场景下，在实际应用中应根据特征变量的不同选择不同的算法。

（1）高斯朴素贝叶斯算法通常应用于特征变量是连续变量，符合高斯分布的情况，如人的身高、物体的长度等。

（2）多项式朴素贝叶斯算法通常用于特征变量是离散变量，符合多项式分布的情况，如文档分类中，特征变量为某单词的出现次数。

（3）伯努利朴素贝叶斯算法通常用于特征变量是布尔变量，符合 0/1 分布的情况，如文档分类中，特征变量为某单词是否出现。

👉高手点拨

在实际应用中，多项式朴素贝叶斯算法和伯努利朴素贝叶斯算法经常用在文本分类中。多项式朴素贝叶斯算法以单词为单位，计算某单词在文件中出现的次数，而伯努利朴素贝叶斯算法以文件为单位，如果某单词在某文件中出现即为 1，不出现即为 0。

Sklearn 的 naive_bayes 模块提供了 3 种算法对应的类，分别为 GaussianNB、MultinomialNB 和 BernoulliNB，可通过下面语句导入。

```
from sklearn.naive_bayes import GaussianNB
                                    #导入高斯朴素贝叶斯模块
from sklearn.naive_bayes import MultinomialNB
                                    #导入多项式朴素贝叶斯模块
from sklearn.naive_bayes import BernoulliNB
                                    #导入伯努利朴素贝叶斯模块
```

5.2.2 朴素贝叶斯算法的应用举例

【例 5-2】 使用朴素贝叶斯算法对 Sklearn 中自带的鸢尾花数据集进行分类。

【程序分析】 Sklearn 中自带的鸢尾花数据集的特征变量有 4 个，分别为花萼长度、花萼宽度、花瓣长度与花瓣宽度，这些特征变量都是连续变量，应该使用高斯朴素贝叶斯算法对其进行建模。

【参考代码】

```
#导入需要的库
from sklearn.datasets import load_iris
from sklearn.model_selection import train_test_split
from sklearn.naive_bayes import GaussianNB
from sklearn.metrics import accuracy_score
#提取特征，划分数据集
x,y=load_iris().data,load_iris().target
x_train,x_test,y_train,y_test=train_test_split(x,y,
random_state=1,test_size=50)
#定义与训练模型
model=GaussianNB()
model.fit(x_train,y_train)
#模型评估
pred=model.predict(x_test)
print("测试集数据的预测标签为",pred)
print("测试集数据的真实标签为",y_test)
print("测试集共有%d 条数据，其中预测错误的数据有%d 条，预测准确率
为%.2f"%(x_test.shape[0],(pred!=y_test).sum(),accuracy_score(y_test,pred)))
```

【运行结果】 程序运行结果如图 5-3 所示。可见，使用朴素贝叶斯算法训练分类模型，预测准确率可达 94%。

```
测试集数据的预测标签为 [0 1 1 0 2 2 2 0 0 2 1 0 2 1 1 0 1 1 0 0 1 1 2 0 2
1 0 0 1 2 1 2 1 2 2 0 1 0 1 2 2 0 1 2 1 2 0 0 0 1]
测试集数据的真实标签为 [0 1 1 0 2 1 2 0 0 2 1 0 2 1 1 0 1 1 0 0 1 1 1 0 2
1 0 0 1 2 1 2 1 2 2 0 1 0 1 2 2 0 2 2 1 2 0 0 0 1]
测试集共有 50 条数据，其中预测错误的数据有 3 条，预测准确率为 0.94
```

图 5-3 程序运行结果

项目实施——朴素贝叶斯算法实现邮件分类

1. 数据与停用词表准备

步骤 1 导入 os 模块。

步骤 2 使用 os 模块的 listdir()函数获取正常邮件和垃圾邮件的文件列表。

数据与数据预处理

115

指点迷津

os 模块提供 Python 程序与操作系统进行交互的各种接口。os 模块中的 listdir() 函数可返回（当前）目录下的全部文件列表。

步骤3 输出正常邮件与垃圾邮件的文件列表。

步骤4 导入停用词表并输出停用词表中的停用词。

指点迷津

（1）邮件中经常会出现一些不能说明邮件性质的词，如"的""在""于是"和标点符号等。在邮件参与贝叶斯分类前，需要对邮件中的非有效词进行过滤，这些非有效词通常称为停用词，存储于文件中。本项目的停用词存储于文件"stopwords.txt"中，需要对其进行读取。

（2）开始编写程序前，须将本书配套素材"item5/item5-ss-data"文件夹复制到当前工作目录中，也可将数据文件夹放于其他盘，如果放于其他盘，使用 listdir() 获取文件列表时，要指定路径。

【参考代码】

```python
import os
#获取正常邮件和垃圾邮件的文件列表
normalFileList=os.listdir("../item5/item5-ss-data/normal/")
spamFileList=os.listdir("../item5/item5-ss-data/spam/")
print("正常邮件的文件列表",normalFileList)
print("垃圾邮件的文件列表",spamFileList)
#获取停用词表，用于对停用词进行过滤
stopList=[]
for line in open("../item5/item5-ss-data/stopwords.txt",
encoding='utf-8'):
    stopList.append(line[:len(line)-1])
print("停用词文件内容: ",stopList)
```

【运行结果】 程序运行结果如图 5-4 所示。可见，邮件数据集导入成功。

```
正常邮件的文件列表 ['normal-mail1.txt', 'normal-mail2.txt',
'normal-mail3.txt', 'normal-mail4.txt', 'normal-mail5.txt',
'normal-mail6.txt', 'normal-mail7.txt', 'normal-mail8.txt',
'normal-mail9.txt']
垃圾邮件的文件列表 ['spam-mail1.txt', 'spam-mail2.txt',
'spam-mail3.txt', 'spam-mail4.txt', 'spam-mail5.txt',
'spam-mail6.txt', 'spam-mail7.txt', 'spam-mail8.txt',
'spam-mail9.txt']
停用词文件内容: ['啊', '阿', '哎', '哎呀', '唉', '于是', '还']
```

图 5-4　邮件数据集与停用词表

2. 数据预处理

步骤 1 导入中文分词库（如"结巴分词"）。

高手点拨

中文句子与英文句子不同，中文句子的词语与词语之间没有分隔符。如果要对中文进行分词处理，就需要使用专门的工具来完成。目前已有的中文分词工具中，使用较多的是"结巴分词"。"结巴分词"在使用之前需要先安装，安装步骤如下。

（1）在"运行"窗口中输入命令"cmd"，然后单击"确定"按钮。

（2）在弹出的窗口中输入命令"pip install jieba"，按"Enter"键即可自动安装"结巴分词"库。

步骤 2 定义 getWords()函数，用于提取指定文件（邮件文件）中的词语。

指点迷津

提取指定文件中的词语需要经过以下几个步骤。

（1）使用 strip()函数移除字符串首尾指定的字符（默认为空格或换行符）或字符序列。

（2）使用 re 模块中的 sub()函数过滤干扰字符或无效字符，如数字 0～9 或标点符号等。sub(pattern,repl,string)函数中的参数 pattern 表示模式字符串，即需要匹配的字符串；参数 repl 表示要替换的字符串（即匹配到 pattern 后替换为 repl）；参数 string 表示要被处理（查找替换）的原始字符串。例如，字符串 s 的内容为"我的家乡云南"，执行 sub(r'[云南]','*',s)后，结果为"我的家乡**"。

（3）使用"结巴分词"工具将句子拆分为一个个词语。

（4）使用 filter(函数,序列)函数过滤长度为 1 的单个字。filter(函数,序列)函数用于过滤不符合条件的元素，返回由符合条件元素组成的新列表。第一个参数"函数"可由

117

lambda 来创建。在 Python 中，lambda 用来创建匿名函数，其函数体比 def 简单很多。例如，"lambda x:x+2" 表示 x 为函数入口参数，x+2 为函数体。

（5）使用停用词表过滤停用词，剩余有效词语。

【参考代码】

```python
#导入需要的库
from jieba import cut   #导入中文分词库
from re import sub
#定义 getWords()函数，用于提取指定文件（邮件文件）中的词语
def getWords(file,stopList):
    wordsList=[]
    for line in open(file,encoding='utf-8'):
        line=line.strip()
        #过滤干扰字符或无效字符
        line=sub(r'[.【】0-9、——,。! \~*]','',line)
        line=cut(line)
        #过滤长度为1的单个字
        line=filter(lambda word:len(word)>1,line)
        wordsList.extend(line)
        #过滤停用词，剩余有效词语
        words=[]
        for i in wordsList:
            if i not in stopList and i.strip()!='' and i!=None:
                words.append(i)
    return words
```

步骤 3 使用 getWords()函数，提取数据集所有文件中的词语，存放于变量 allwords 中。

步骤 4 将 allwords 的内容进行输出。

步骤 5 提取训练集中出现频次最高的前 10 个词语，并进行输出。

指点迷津

提取训练集中出现频次最高的前 10 个词语需要经过以下两个步骤。

（1）使用 collections 模块中的 Counter()函数获取 allwords 中每个词语出现的次数。需要注意的是 allwords 是一个二维列表，使用 Counter()函数进行计数时，需要先使用 itertools 模块中的 chain()函数对 allwords 进行解包。

（2）使用 most_common()函数获取出现频次最高的前几个词语和对应词语的出现频次。需要注意的是 most_common()函数的返回值是一个字典类型，包含词语与词语出现的频次，第一个元素是词语，第二个元素是词语出现的频次。因此，如果想单独输出词语，还需要使用 for 语句进行提取。

例如，"Counter("dadasfafasfa").most_common(2)" 语句的输出结果为[('a',5),('f',3)]，如果需要单独输出 a 和 f，可使用 for 语句 "[w[0] for w in Counter("dadasfafasfa").most_common(2)]" 进行提取。

【参考代码】

```
#导入需要的库
from collections import Counter
from itertools import chain
#提取训练集所有文件中的词语
allwords=[]
for spamfile in spamFileList:
    words=getWords("../item5/item5-ss-data/spam/"+spamfile,stopList)
    allwords.append(words)
for normalfile in normalFileList:
    words=getWords("../item5/item5-ss-data/normal/"+normalfile,stopList)
    allwords.append(words)
print("训练集中所有的有效词语列表: ")
print(allwords)
#提取训练集中出现频次最高的前10个词语
frep=Counter(chain(*allwords))      #获取有效词语出现的频次
topTen=frep.most_common(10)
                        #获取出现频次最高的前10个词语和对应的频次
topWords=[w[0] for w in topTen]    #获取出现频次最高的前10个词语
print("训练集中出现频次最高的前10个词语:")
print(topWords)
```

【运行结果】 程序运行结果如图 5-5 所示。

训练集中所有的有效词语列表：
[['期刊', '主要', '栏目', '技术', '应用', '投稿', '邮箱', 'xx', 'com'],
['期刊', '主要', '栏目', '数据', '投稿', '邮箱', 'xx', 'com'], ['某某',
'期刊', '主要', '栏目', '数据', '投稿', '邮箱', 'xx', 'com'], ['期刊',
'主要', '栏目', '计算', '投稿', '邮箱', 'xx', 'com'], ['期刊', '主要',
'栏目', '人工智能', '投稿', '邮箱', 'xx', 'com'], ['期刊', '主要', '栏目
', '网络设备', '投稿', '邮箱', 'xx', 'com'], ['期刊', '主要', '栏目',
'计算机', '基础', '投稿', '邮箱', 'xx', 'com'], ['期刊', '主要', '栏目',
'网络', '制图', '投稿', '邮箱', 'xx', 'com'], ['期刊', '主要', '栏目',
'网站', '绘图', '投稿', '邮箱', 'xx', 'com'], ['张老师', '您好', '上次',
'推荐', '资料', '来说', '帮助', '很大', '希望', '推荐', '一些', '资料',
'非常感谢'], ['小李', '你好', '论文', '需要', '修改', '具体', '修改意见',
'附件', '查收'], ['李老师', '您好', '论文', '已经', '修改', '修改', '完
成', '内容', '附件', '查收'], ['小李', '你好', '论文', '需要', '修改',
'具体', '修改意见', '附件', '查收'], ['小张', '你好', '论文', '需要', '修
改', '具体', '修改意见', '附件', '查收'], ['张老师', '您好', '论文', '修
改', '具体内容', '附件', '查收'], ['李老师', '你好', '论文', '修改', '中
等', '修改', '完成', '沟通'], ['小张', '你好', '论文', '需要', '修改',
'具体', '修改意见', '附件', '查收'], ['小张', '你好', '论文', '需要', '修
改', '具体', '修改意见', '附件', '查收']]
训练集中出现频次最高的前 10 个词语：
['修改', '期刊', '主要', '栏目', '投稿', '邮箱', 'xx', 'com', '论文',
'附件']

图 5-5　训练集中所有的有效词语与出现频次最高的前 10 个词语

步骤 6 获取 10 个高频词语在每封邮件中出现的次数。

指点迷津

　　程序中可能会用到 map()函数。map()函数是 Python 内置的高阶函数，它接收一个函数（函数可使用 lambda 定义）和一个列表，并通过把函数依次作用在列表的每个元素上，得到一个新的列表并返回。需要注意的是 map()函数不改变原有的列表，而是返回一个新列表。

【参考代码】

```
#导入需要的库
import numpy as np
vector=[]
for words in allwords:
    temp=list(map(lambda x:words.count(x),topWords))
                            #每个高频词语在每封邮件中出现的次数
    vector.append(temp)
vector=np.array(vector)
print("10 个高频词语在每封邮件中出现的次数：")
print(vector)
```

【运行结果】　程序运行结果如图 5-6 所示。运行结果描述了 10 个高频词语在每封邮

件中出现的次数，具体描述如表 5-2 所示。

```
10个高频词语在每封邮件中出现的次数：
[[0 1 1 1 1 1 1 1 0 0]
 [0 1 1 1 1 1 1 1 0 0]
 [0 1 1 1 1 1 1 1 0 0]
 [0 1 1 1 1 1 1 1 0 0]
 [0 1 1 1 1 1 1 1 0 0]
 [0 1 1 1 1 1 1 1 0 0]
 [0 1 1 1 1 1 1 1 0 0]
 [0 1 1 1 1 1 1 1 0 0]
 [0 1 1 1 1 1 1 1 0 0]
 [0 0 0 0 0 0 0 0 0 0]
 [1 0 0 0 0 0 0 0 1 1]
 [2 0 0 0 0 0 0 0 1 1]
 [1 0 0 0 0 0 0 0 1 1]
 [1 0 0 0 0 0 0 0 1 1]
 [1 0 0 0 0 0 0 0 1 1]
 [2 0 0 0 0 0 0 0 1 0]
 [1 0 0 0 0 0 0 0 1 1]
 [1 0 0 0 0 0 0 0 1 1]]
```

图 5-6 高频词语在每封邮件中出现的次数

表 5-2 每封邮件中高频词语出现次数统计

邮 件	高频词语									
	修改	期刊	主要	栏目	投稿	邮箱	xx	com	论文	附件
spam-mail1.txt	0	1	1	1	1	1	1	1	0	0
spam-mail2.txt	0	1	1	1	1	1	1	1	0	0
spam-mail3.txt	0	1	1	1	1	1	1	1	0	0
spam-mail4.txt	0	1	1	1	1	1	1	1	0	0
spam-mail5.txt	0	1	1	1	1	1	1	1	0	0
spam-mail6.txt	0	1	1	1	1	1	1	1	0	0
spam-mail7.txt	0	1	1	1	1	1	1	1	0	0
spam-mail8.txt	0	1	1	1	1	1	1	1	0	0
spam-mail9.txt	0	1	1	1	1	1	1	1	0	0
normal-mail1.txt	0	0	0	0	0	0	0	0	0	0
normal-mail2.txt	1	0	0	0	0	0	0	0	1	1
normal-mail3.txt	2	0	0	0	0	0	0	0	1	1
normal-mail4.txt	1	0	0	0	0	0	0	0	1	1
normal-mail5.txt	1	0	0	0	0	0	0	0	1	1
normal-mail6.txt	1	0	0	0	0	0	0	0	1	1
normal-mail7.txt	2	0	0	0	0	0	0	0	1	0
normal-mail8.txt	1	0	0	0	0	0	0	0	1	1
normal-mail9.txt	1	0	0	0	0	0	0	0	1	1

到此，对邮件数据集进行预处理全部完成。接下来将使用多项式朴素贝叶斯算法对处理后的数据进行建模，训练分类器。

3. 训练分类器

扫一扫

步骤 1 导入多项式朴素贝叶斯模型。

步骤 2 为数据集打标签，1 表示垃圾邮件，0 表示正常邮件。

步骤 3 将高频词语在每封邮件中出现的次数作为特征变量，赋值给 x，将标签赋值给 y。

训练分类器

步骤 4 建立多项式朴素贝叶斯模型并进行训练。

【参考代码】

```
from sklearn.naive_bayes import MultinomialNB
#为数据集打标签，1表示垃圾邮件，0表示正常邮件
target=np.array([1,1,1,1,1,1,1,1,1,0,0,0,0,0,0,0,0,0])
x,y=vector,target
#建立多项式朴素贝叶斯模型并进行训练
model=MultinomialNB()
model.fit(x,y)
```

4. 测试邮件的类别预测

扫一扫

步骤 1 准备测试邮件。测试邮件共有两封，分别命名为"normal-test.txt"与"spam-test.txt"，保存在文件夹"test"中。其中，"normal-test.txt"为正常邮件，"spam-test.txt"为垃圾邮件。两封邮件的具体内容如图 5-7 和图 5-8 所示。

测试邮件的类别预测

王老师，您好！
我的一个朋友最近推荐给我一些资料，对我很有帮助，我也想推荐给您，详见附件。

图 5-7 "normal-test"文件内容

某期刊：
【主要栏目】：云计算
投稿邮箱：xx@189.com

图 5-8 "spam-test"文件内容

步骤 2 获取测试邮件的文件列表。

步骤 3 调用 getWords()函数，分别提取测试文件中的词语。

步骤 4 提取 10 个高频词语分别在邮件中出现的次数。

步骤 5 使用训练完成的分类器进行预测。

步骤 6 输出预测结果。

【参考代码】

```
#获取测试邮件文件列表
test=os.listdir("../item5/item5-ss-data/test")
#使用模型进行预测
for testFile in test:
    words=getWords("../item5/item5-ss-data/test/"+testFile,stopList)
                          #调用getWords()函数,提取文件中的词语
    test_x=np.array(tuple(map(lambda x:words.count(x),topWords)))
                          #提取10个高频词语分别在邮件中出现的次数
    result=model.predict(test_x.reshape(1,-1))
    if result==1:
        print('"'+testFile+'"'+"是垃圾邮件")
    else:
        print('"'+testFile+'"'+"是正常邮件")
```

【运行结果】 程序运行结果如图5-9所示。可见,两封邮件的预测结果完全正确。

```
"normal-test.txt"是正常邮件
"spam-test.txt"是垃圾邮件
```

图 5-9 邮件分类器预测结果

本项目最终得到的模型,分类效果较好。需要说明的是,本项目的数据较少,得到的词语数量也较小,如果词语数量非常大,也可将词语数据集写入磁盘进行维护。

 项目实训

1. 实训目的

(1) 掌握根据具体情境选择合适的朴素贝叶斯算法的方法。

(2) 掌握机器学习常用库的使用方法。

(3) 掌握朴素贝叶斯算法训练模型的方法。

2. 实训内容

为预测未来一天是否下雨,某机构收集了过去7天的天气情况,如表5-3所示。除"序号"列外,其他列中1表示是,0表示否。使用朴素贝叶斯算法训练模型,预测未来一天(刮风,不闷热,多云)会不会下雨。

表 5-3　过去 7 天的天气情况

序　号	是否刮风	是否闷热	是否多云	是否下雨
1	0	1	0	0
2	1	1	1	1
3	0	1	1	1
4	0	0	0	0
5	0	1	1	1
6	0	1	0	0
7	1	0	0	0

（1）启动 Jupyter Notebook，以 Python 3 工作方式新建 Jupyter Notebook 文档，并重命名为"item5-sx.ipynb"。

（2）数据准备。

① 导入 NumPy 库。

② 输入训练集的数据与标签。

③ 使用 NumPy 定义两个数组 x 和 y，分别存放训练集的数据与标签。

（3）训练模型。

① Sklearn 的 naive_bayes 模块提供了 3 种朴素贝叶斯算法，分别是高斯朴素贝叶斯算法、多项式朴素贝叶斯算法和伯努利朴素贝叶斯算法，选择合适的算法模块。

② 使用选择好的朴素贝叶斯算法定义一个分类模型。

③ 使用数据集对模型进行训练。

（4）模型预测。

① 使用训练好的模型预测未来一天（刮风，不闷热，多云）会不会下雨。

② 输出预测结果。如果这一天不会下雨，则输出"这是一个好天气"，否则输出"要下雨了，快做好准备吧"。

3．实训小结

按要求完成实训内容，并将实训过程中遇到的问题和解决办法记录在表 5-4 中。

表 5-4　实训过程

序　号	主要问题	解决办法

项目总结

完成本项目的学习与实践后，请总结应掌握的重点内容，并将图 5-10 的空白处填写完整。

使用朴素贝叶斯算法训练分类器

朴素贝叶斯算法的基本原理

先验概率和后验概率

后验概率公式为（   ）

朴素贝叶斯算法的原理与流程

朴素贝叶斯算法的原理：根据数据集中的已有数据得到先验概率，然后求解待测样本属于每个类别的后验概率，哪个类别概率高就将新样本判定为哪个类别

朴素贝叶斯算法的流程为（   ）

朴素贝叶斯算法的特点

朴素贝叶斯算法的常见问题及解决方法

零概率问题解决方法（   ）

溢出问题解决方法（   ）

特征独立性无法满足问题的解决方法（   ）

朴素贝叶斯算法的Sklearn实现

Sklearn中的朴素贝叶斯模块

高斯朴素贝叶斯算法模块为（   ）

多项式朴素贝叶斯算法模块为（   ）

伯努利朴素贝叶斯算法模块为（   ）

朴素贝叶斯算法的应用举例

图 5-10 项目总结

项目考核

1. 选择题

（1）在朴素贝叶斯算法中，求样本属于某个类别的后验概率，等价于求（   ）的值。

A. $\dfrac{P(A \bigcap B)}{P(A)}$

B. $\dfrac{P(A \mid B)P(B)}{P(A)}$

C. $\dfrac{P(x \mid C_1)P(C_1)}{P(x)}$

D. $P(x_1 \mid C_i)P(x_2 \mid C_i)\cdots P(x_n \mid C_i)P(C_i)$

（2）下列（　　）不属于 Sklearn 的 naive_bayes 模块。

A．LinearRegression

B．GaussianNB

C．MultinomialNB

D．BernoulliNB

（3）朴素贝叶斯算法通过比较各个类别（　　）值的大小进行分类。

A．$P(C_i \mid x_1, x_2, \cdots, x_n)$

B．$P(x_1, x_2, \cdots, x_n \mid C_i)$

C．$\dfrac{P(C_i)}{P(x_1, x_2, \cdots, x_n)}$

D．$P(C_i)$

（4）公式 $P(C_i \mid x_1, x_2, \cdots, x_n) = \dfrac{P(x_1, x_2, \cdots, x_n \mid C_i) P(C_i)}{P(x_1, x_2, \cdots, x_n)}$ 中，$P(C_i \mid x_1, x_2, \cdots, x_n)$ 称为（　　）。

A．先验概率　　B．后验概率　　C．全概率　　　D．以上都正确

（5）下列说法错误的是（　　）。

A．朴素贝叶斯算法的原理是根据数据集中的已有数据得到先验概率，然后求解待测样本属于每个类别的后验概率，哪个类别概率高就将新样本判定为哪个类别

B．朴素贝叶斯算法解决实际问题时，可能会遇到某个特征的概率为 0 的现象

C．朴素贝叶斯算法的一个基本假设是样本各特征之间有一定的联系

D．以上说法都正确

2．填空题

（1）后验概率的公式为_____。

（2）朴素贝叶斯算法是一种以_____为假设的分类算法。

（3）Sklearn 的 naive_bayes 模块提供了 3 种朴素贝叶斯算法，分别是_____、_____和_____。

3．简答题

（1）简述什么是先验概率，什么是后验概率。

（2）简述使用朴素贝叶斯算法进行分类的流程。

（3）简述朴素贝叶斯算法的常见问题及解决方法。

项目评价

结合本项目的学习情况，完成项目评价，并将评价结果填入表 5-5 中。

表 5-5　项目评价

评价项目	评价内容	评价分数			
		分值	自评	互评	师评
项目完成度评价（20%）	项目准备阶段，回答问题是否清晰准确，能够紧扣主题，没有明显错误	5分			
	项目实施阶段，是否能够根据操作步骤完成本项目	5分			
	项目实训阶段，是否能够出色完成实训内容	5分			
	项目总结阶段，是否能够正确地将项目总结的空白信息补充完整	2分			
	项目考核阶段，是否能够正确地完成考核题目	3分			
知识评价（30%）	是否掌握先验概率与后验概率的计算方法	10分			
	是否理解朴素贝叶斯算法的原理与流程	10分			
	是否了解朴素贝叶斯算法的常见问题及解决方法	5分			
	是否掌握Sklearn中朴素贝叶斯模块的使用方法	5分			
技能评价（30%）	是否能够使用朴素贝叶斯算法训练分类模型	15分			
	是否能够编写程序，使用朴素贝叶斯模型进行分类预测	15分			
素养评价（20%）	是否遵守课堂纪律，上课精神是否饱满	5分			
	是否具有自主学习意识，做好课前准备	5分			
	是否善于思考，积极参与，勇于提出问题	5分			
	是否具有团队合作精神，出色完成小组任务	5分			
合计	综合分数_____自评（25%）+互评（25%）+师评（50%）	100分			
	综合等级_____	指导老师签字_____			
综合评价	最突出的表现（创新或进步）： 还需改进的地方（不足或缺点）：				

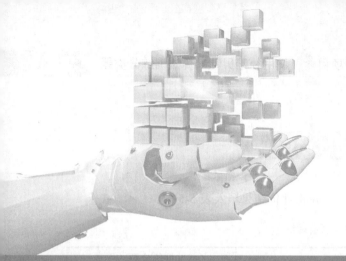

项目6

使用决策树算法实现分类与回归

项目目标

知识目标

- ⊙ 掌握决策树算法用于分类任务的基本原理。
- ⊙ 掌握决策树算法用于回归任务的基本原理。
- ⊙ 掌握 ID3 算法、C4.5 算法和 CART 算法的基本原理。
- ⊙ 掌握决策树算法的 Sklearn 实现方法。

技能目标

- ⊙ 能够使用决策树算法训练分类模型。
- ⊙ 能够使用决策树算法训练回归模型。
- ⊙ 能够编写程序，寻找最佳的决策树深度值。

素养目标

- ⊙ 关注国家资讯，增强民族意识，培养爱国主义精神。
- ⊙ 理解决策树算法的基本原理，培养勇为人先的创新精神。

项目描述

小旌最近发现了一件有趣的事情，某平台可以根据人的身高和体重信息判定其性别。小旌也想训练一个这样的模型，了解到利用决策树算法即可实现这一功能，于是，他开始尝试。

小旌采用的数据集是某平台的客户信息数据集（见本书配套素材"item6/genter-data-y.txt"文件），该数据集共有 100 条数据，每条数据包含 3 个特征变量和 1 个类别值。其中，特征变量分别是年龄、身高和体重，类别值是每个客户的性别，部分数据如表 6-1 所示（"性别"列中 M 表示女，F 表示男）。

表 6-1 客户信息数据集（部分）

年龄/（岁）	身高/（cm）	体重/（kg）	性 别
21	163	60	M
22	164	56	M
21	170	50	M
23	168	56	M
21	169	60	M
…	…	…	…
21	169	70	F
22	160	60	F
21	168	55	F
23	167	65	F
21	180	71	F

小旌打算基于客户信息数据集，使用决策树算法训练一个能够判定性别的分类器，并使用 Matplotlib 画图，显示该分类器的分类效果。

项目分析

按照项目要求，使用决策树算法训练能够判定性别的分类器的步骤分解如下。

第 1 步：数据准备。使用 Pandas 读取客户信息数据并为数据集指定列名称，然后将数据集进行输出。

第 2 步：数据预处理。先将"身高"和"体重"数据转换为浮点型数据，然后对"性别"列进行数值化处理，并将处理后的数据集进行输出。

第3步：数据集可视化展示。提取数据集中的"身高"列和"体重"列作为特征变量；提取性别列作为标签，然后使用 Matplotlib 绘制数据集的散点图。

第4步：确定决策树的最佳深度值。首先，导入需要的库，将数据集划分为训练集与测试集；然后，建立多个决策树模型（每个模型取不同的深度值），计算每个模型的预测误差率；最后，使用 Matplotlib 绘制决策树深度与模型预测误差率的关系图，确定决策树的最佳深度值。

第5步：训练与评估模型。使用决策树算法训练模型，并对模型进行评估，输出评估结果。

第6步：显示分类结果。绘制分类决策边界与样本数据图，显示分类结果。

使用决策树算法训练客户信息数据集的分类模型，需要先理解决策树算法的基本原理。本项目将对相关知识进行介绍，包括决策树算法用于分类与回归任务的基本原理，ID3 算法，C4.5 算法，CART 算法，以及决策树算法的 Sklearn 实现方法。

项目准备

全班学生以 3~5 人为一组进行分组，各组选出组长，组长组织组员扫码观看"决策树算法的基本原理"视频，讨论并回答下列问题。

问题1：简述决策树算法用于分类任务的基本原理。

扫一扫

决策树算法的基本原理

问题2：简述决策树算法用于回归任务的基本原理。

问题3：常用的构造决策树的算法有哪几种？

6.1 决策树算法的基本原理

决策树（decision tree）是一种基于树结构的机器学习模型，可以用于分类与回归任务。在机器学习中，决策树分为分类树和回归树，当对样本的所属类别进行预测时使用分类树；当对样本的某个值进行预测时使用回归树。

6.1.1 决策树算法的原理分析

1. 分类决策树的基本原理

分类任务的目标是通过对数据集的"学习"，总结一种决策规则，预测未知样本的类别。使用决策树算法进行分类的原理是给定一个训练数据集，根据训练集构造决策树，根据决策树写出对应的决策规则，然后使用决策规则对"待分类样本"进行分类。

例如，购买计算机的客户数据集（见表 6-2），使用决策树算法训练模型，可构造如图 6-1 所示的决策树。

表 6-2 购买计算机的客户数据集

客户编号	年 龄	收 入	是否为学生	信用情况	购买计算机情况
1	青年	高	否	一般	没有购买
2	青年	高	否	好	没有购买
3	中年	高	否	一般	已购买
4	老年	中	否	一般	已购买
5	老年	高	是	一般	已购买
6	老年	高	是	好	没有购买
7	中年	中	是	好	已购买
8	青年	中	否	一般	没有购买
9	青年	高	是	一般	已购买
10	老年	中	是	一般	已购买
11	青年	中	是	好	已购买
12	中年	中	否	好	已购买
13	中年	高	是	一般	已购买
14	老年	中	否	好	没有购买

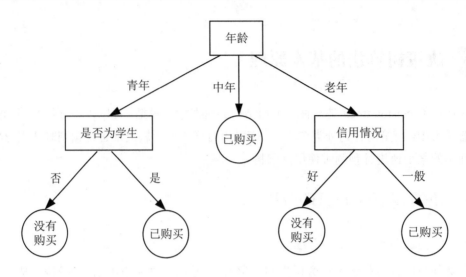

图 6-1　分类决策树

从图 6-1 可以看出，决策树的根节点和内部节点为数据集中的特征属性，叶节点为类别标签，根据特征属性的取值来判断进入哪一个分支。

决策树分类采用自顶向下的递归方式，在决策树内部节点进行属性值的比较，根据不同的属性值判断从该节点向下的分支，在叶节点上得到结论。所以，从决策树的根节点到叶节点的每一条路径都对应一条合取规则。例如，图 6-1 的决策树对应的决策规则为

If 年龄=青年 ∧ 不是学生　Then　没有购买计算机

If 年龄=青年 ∧ 是学生　Then　已购买计算机

If 年龄=中年　Then　已购买计算机

If 年龄=老年 ∧ 信用情况=好　Then　没有购买计算机

If 年龄=老年 ∧ 信用情况=一般　Then　已购买计算机

使用这些决策规则就可以对新的待测样本的类别进行判定。例如，新样本（老年，收入中等，不是学生，信用一般）的类别判定为已购买计算机。

2. 回归决策树的基本原理

回归任务研究的是一组变量与另一组变量之间的关系，其预测结果是连续的数值。回归决策树的基本原理是给定一个数据集，根据数据集构造决策树，根据决策树将特征空间划分为若干单元，每个单元有一个特定的输出（如训练集对应样本的平均值）。对于新的待测样本，只要按照特征值将其归到某个单元，即可得到相应的输出值。

例如，回归决策树测试数据集（见表 6-3），使用决策树算法训练模型，可构造如图 6-2 所示的决策树（使用决策树算法对表 6-3 中的数据集进行回归预测的程序见例 6-5）。

表 6-3 回归决策树测试数据集

x	y	x	y
1	4	2	8
3	9	5	10
7	19		

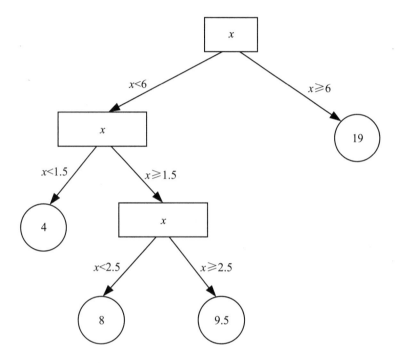

图 6-2 回归决策树

回归任务中，数据集的特征变量一般是连续的数值。因此，决策树的根节点和内部节点一般为数据集的特征属性，每个分支为特征属性值中两相邻点的中值（将特征属性值进行排序，然后取相邻两点的中值），叶节点为模型的输出值。根据图 6-2 中的回归决策树可将特征空间划分为多个单元，每个单元有一个特定的输出值（图 6-2 中的输出值为各对应点的平均值），如图 6-3 所示。

这样，对新的待测样本进行预测时，只要按照特征值将其归到某个单元，即可得到相应的输出值。例如，新样本（$x=4$）的输出值为 9.5。

决策树算法可用于分类任务和回归任务。无论是分类任务还是回归任务，决策树算法的关键是构造合适的决策树，只要有了决策树，就可以根据决策树写出分类决策规则或划分特征空间，然后预测新数据。构造决策树常用的算法有 ID3 算法、C4.5 算法和 CART 算法。

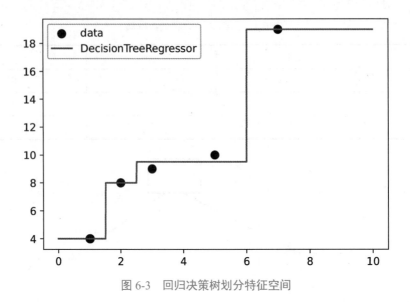

图 6-3　回归决策树划分特征空间

6.1.2　ID3 算法

ID3 算法构造决策树的基本思想是：以信息增益最大的特征属性作为分类属性，基于贪心策略的自顶向下搜索遍历决策树空间，通过递归方式构建决策树，即比较每个特征属性的信息增益值，每次选择信息增益最大的节点作为决策树（或子树）的根节点。

信息增益是信息论中的概念，指的是得知特征属性 A 的信息而使得类别属性 Y 的取值不确定性减少的程度。用数学表达式可表示为

$$\text{gain}(Y, A) = H(Y) - H(Y \mid A)$$

其中，$H(Y)$ 表示类别 Y 的熵（无条件熵），$H(Y \mid A)$ 表示已知特征属性 A 的值后类别属性的条件熵。$\text{gain}(Y, A)$ 表示因为知道特征属性 A 的值后导致类别属性熵的减小值（即类别属性 Y 的取值不确定性减少的程度），称为信息增益。$\text{gain}(Y, A)$ 的值越大，说明特征属性 A 提供的信息越多。

1. 熵

熵的概念来源于信息论。信息论认为，信息是对客观事物不确定性的消除或减少。接收者收到某一信息后所获得的信息量，可以用接收者在通信前后不确定性的消除量来度量。

生活中有这样的直观经验：北方的秋天常常是秋高气爽的天气，如果天气预报是"明天是一个晴天"，人们习以为常，因此得到的信息量很小；但如果天气预报是"明天有雪"，人们将感到十分意外，这个异常的信息给人们带来了极大的信息量。可见，信息量的大小与消息出现的概率成反比。

基于上述特性，可将信息量的大小定义为消息出现概率的倒数的对数，用数学表达式表示为

$$I(x_i) = \log \frac{1}{p(x_i)} = -\log p(x_i)$$

其中，$I(x_i)$ 表示消息的信息量（一般称为自信息量），$p(x_i)$ 表示消息发生的概率。当对数底为 2 时，信息量的单位为比特（bit）；当对数底为 e 时，信息量的单位为奈特（nit）。目前使用最广泛的单位是比特，本书也使用比特作为信息量的单位。

通常，信源能发出若干条信息（如天气预报可能会播报晴天和雨天两种信息，晴天的概率为 0.25，阴天的概率为 0.75），很多时候人们所关心的并不是每条信息携带的信息量，而是信源发出的所有信息的平均信息量。平均信息量指每条信息所含信息量的统计平均值，因此有 N 条消息的离散信源的平均信息量为

$$H(X) = \sum_{i=1}^{n} p(x_i)I(x_i) = -\sum_{i=1}^{n} p(x_i)\log p(x_i)$$

这个公式与统计物理学中熵的计算公式完全相同，因此把信源输出信息的平均信息量称为信源的熵。

2. 条件熵

条件熵是指在获得信源 X 发出的信息后，信宿 Y 仍然存在的不确定性。在给定 X（即各个 x_j）的条件下，Y 集合的条件熵为 $H(Y|X)$。条件熵 $H(Y|X)$ 表示已知条件 X 后，Y 仍然存在的不确定度，其公式如下。

$$H(Y|X) = \sum_{j=1}^{n} p(x_j)H(Y|X = x_j)$$

3. ID3 算法的流程

使用 ID3 算法构造决策树的流程如下。

（1）确定决策树（或子树）的根节点。首先，计算给定数据集中类别属性的信息熵；然后，计算给定数据集中每个特征属性的条件熵；最后，计算各个特征属性对应类别属性的信息增益，并选择信息增益最大的特征属性作为决策树（或子树）的根节点。

（2）更新数据集，根据决策树（或子树）根节点特征属性的取值将训练数据集分配到各分支中。

（3）重复以上步骤，直至子集包含单一特征属性或节点的样本个数小于预定阈值。

（4）生成 ID3 决策树。

【例 6-1】　某单位要组织一次户外活动，活动时间将至，活动策划人需要根据天气情况评判此次活动是否能如期进行。为此，他收集了以往关于天气情况和是否进行活动的数据集，如表 6-4 所示。使用 ID3 算法构造决策树，判定活动（活动当天天气：阴，寒冷，湿度高，风速弱）是否能如期进行。

表 6-4　天气情况和是否进行活动的数据集

序　号	天　气	温　度	湿　度	风　速	活　动
1	晴	炎热	高	弱	取消
2	晴	炎热	高	强	取消
3	阴	炎热	高	弱	进行
4	雨	适中	高	弱	进行
5	雨	寒冷	正常	弱	进行
6	雨	寒冷	正常	强	取消
7	阴	寒冷	正常	强	进行
8	晴	适中	高	弱	取消
9	晴	寒冷	正常	弱	进行
10	雨	适中	正常	弱	进行
11	晴	适中	正常	强	进行
12	阴	适中	高	强	进行
13	阴	炎热	正常	弱	进行
14	雨	适中	高	强	取消

【解】　ID3 算法构造决策树并对新样本进行预测的步骤如下。

（1）确定根节点。数据集中共有 4 个特征属性，使用 ID3 算法构造决策树需要计算每个属性的信息增益，确定决策树的根节点。各个特征属性对应类别属性的信息增益用公式表示为

$$\text{gain}(活动,天气) = H(活动) - H(活动 | 天气)$$
$$\text{gain}(活动,温度) = H(活动) - H(活动 | 温度)$$
$$\text{gain}(活动,湿度) = H(活动) - H(活动 | 湿度)$$
$$\text{gain}(活动,风速) = H(活动) - H(活动 | 风速)$$

需要分别计算 $H(活动)$、$H(活动 | 天气)$、$H(活动 | 温度)$、$H(活动 | 湿度)$ 与 $H(活动 | 风速)$ 的值。

① 计算类别属性"活动"的熵。"活动"这一列中，"进行"出现了 9 次，"取消"出现了 5 次。因此，进行活动的概率为 9/14，取消活动的概率为 5/14。则无条件熵 $H(活动)$ 的值为

$$H(活动) = -\sum_{i=1}^{n} p(x_i) \log p(x_i) = -(9/14)\log(9/14) - (5/14)\log(5/14) \approx 0.94$$

② 已知天气的情况下，计算类别属性"活动"的条件熵，数学表达式为

$$H(活动 | 天气) = p(晴)H(活动 | 天气=晴) +$$
$$p(阴)H(活动 | 天气=阴) + p(雨)H(活动 | 天气=雨)$$

"天气"这一列有晴、阴和雨 3 个属性值，其出现的概率分别为 5/14、4/14 和 5/14。当天气为晴时，活动进行的概率为 2/5，活动取消的概率为 3/5；当天气为阴时，活动进行个概率为 1，活动取消的概率为 0；当天气为雨时，活动进行的概率为 3/5，活动取消的概率为 2/5。于是，有

$$H(活动 | 天气=晴) = -(2/5)\log(2/5) - (3/5)\log(3/5) \approx 0.971$$
$$H(活动 | 天气=阴) = -1\log 1 - 0\log 0 = 0$$
$$H(活动 | 天气=雨) = -(3/5)\log(3/5) - (2/5)\log(2/5) \approx 0.971$$

因此，已知天气情况下，类别属性"活动"的条件熵为

$$H(活动 | 天气) = p(晴)H(活动 | 天气=晴) +$$
$$p(阴)H(活动 | 天气=阴) + p(雨)H(活动 | 天气=雨)$$
$$= (5/14) \times 0.971 + (4/14) \times 0 + (5/14) \times 0.971 \approx 0.693$$

③ 用同样的方法，分别计算已知温度情况下类别属性"活动"的条件熵，已知湿度情况下类别属性"活动"的条件熵和已知风速情况下类别属性"活动"的条件熵，即 $H(活动 | 温度)$、$H(活动 | 湿度)$ 和 $H(活动 | 风速)$ 的值，其结果如下。

$$H(活动 | 温度) = p(炎热)H(活动 | 温度=炎热) +$$
$$p(适中)H(活动 | 温度=适中) + p(寒冷)H(活动 | 温度=寒冷)$$
$$= (4/14) \times 1 + (6/14) \times 0.918 + (4/14) \times 0.811 \approx 0.911$$

$$H(活动 | 湿度) = p(高)H(活动 | 湿度=高) + p(正常)H(活动 | 湿度=正常)$$
$$= (7/14) \times 0.985 + (7/14) \times 0.592 \approx 0.789$$

$$H(活动 | 风速) = p(强)H(活动 | 风速=强) + p(弱)H(活动 | 风速=弱)$$
$$= (6/14) \times 1 + (8/14) \times 0.811 \approx 0.892$$

④ 计算各个特征属性对类别属性的信息增益。

$$gain(活动, 天气) = H(活动) - H(活动 | 天气) = 0.94 - 0.693 = 0.247$$
$$gain(活动, 温度) = H(活动) - H(活动 | 温度) = 0.94 - 0.911 = 0.029$$
$$gain(活动, 湿度) = H(活动) - H(活动 | 湿度) = 0.94 - 0.789 = 0.151$$
$$gain(活动, 风速) = H(活动) - H(活动 | 风速) = 0.94 - 0.892 = 0.048$$

可见，特征属性"天气"的信息增益最大，故应选择"天气"作为决策树的根节点，如图 6-4 所示。

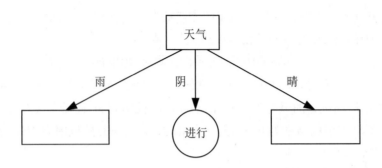

图 6-4   决策树根节点

（2）确定"天气=雨"分支的根节点。首先，找到"天气=雨"条件下的所有样本，如表 6-5 所示。

指点迷津

"天气=阴"下所有样本的类别均为"进行"。因此，只需要确定"天气=雨"和"天气=晴"两个分支的根节点即可。

表 6-5   "天气=雨"条件下的样本

序　号	天　气	温　度	湿　度	风　速	活　动
4	雨	适中	高	弱	进行
5	雨	寒冷	正常	弱	进行
6	雨	寒冷	正常	强	取消
10	雨	适中	正常	弱	进行
14	雨	适中	高	强	取消

依据表 6-5 中的数据确定本分支的根节点，与"确定根节点"的步骤相同，需要分别计算温度、湿度和风速 3 个特征属性对类别属性的信息增益，计算结果如下。

$$gain(活动，温度) = H(活动) - H(活动|温度) = 0.971 - 0.95 = 0.021$$
$$gain(活动，湿度) = H(活动) - H(活动|湿度) = 0.971 - 0.95 = 0.021$$
$$gain(活动，风速) = H(活动) - H(活动|风速) = 0.971 - 0 = 0.971$$

可见，特征属性"风速"的信息增益最大，故选择"风速"作为"天气=雨"分支的根节点。

（3）确定"天气=晴"分支的根节点。首先，找到"天气=晴"条件下的所有样本，如表 6-6 所示。

表 6-6   "天气=晴"条件下的样本

序 号	天 气	温 度	湿 度	风 速	活 动
1	晴	炎热	高	弱	取消
2	晴	炎热	高	强	取消
8	晴	适中	高	弱	取消
9	晴	寒冷	正常	弱	进行
11	晴	适中	正常	强	进行

依据表 6-6 中的数据确定本分支的根节点，需要分别计算温度、湿度和风速 3 个特征属性对类别属性的信息增益。通过计算可知，特征属性"湿度"的信息增益最大，故选择"湿度"作为"天气=晴"分支的根节点。

此时，每个叶节点中所有的样本都属于同一类别，ID3 算法结束，分类完成，最终得到的决策树如图 6-5 所示。

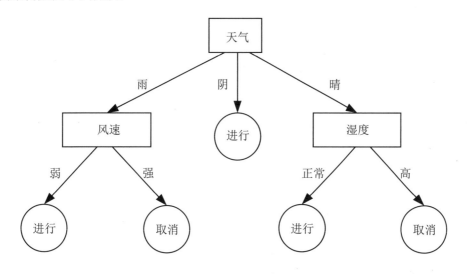

图 6-5   完整决策树

（4）根据决策树写出决策规则。从决策树的根节点到叶节点的每条路径对应一条合取规则，故图 6-5 中决策树对应的决策规则为

If 天气=雨 ∧ 风速=弱 Then 活动进行

If 天气=雨 ∧ 风速=强 Then 活动取消

If 天气=阴 Then 活动进行

If 天气=晴 ∧ 湿度=正常 Then 活动进行

If 天气=晴 ∧ 湿度=高 Then 活动取消

（5）使用决策规则对新样本进行预测。对于新样本（阴，寒冷，湿度高，风速弱），根据决策规则，应划分为"进行"这个类别。因此，活动不会取消，可以如期进行。

高手点拨

> ID3 算法的优点在于算法理论清晰、方法简单、易于理解，其缺点如下。
>
> （1）信息增益的计算偏向于取值较多的特征属性。
>
> （2）ID3 算法容易产生过拟合现象。
>
> （3）ID3 算法只能用于离散值属性，不能直接用于连续值属性。
>
> （4）抗噪性差，训练集中正例和反例的比例较难控制。
>
> （5）ID3 算法需要多次遍历数据库，效率不如朴素贝叶斯算法高。

6.1.3　C4.5 算法

ID3 算法存在的一个问题是，信息增益偏向拥有属性值较多的特征属性，因为从熵的计算公式来看，特征取值越多，熵越大。为此，人们又提出了 C4.5 算法。C4.5 算法最重要的改进是用信息增益率取代信息增益作为衡量特征属性的标准。

信息增益率使用"分裂信息"值将信息增益规范化，其数学表达式为

$$\text{gain\_ration}(S, A) = \frac{\text{gain}(S, A)}{\text{split\_info}(S, A)}$$

其中，$\text{gain\_ration}(S, A)$ 表示信息增益率，S 表示训练样本集，A 表示特征属性；$\text{gain}(S, A)$ 表示信息增益；$\text{split\_info}(S, A)$ 表示分裂信息，分裂信息的数学表达式为（S_i 表示含有第 i 个属性值的样本集）

$$\text{split\_info}(S, A) = -\sum_{i=1}^{m} \frac{|S_i|}{|S|} \log \frac{|S_i|}{|S|}$$

例如，在例 6-1 中，特征属性"天气"中取值晴、阴和雨的概率分别为 5/14、4/14 和 5/14，则"天气"的分裂信息和信息增益率分别为

$$\text{split\_info}(活动, 天气) = -(5/14)\log(5/14) - (4/14)\log(4/14) - (5/14)\log(5/14) \approx 1.58$$

$$\text{gain\_ration}(活动, 天气) = \frac{\text{gain}(活动, 天气)}{\text{split\_info}(活动, 天气)} = \frac{0.247}{1.58} \approx 0.156$$

一个特征属性分割样本的属性值越多，均匀性越强，该属性的分裂信息就越大，信息增益率就越小。因此，信息增益率降低了选择那些值较多且均匀分布的特征属性的可能性。

【例 6-2】　使用 C4.5 算法重新对例 6-1 的数据进行决策树分类。

【解】　C4.5 算法构造决策树的步骤如下。

（1）计算各个特征属性对类别属性的信息增益。信息增益的计算方法与 ID3 算法相同。

$$gain(活动, 天气) = H(活动) - H(活动 | 天气) = 0.94 - 0.693 = 0.247$$
$$gain(活动, 温度) = H(活动) - H(活动 | 温度) = 0.94 - 0.911 = 0.029$$
$$gain(活动, 湿度) = H(活动) - H(活动 | 湿度) = 0.94 - 0.789 = 0.151$$
$$gain(活动, 风速) = H(活动) - H(活动 | 风速) = 0.94 - 0.892 = 0.048$$

（2）计算各个特征属性的分裂信息。

$$split\_info(活动, 天气) = -(5/14)\log(5/14) - (4/14)\log(4/14) - (5/14)\log(5/14) \approx 1.58$$
$$split\_info(活动, 温度) = -(4/14)\log(4/14) - (6/14)\log(6/14) - (4/14)\log(4/14) \approx 1.56$$
$$split\_info(活动, 湿度) = -(7/14)\log(7/14) - (7/14)\log(7/14) = 1$$
$$split\_info(活动, 风速) = -(8/14)\log(8/14) - (6/14)\log(6/14) \approx 0.985$$

（3）计算各个特征的信息增益率。

$$gain\_ration(活动, 天气) = 0.247/1.58 \approx 0.156$$
$$gain\_ration(活动, 温度) = 0.029/1.56 \approx 0.0186$$
$$gain\_ration(活动, 湿度) = 0.151/1 = 0.151$$
$$gain\_ration(活动, 风速) = 0.048/0.985 \approx 0.049$$

可见，特征属性"天气"的信息增益率最大，故选择"天气"作为决策树的根节点。

（4）"天气=阴"分支下所有样本的类别均为"进行"。接下来确定"天气=雨"和"天气=晴"两个分支的根节点。分别计算"天气=雨"和"天气=晴"两个分支子数据集中各个特征属性的信息增益率。通过计算可知，"天气=雨"子集中，"风速"属性的信息增益率最大；"天气=晴"子集中，"湿度"属性的信息增益率最大，因此分别选择"风速"和"湿度"作为"天气=雨"和"天气=晴"两个分支的根节点。

至此，所有样本都已确定类别，C4.5 算法终止，最终得到的决策树如图 6-5 所示。

高手点拨

C4.5 算法在 ID3 算法的基础上进行了两方面的改进，一方面，C4.5 算法可以避免偏向取值较多的特征属性；另一方面，C4.5 算法能够处理连续型数值数据。C4.5 算法的缺点如下。

（1）在构造决策树的过程中，需要对数据集进行多次顺序扫描和排序，导致算法计算效率低。

（2）决策树算法容易过拟合，因此须对构造的决策树进行剪枝处理。C4.5 的剪枝算法还有优化的空间。

（3）C4.5 算法构造的是多叉树。很多时候，在计算机中二叉树要比多叉树运算效率高。

6.1.4 CART 算法

CART 算法既可用于分类也可用于回归，它本质上是对特征空间进行二元划分，即 CART 算法构造的是二叉树，并可对离散属性与连续属性进行分裂。CART 算法的基本思路是：使用基尼指数（gini index）作为度量数据集纯度的指标，其值越小，数据集样本的纯度越高，因此，选择基尼指数最小的属性作为决策树的根节点。

1. 基尼指数的计算公式

如果训练数据集 D 根据特征 A 是否取某一可能值被划分为 D_1 和 D_2 两部分，则在特征属性 A 的条件下，训练数据集 D 的基尼指数为

$$\text{gini\_index}(D, A) = \frac{D_1}{D}\text{gini}(D_1) + \frac{D_2}{D}\text{gini}(D_2)$$

其中，基尼值 $\text{gini}(D_1)$ 的计算公式为（式中 p_i 表示类别 i 在 D_1 数据集中出现的概率）

$$\text{gini}(D_1) = 1 - \sum_{i=1}^{n} p_i^2$$

2. CART 算法的流程

使用 CART 算法构造决策树的流程如下。

（1）计算训练数据集中每个特征属性中每个划分（属性值）对该数据集的基尼指数。

（2）在所有特征属性及其对应划分点（属性值）中，选择基尼指数最小的特征属性与对应的划分点作为最优特征属性与最优划分点。

（3）选择最优特征属性作为决策树（或子树）的根节点，选择最优划分点作为决策树的两个分支。

（4）更新数据集。根据决策树（或子树）根节点特征属性的取值将训练数据集分配到两个分支中。

（5）重复以上步骤，直至节点的样本个数小于预定阈值或者样本集的基尼指数小于预定阈值（样本基本属于同一类）。

（6）生成 CART 决策树。

【例 6-3】 银行在办理贷款业务时，需要对客户是否会拖欠贷款进行评估，现有某银行的客户数据集（见表 6-7），使用 CART 算法构造决策树，判定新用户（有房，单身，年收入 90 k）是否会拖欠贷款。

表 6-7 银行客户数据集

序　号	是否有房	婚姻状况	年收入/（k）	是否拖欠贷款
1	是	单身	125	否
2	否	已婚	100	否

表 6-7（续）

序 号	是否有房	婚姻状况	年收入/（k）	是否拖欠贷款
3	否	单身	70	否
4	是	已婚	120	否
5	否	离异	95	是
6	否	已婚	60	否
7	是	离异	220	否
8	否	单身	85	是
9	否	已婚	75	否
10	否	单身	90	是

【解】 CART 算法构造决策树并对新样本进行预测的步骤如下。

（1）"是否有房"特征属性只有两个取值，可以根据其取值"是"或"否"将数据集划分为两部分，计算每个部分的基尼值，然后计算其基尼指数。

① 计算取值为"是"的基尼值。属性值为"是"的 3 个样本中，有 0 个拖欠贷款（占 0/3），有 3 个没有拖欠贷款（占 3/3），则基尼值为

$$\text{gini}(是) = 1 - (0/3)^2 - (3/3)^2 = 0$$

② 计算取值为"否"的基尼值。属性值为"否"的 7 个样本中，有 3 个拖欠贷款（占 3/7），有 4 个没有拖欠贷款（占 4/7），则基尼值为

$$\text{gini}(否) = 1 - (3/7)^2 - (4/7)^2 \approx 0.4898$$

③ 计算已知"是否有房"条件下，类别属性的基尼指数。

$$\text{gini\_index}(是否拖欠贷款,是否有房) = (3/10)\times 0 + (7/10)\times 0.4898 = 0.34286$$

（2）"婚姻状况"特征属性有 3 个取值，根据每个值可将数据集进行划分，计算每个划分的基尼指数。

① 计算"婚姻状况"为"单身"条件下，类别属性的基尼指数。属性值为"单身"的样本有 4 个（占总样本的 4/10），其中有 2 个拖欠贷款（占 2/4），有 2 个没有拖欠贷款（占 2/4）；属性值为"已婚"或"离异"的样本有 6 个（占总样本的 6/10），其中有 1 个拖欠贷款（占 1/6），有 5 个没有拖欠贷款（占 5/6），则其基尼指数为

$$\text{gini\_index}(是否拖欠贷款,婚姻状况=单身)$$
$$= (4/10)\times[1 - (2/4)^2 - (2/4)^2] + (6/10)\times[1 - (1/6)^2 - (5/6)^2] \approx 0.36667$$

② 使用同样的方法计算"婚姻状况"为"已婚"条件下，类别属性的基尼指数。

$$\text{gini\_index}(是否拖欠贷款,婚姻状况=已婚)$$
$$= (4/10)\times[1 - (0/4)^2 - (4/4)^2] + (6/10)\times[1 - (3/6)^2 - (3/6)^2] = 0.3$$

③ 使用同样的方法计算"婚姻状况"为"离异"条件下，类别属性的基尼指数。

gini_index(是否拖欠贷款,婚姻状况=离异)

$$= (2/10) \times [1 - (1/2)^2 - (1/2)^2] + (8/10) \times [1 - (2/8)^2 - (6/8)^2] = 0.4$$

（3）"年收入"特征属性的取值是连续性数据，这些连续性数据可将数据集进行不同的划分，计算每个划分的基尼指数。

① 对"年收入"的属性值进行排序，然后分别计算两个相邻值的中值。本例有 10 个属性值，因此有 9 个中值，分别是 65、72.5、80、87.5、92.5、97.5、110、122.5 和 172.5。

② 计算"年收入"划分点为 65 时，类别属性的基尼指数。属性值小于或等于 65 的样本有 1 个（占总样本的 1/10），其中有 0 个拖欠贷款（占 0/1），有 1 个没有拖欠贷款（占 1/1）；属性值大于 65 的样本有 9 个（占总样本的 9/10），其中有 3 个拖欠贷款（占 3/9），有 6 个没有拖欠贷款（占 6/9），则其基尼指数为

gini_index(是否拖欠贷款,年收入=65)

$$= (1/10) \times [1 - (0/1)^2 - (1/1)^2] + (9/10) \times [1 - (3/9)^2 - (6/9)^2] = 0.4$$

③ 使用同样的方法计算"年收入"为其他划分点时，类别属性的基尼指数，计算结果如表 6-8 所示。

表 6-8　连续性数据的基尼指数

		划 分 点														
		72.5		80		87.5		92.5		97.5		110		122.5		172.5	
符　号		≤	>	≤	>	≤	>	≤	>	≤	>	≤	>	≤	>	≤	>
是否拖欠贷款	是（样本数）	0	3	0	3	1	2	2	1	3	0	3	0	3	0	3	0
	否（样本数）	2	5	3	4	3	4	3	4	3	4	4	3	5	2	6	1
基尼指数		0.37500		0.34286		0.41667		0.40000		0.30000		0.34286		0.37500		0.40000	

（4）在这些特征属性与对应的划分点中，选择基尼指数最小的特征属性与对应的划分点作为最优特征属性与最优划分点。比较发现，"已婚"作为"婚姻状况"的划分点与"97.5"作为"年收入"的划分点的基尼指数相同，选择其中一个作为最优特征属性和最优划分点即可。本例中选择"婚姻状况"作为最优特征属性，其对应属性值"已婚"作为最优划分点，得到的决策树根节点如图 6-6 所示。

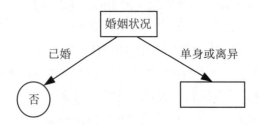

图 6-6　决策树根节点

（5）确定右分支的根节点。首先，找到该条件下所有的样本，如表 6-9 所示。

表 6-9　右分支数据集

序　号	是否有房	婚姻状况	年收入/（k）	是否拖欠贷款
1	是	单身	125	否
3	否	单身	70	否
5	否	离异	95	是
7	是	离异	220	否
8	否	单身	85	是
10	否	单身	90	是

根据表 6-9 的样本数据，重复步骤（1）～步骤（4），确定该分支的根节点为"是否有房"。

（6）继续进行同样的运算，最后得到的决策树如图 6-7 所示。

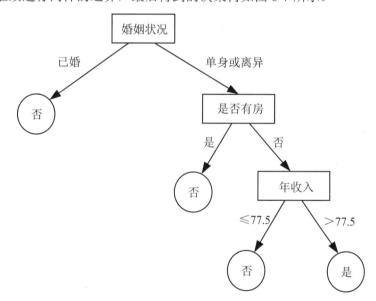

图 6-7　完整决策树

（7）根据决策树写出决策规则。从决策树的根节点到叶节点的每条路径对应一条合取规则，故图 6-7 中决策树对应的决策规则为

If 婚姻状况=已婚 Then 没有拖欠贷款

If 婚姻状况=单身 or 婚姻状况=离异 ∧ 有房 Then 没有拖欠贷款

If 婚姻状况=单身 or 婚姻状况=离异 ∧ 没有房 ∧ 年收入 ≤ 77.5 Then 没有拖欠贷款

If 婚姻状况=单身 or 婚姻状况=离异 ∧ 没有房 ∧ 年收入 > 77.5 Then 拖欠贷款

（8）使用决策规则对新样本进行预测。对于新用户（有房，单身，年收入90 k），根据决策规则，应划分为"没有拖欠贷款"这个类别。

素养之窗

2022年9月1日～9月3日，由国家发展和改革委员会、工业和信息化部、科学技术部、国家互联网信息办公室、中国科学院、中国工程院、中国科学技术协会和上海市人民政府共同主办的世界人工智能大会（WAIC）在我国上海隆重举行。大会自2018年创办以来，始终坚持高端化、国际化、专业化、市场化和智能化的办会理念，逐步成长为全球人工智能领域最具影响力的行业盛会。

本次会议主题为"智联世界，元生无界"，采用"1+1+2+10+N"活动架构，即1场开幕式、1场闭幕式、2场全体会议（主题分别为科技创新和产业发展）、10场主题论坛，以及N场生态论坛。

其中，产业发展全体会议邀请了中外知名企业代表，围绕"AI赋能百业""促进数字化转型"等话题进行高端对话，讨论人工智能和元宇宙等产业为经济带来的新动能，展望智能时代世界经济复苏的新机遇。据阿里巴巴集团副总裁、阿里云全球销售总裁介绍，目前我国企业采用人工智能（AI）的比例为58%，居全球首位。预计到2025年，中国将成为全球最大的数据圈，而智能计算也将成为算力增长的主要驱动力。

6.2 决策树算法的 Sklearn 实现

6.2.1 Sklearn 中的决策树模块

Sklearn 的 tree 模块提供了 DecisionTreeClassifier 和 DecisionTreeRegressor 类，分别用于实现决策树分类和回归算法。在 Sklearn 中，可通过下面语句导入决策树算法模块。

```
from sklearn.tree import DecisionTreeClassifier
                                     #导入决策树分类模块
from sklearn.tree import DecisionTreeRegressor
                                     #导入决策树回归模块
```

DecisionTreeClassifier 类和 DecisionTreeRegressor 类都有如下几个参数。

（1）参数 max_depth 用于设置决策树的最大深度，取值为正数或 None。决策树的深度过大，容易出现过拟合现象，故推荐深度为 5～20。

（2）参数 criterion 用于设置特征属性的评价标准，DecisionTreeClassifier 中参数 criterion 的取值有 gini 和 entronpy，gini 表示基尼指数，entronpy 表示信息增益，默认值为

gini；DecisionTreeRegressor 中 criterion 的取值有 mse 和 mae，mse 表示均方差，mae 表示平均绝对误差，默认值为 mse。

（3）参数 splitter 表示特征划分点的选择标准。取值有 best 和 random，默认值为 random。best 表示在所有特征中找到最好的划分，适合样本量较小的情况；random 表示随机抽取部分特征，再在这些特征中找到最好的划分，如果样本量非常大，应选择 random，可以减少计算开销。

（4）参数 min_samples_split 用于设置内部节点的最小样本数量，当样本数量小于此值时，节点将不再划分。

（5）参数 min_samples_leaf 用于设置叶子节点的最少样本数，如果某叶子节点数目小于该值，则会和兄弟节点一起被剪枝。

（6）参数 min_impurity_split 用于限制决策树的增长，如果某节点的不纯度（基尼指数、信息增益、均方差、绝对差）小于这个阈值，则该节点不再生成子节点。

6.2.2 决策树算法的应用举例

【例 6-4】 使用决策树算法对 Sklearn 自带的鸢尾花数据集进行分类。

【程序分析】 使用决策树算法对鸢尾花数据集进行分类的步骤如下。

（1）确定决策树的最佳深度值。训练决策树模型时，深度值的设置会直接影响决策树的分类效果，如果深度设置不恰当，会导致模型的泛化能力不足或过拟合。因此，在使用决策树建立模型之前需要确定最佳的深度值。

【参考代码】

```
from sklearn.datasets import load_iris
from sklearn.model_selection import train_test_split
import numpy as np
from sklearn.tree import DecisionTreeClassifier
from sklearn.metrics import accuracy_score
import matplotlib.pyplot as plt
#提取特征，划分数据集
x,y=load_iris().data[:,2:4],load_iris().target
                         #提取花瓣长度与花瓣宽度作为特征，训练模型
x_train,x_test,y_train,y_test=train_test_split(x,y,
random_state=0,test_size=50)  #将数据集拆分为训练集与测试集
#决策树深度与模型预测误差率计算
depth=np.arange(1,15)
err_list=[]
```

```
for i in depth:
    model=DecisionTreeClassifier(criterion='entropy',max_depth=i)
    model.fit(x_train,y_train)
    pred=model.predict(x_test)
    ac=accuracy_score(y_test,pred)
    err=1-ac
    err_list.append(err)
#绘制决策树深度与模型预测误差率图形
plt.plot(depth,err_list,'ro-')
plt.rcParams['font.sans-serif']='Simhei'
plt.xlabel('决策树深度')
plt.ylabel('预测误差率')
plt.show()
```

【运行结果】 程序运行结果如图 6-8 所示。可见，当决策树的深度为 3、4、5 或 6 时，分类效果最好。

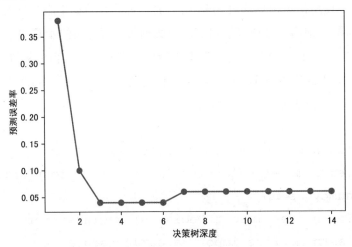

图 6-8 决策树深度与模型预测误差率关系

（2）当"深度=3"时，建立决策树模型并对其进行评估。

【参考代码】

```
#训练模型
model=DecisionTreeClassifier(criterion='entropy',max_depth=3)
model.fit(x_train,y_train)
#评估模型
pred=model.predict(x_test)
```

```
ac=accuracy_score(y_test,pred)
print('模型的预测准确率为: ',ac)
```

【运行结果】 程序运行结果如图 6-9 所示。

模型的预测准确率为: 0.96

图 6-9 决策树模型评估结果

（3）绘制可视化图像，显示分类结果。

【参考代码】
```
from matplotlib.colors import ListedColormap
#绘制分类界面
N,M=500,500                                  #网格采样点的个数
t1=np.linspace(0,8,N)                        #生成采样点的横坐标值
t2=np.linspace(0,3,M)                        #生成采样点的纵坐标值
x1,x2=np.meshgrid(t1,t2)                     #生成网格采样点
x_new=np.stack((x1.flat,x2.flat),axis=1)     #将采样点作为测试点
y_predict=model.predict(x_new)              #预测测试点的值
y_hat=y_predict.reshape(x1.shape)           #与 x1 设置相同的形状
iris_cmap=ListedColormap(["#ACC6C0","#FF8080","#A0A0FF"])
                                             #设置分类界面的颜色
plt.pcolormesh(x1,x2,y_hat,cmap=iris_cmap)  #绘制分类界面
#绘制 3 种类别鸢尾花的样本点
plt.scatter(x[y==0,0],x[y==0,1],c='r',s=60,marker='o')
plt.scatter(x[y==1,0],x[y==1,1],c='b',s=60,marker='s')
plt.scatter(x[y==2,0],x[y==2,1],c='g',s=60,marker='v')
#设置坐标轴的名称并显示图形
plt.rcParams['font.sans-serif']='Simhei'
plt.xlabel('花瓣长度')
plt.ylabel('花瓣宽度')
plt.show()
```

【运行结果】 程序运行结果如图 6-10 所示。可见，决策树分类算法能有效对样本进行分类。

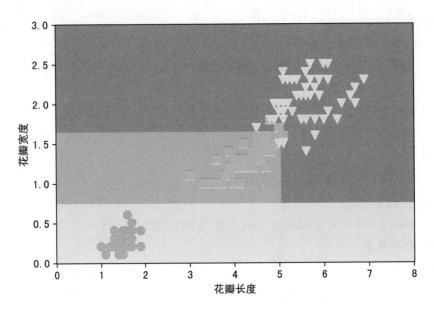

图 6-10　鸢尾花决策树分类模型可视化图形

【例 6-5】　使用决策树算法对表 6-3 中的数据集进行回归预测。

【程序分析】　使用决策树算法进行回归预测的步骤如下。

（1）确定决策树的最佳深度值。

【参考代码】

```
from sklearn.tree import DecisionTreeRegressor
import numpy as np
import matplotlib.pyplot as plt
#输入数据集
x=np.array([[1],[2],[3],[5],[7]])
y=np.array([[4],[8],[9],[10],[19]])
#决策树深度与模型预测误差率计算
depth=np.arange(1,10)
err_list=[]
for i in depth:
    model=DecisionTreeRegressor(max_depth=i)
    model.fit(x,y)
    r2=model.score(x,y)
```

```
        err=1-r2
        err_list.append(err)
#绘制决策树深度与模型预测误差率图形
plt.plot(depth,err_list,'ro-')
plt.rcParams['font.sans-serif']='Simhei'
plt.xlabel('决策树深度')
plt.ylabel('预测误差率')
plt.show()
```

【运行结果】 程序运行结果如图 6-11 所示。可见，决策树的深度超过 4 时，其泛化能力不会再发生变化。

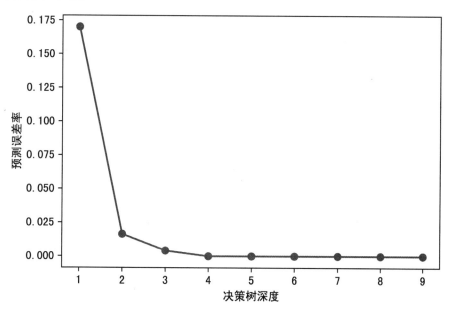

图 6-11 决策树深度与模型预测误差率关系

（2）当决策树深度为 3 时，建立模型，并绘制模型的预测结果图。

【参考代码】

```
#建立模型
model=DecisionTreeRegressor(max_depth=3)
model.fit(x,y)
#绘制模型的预测结果图
plt.scatter(x,y,s=60,c='k',marker='o')
x_test=np.arange(0.0,10,0.01).reshape(-1,1)
plt.plot(x_test,model.predict(x_test),'g-')
```

```
plt.legend(['data','DecisionTreeRegressor'])
plt.show()
```

【运行结果】 程序运行结果如图 6-3 所示。

指点迷津

由于本例题中数据量较小，因此没有将数据集进行拆分。如果数据量较大，就需要将数据集拆分为训练集与测试集，然后分别进行模型的训练与评估。

项目实施——根据身高与体重判定性别

1. 数据准备

步骤1 导入 Pandas 库。

步骤2 读取客户信息数据并为数据集指定列名称为 age、height、weight 和 gender。

扫一扫

数据准备

步骤3 输出客户信息数据集。

指点迷津

开始编写程序前，须将本书配套素材 "item6/genter-data-y.txt" 文件复制到当前工作目录中，也可将数据文件放于其他盘，如果放于其他盘，使用 Pandas 读取数据文件时要指定路径。

【参考代码】

```
import pandas as pd
#读取数据
names=['age','height','weight','gender']
dataset=pd.read_csv('gender-data-y.txt',delimiter=',',names=names)
print('客户信息数据集')
print(dataset)
```

【运行结果】 程序运行结果如图 6-12 所示。可见，客户信息数据集导入成功。

```
客户信息数据集
     age  height  weight  gender
0    21    163      60      M
1    22    164      56      M
2    21    170      50      M
3    23    168      56      M
4    21    169      60      M
..   ...   ...      ...     ...
95   24    192      73      F
96   25    187      74      F
97   20    178      65      F
98   23    172      76      F
99   25    173      78      F
```

图 6-12　客户信息数据集

2. 数据预处理

步骤 1 将"身高"和"体重"数据转换为浮点型数据。

步骤 2 导入 preprocessing 模块，使用 LabelEncoder()函数将数据集中"性别"列的文字转换为数值标签（M 转换为 1，F 转换为 0）。

数据预处理

指点迷津

> 文字标签转换为数值标签常用的方法有标签编码和独热编码。
>
> （1）标签编码是标签被编码为连续数值的一种方法。例如，用 0 表示男生，用 1 表示女生，就是标签编码。在 Sklearn 中，标签编码可使用 LabelEncoder()函数实现。
>
> （2）独热编码是使用与类别数量相同长度的一组数字进行编码的一种方法。例如，假设类别标签"颜色"有红、绿、蓝 3 个值，用独热编码转换后，"红"表示为[1,0,0]，"绿"表示为[0,1,0]，"蓝"表示为[0,0,1]。在 Sklearn 中，独热编码可使用 OneHotEncoder()函数实现。

步骤 3 输出处理后的数据集。

【参考代码】

```
from sklearn import preprocessing
#数据类型转换（将身高和体重数据转换为浮点型数据）
dataset['height']=dataset['height'].astype(float)
dataset['weight']=dataset['weight'].astype(float)
#对"性别"列进行数值化处理
le=preprocessing.LabelEncoder()          #标签编码
```

```
dataset['label']=le.fit_transform(dataset['gender'])
                                        #转换为数值标签
print('处理后的客户信息数据集')
print(dataset)
```

【运行结果】 程序运行结果如图6-13所示。可见，数据集增加了"label"列，即每条数据都增加了数值标签。

```
处理后的客户信息数据集
    age  height  weight  gender  label
0    21   163.0    60.0       M      1
1    22   164.0    56.0       M      1
2    21   170.0    50.0       M      1
3    23   168.0    56.0       M      1
4    21   169.0    60.0       M      1
..   ...    ...     ...     ...    ...
95   24   192.0    73.0       F      0
96   25   187.0    74.0       F      0
97   20   178.0    65.0       F      0
98   23   172.0    76.0       F      0
99   25   173.0    78.0       F      0
```

图 6-13 数据预处理结果

3. 数据集可视化展示

扫一扫

数据集可视化展示

步骤 1 提取数据集中的"height"列和"weight"列作为特征变量；提取"label"列作为标签。

步骤 2 使用 Matplotlib 绘制数据集的散点图。

【参考代码】

```
import matplotlib.pyplot as plt
data=dataset.iloc[range(0,100),range(1,3)].values
                                        #提取身高和体重数据
target=dataset.iloc[range(0,100),range(4,5)].values.reshape
(1,100)[0]                              #提取标签值
#绘制散点图
plt.scatter(data[target==0,0],data[target==0,1],s=60,c='r',
marker='o')                            #绘制标签为 0 的样本点
plt.scatter(data[target==1,0],data[target==1,1],s=60,c='g',
marker='^')                            #绘制标签为 1 的样本点
#设置坐标轴的名称并显示图形
plt.rcParams['font.sans-serif']='Simhei'
plt.xlabel('身高/cm')
```

```
plt.ylabel('体重/kg')
plt.show()
```

【运行结果】 程序运行结果如图 6-14 所示。

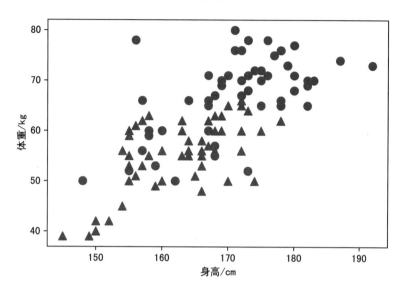

图 6-14 客户信息数据集散点图

4. 确定决策树的最佳深度值

步骤 1 导入需要的库。

步骤 2 将数据集的特征变量与标签，分别存储在数组 x 与 y 中。

步骤 3 将数据集划分为训练集与测试集，要求测试集的数据为 30 条。

步骤 4 当决策树的深度取值为 1～15（不包含 15）时，分别构建相应的决策树模型，并计算每个模型的预测误差率。

步骤 5 使用 Matplotlib 绘制决策树深度与模型预测误差率的关系图，确定决策树的最佳深度值。

确定决策树的最佳深度值

【参考代码】

```
from sklearn.model_selection import train_test_split
import numpy as np
from sklearn.tree import DecisionTreeClassifier
from sklearn.metrics import accuracy_score
#划分数据集
x,y=data,target
x_train,x_test,y_train,y_test=train_test_split(x,y,test_size
```

```
=30,random_state=0)
    #决策树深度与模型预测误差率计算
    depth=np.arange(1,15)
    err_list=[]
    for i in depth:
        model=DecisionTreeClassifier(criterion='entropy',max_depth=i)
        model.fit(x_train,y_train)
        pred=model.predict(x_test)
        ac=accuracy_score(y_test,pred)
        err=1-ac
        err_list.append(err)
    #绘制决策树深度与模型预测误差率图形
    plt.plot(depth,err_list,'ro-')
    plt.rcParams['font.sans-serif']='Simhei'
    plt.xlabel('决策树深度')
    plt.ylabel('预测误差率')
    plt.show()
```

【运行结果】 程序运行结果如图 6-15 所示。可见，当决策树的深度取值为 5 或 6 时，模型的预测误差率最低。

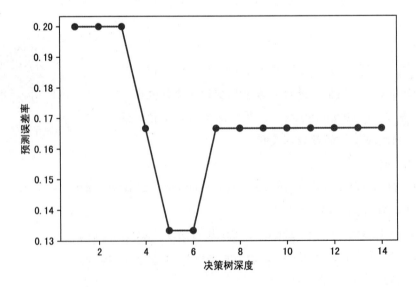

图 6-15 决策树深度与模型预测误差率关系

5. 训练与评估模型

步骤 1 训练模型，将决策树深度值设置为 5。

步骤 2 导入模型评估函数 classification_report()，使用该函数对模型进行评估并输出模型的评估报告。

扫一扫

训练与评估模型

指点迷津

classification_report(y_true,y_pred)函数用于输出分类模型的评估报告。其中，参数 y_true 表示样本的真实标签值，参数 y_pred 表示模型输出的预测值。

【参考代码】

```python
from sklearn.metrics import classification_report
#决策树深度取值为 5 时，训练模型
model=DecisionTreeClassifier(criterion='entropy',max_depth=5)
model.fit(x_train,y_train)
#对模型进行评估，并输出评估报告
pred=model.predict(x_test)
re=classification_report(y_test,pred)
print('模型评估报告: ')
print(re)
```

【运行结果】 程序运行结果如图 6-16 所示。可见，输出的模型评估报告中包含每个类别的精确率、召回率、F1 值和每个类别的样本数量，模型的预测准确率，宏平均值，以及加权平均值，能够对模型进行全面的评估。从评估报告中可以看出，模型的预测准确率为 87%；测试集中男生共有 15 个，精确率为 100%，召回率为 73%，F1 值为 0.85；测试集中女生样本共有 15 个，精确率为 79%，召回率为 100%，F1 值为 0.88。

模型评估报告:				
	precision	recall	f1-score	support
0	1.00	0.73	0.85	15
1	0.79	1.00	0.88	15
accuracy			0.87	30
macro avg	0.89	0.87	0.86	30
weighted avg	0.89	0.87	0.86	30

图 6-16 决策树模型评估报告

指点迷津

模型输出的评估报告中，宏平均值（macro avg）表示所有标签结果的平均值；加权平均值（weighted avg）表示所有标签结果的加权平均值。

6. 显示分类结果

步骤 1 使用 Matplotlib 绘制分类界面。

步骤 2 绘制两个类别的样本数据点。

步骤 3 设置坐标轴的名称，横坐标为"身高/cm"，纵坐标为"体重/kg"。

扫一扫

显示分类结果

步骤 4 显示分类结果图。

【参考代码】

```
from matplotlib.colors import ListedColormap
#绘制分类界面
N,M=500,500                              #网格采样点的个数
t1=np.linspace(140,195,N)                #生成采样点的横坐标值
t2=np.linspace(30,90,M)                  #生成采样点的纵坐标值
x1,x2=np.meshgrid(t1,t2)                 #生成网格采样点
x_new=np.stack((x1.flat,x2.flat),axis=1) #将采样点作为测试点
y_predict=model.predict(x_new)           #预测测试点的值
y_hat=y_predict.reshape(x1.shape)        #与x1设置相同的形状
iris_cmap=ListedColormap(["#ACC6C0","#FF8080"])
                                         #设置分类界面的颜色
plt.pcolormesh(x1,x2,y_hat,cmap=iris_cmap)
                                         #绘制分类界面
#绘制两个类别的样本数据点
plt.scatter(x[y==0,0],x[y==0,1],s=60,c='r',marker='o')
                                         #绘制标签为0的样本点
plt.scatter(x[y==1,0],x[y==1,1],s=60,c='g',marker='^')
                                         #绘制标签为1的样本点
#设置坐标轴的名称并显示图形
plt.rcParams['font.sans-serif']='Simhei'
```

```
plt.xlabel('身高/cm')
plt.ylabel('体重/kg')
plt.show()
```

【运行结果】 程序运行结果如图 6-17 所示。可见，边界处部分数据的预测结果是不准确的，但大部分数据的预测结果是准确的。总体来说，模型的预测准确率能够达到要求。

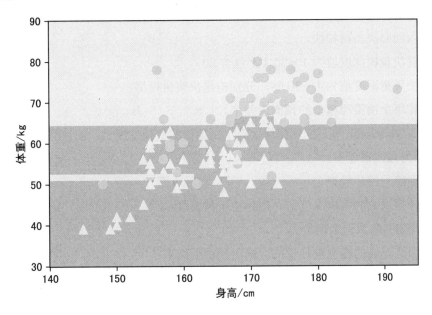

图 6-17 决策树模型分类结果

 项目实训

1. 实训目的

（1）掌握波士顿房价数据集的导入方法。

（2）掌握回归决策树模型的训练方法。

2. 实训内容

使用波士顿房价数据集训练回归决策树模型，并对模型进行评估。

（1）启动 Jupyter Notebook，以 Python 3 工作方式新建 Jupyter Notebook 文档，并重命名为"item6-sx.ipynb"。

（2）数据准备。

① 导入 Pandas 与 NumPy 库。

② 使用 Pandas 读取波士顿房价数据集，数据集网址为 http://lib.stat.cmu.edu/datasets/ boston，也可使用本书提供的配套素材"item6/item6-sx-data.txt"。

③ 分别获取数据集的特征变量与标签值。

④ 将处理完成的特征变量和标签分别存放于数组 x 和 y 中。

⑤ 输出 x 和 y 的值，查看特征变量与标签值。

（3）确定最佳的决策树深度值。

① 使用 train_test_split() 函数分割数据集，要求测试集的样本数量为 50 个。

② 导入回归决策树模块。

③ 设置决策树深度值为 1～30（不包含 30）。

④ 当决策树深度值为 1～30 时，分别构建决策树模型。

⑤ 计算每个决策树模型的预测误差率。

⑥ 导入 Matplotlib 库，绘制图像，确定决策树的最佳深度值。图像的横轴为决策树深度值，纵轴为预测误差率。

（4）训练与评估模型。

① 选择合适的决策树深度值，构建决策树模型。

② 使用 fit() 函数训练模型。

③ 对训练完成的模型进行评估，输出预测准确率。

3. 实训小结

按要求完成实训内容，并将实训过程中遇到的问题和解决办法记录在表 6-10 中。

表 6-10　实训过程

序　号	主要问题	解决办法

项目总结

完成本项目的学习与实践后，请总结应掌握的重点内容，并将图 6-18 的空白处填写完整。

```
                    使用决策树算法实现分类与回归
                              │
              ┌───────────────┴───────────────┐
      决策树算法的基本原理                  决策树算法的Sklearn实现
              │                                  │
      决策树算法的原理分析                  Sklearn中的决策树模块
                                           分类决策树模块为（        ）
  分类决策树的基本原理：给定一个训练数据集，   回归决策树模块为（        ）
  根据训练集构造决策树，根据决策树写出对应的
  决策规则，然后使用决策规则对"待分类样本"    决策树算法的应用举例
  进行分类
                                               分类决策树应用举例
  回归决策树的基本原理：给定一个数据集，根据
  数据集构造决策树，根据决策树将特征空间划分     回归决策树应用举例
  为若干单元，每个单元有一个特定的输出。对于
  新的待测样本，只要按照特征值将其归到某个单
  元，即可得到相应的输出值

      ID3算法

  信息增益的计算公式为（        ）

  熵的计算公式为（        ）

  条件熵的计算公式为（        ）

      C4.5算法

  信息增益率的计算公式为（        ）

      CART算法

  基尼指数定义为（        ）
```

图 6-18 项目总结

项目考核

1. 选择题

（1）下列（　　）算法构造的决策树一定是二叉树。

    A．ID3　　　　　　　　　　　　B．C4.5

    C．CART　　　　　　　　　　　D．以上 3 个算法都一定能构造二叉树

（2）在 C4.5 算法中，若特征属性 A 的取值只有两种，两种取值的样本数都是 5，则属性 A 的分裂信息 split_info(A) 的值为（　　）。

    A．1　　　　　　B．2　　　　　　C．3　　　　　D．5

（3）在 Sklearn 中，使用决策树算法训练回归模型时，需要用到（　　）类。

    A．DecisionTreeClassifier　　　　　　B．KNeighborsClassifier

    C．DecisionTreeRegressor　　　　　　D．KNeighborsRegressor

（4）下列关于决策树的说法中，错误的是（　　）。

    A．决策树是一种基于树结构的机器学习模型，可以用于分类与回归任务

    B．ID3 算法构造的决策树一定是二叉树

    C．构造决策树常用的算法有 ID3 算法、C4.5 算法和 CART 算法

    D．C4.5 算法在 ID3 算法的基础上进行了改进，以信息增益率取代信息增益作
       为衡量特征属性的标准

（5）下列公式中，（　　）可用于信息增益的计算。

    A．$H(Y \mid X) = \sum_{j=1}^{n} p(x_j) H(Y \mid X = x_j)$

    B．$\text{gain\_ration}(S, A) = \dfrac{\text{gain}(S, A)}{\text{split\_info}(S, A)}$

    C．$\text{gini\_index}(D, A) = \dfrac{D_1}{D} \text{gini}(D_1) + \dfrac{D_2}{D} \text{gini}(D_2)$

    D．$\text{gain}(Y, A) = H(Y) - H(Y \mid A)$

2. 填空题

（1）ID3 算法选取＿＿＿＿＿最大的节点作为根节点，C4.5 算法选取＿＿＿＿＿最大的节点作为根节点。

（2）CART 算法选择基尼指数最＿＿＿＿＿的节点作为根节点。

（3）＿＿＿＿＿算法只能对离散型数据进行决策树分类。

3. 简答题

（1）简述决策树算法用于分类任务的基本原理。

（2）简述决策树算法用于回归问题的基本原理。

项目 **6** 使用决策树算法实现分类与回归

 项目评价

结合本项目的学习情况，完成项目评价，并将评价结果填入表 6-11 中。

表 6-11　项目评价

评价项目	评价内容	评价分数			
		分值	自评	互评	师评
项目完成度评价（20%）	项目准备阶段，回答问题是否清晰准确，能够紧扣主题，没有明显错误	5 分			
	项目实施阶段，是否能够根据操作步骤完成本项目	5 分			
	项目实训阶段，是否能够出色完成实训内容	5 分			
	项目总结阶段，是否能够正确地将项目总结的空白信息补充完整	2 分			
	项目考核阶段，是否能够正确地完成考核题目	3 分			
知识评价（30%）	是否掌握决策树算法用于分类任务的基本原理	5 分			
	是否掌握决策树算法用于回归任务的基本原理	5 分			
	是否掌握 ID3 算法、C4.5 算法和 CART 算法的基本原理	15 分			
	是否掌握决策树模型的 Sklearn 实现方法	5 分			
技能评价（30%）	是否能够使用决策树算法训练分类模型	10 分			
	是否能够使用决策树算法训练回归模型	10 分			
	是否能够编写程序，寻找最佳的决策树深度值	10 分			
素养评价（20%）	是否遵守课堂纪律，上课精神是否饱满	5 分			
	是否具有自主学习意识，做好课前准备	5 分			
	是否善于思考，积极参与，勇于提出问题	5 分			
	是否具有团队合作精神，出色完成小组任务	5 分			
合计	综合分数_____自评（25%）+互评（25%）+师评（50%）	100 分			
	综合等级_____	指导老师签字_____			
综合评价	最突出的表现（创新或进步）： 还需改进的地方（不足或缺点）：				

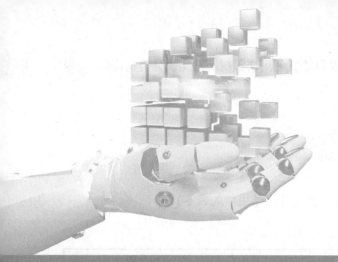

使用支持向量机实现图像识别

项目目标

知识目标

- 掌握线性可分数据的支持向量机分类原理。
- 掌握线性不可分数据的支持向量机分类原理。
- 了解支持向量机的回归原理。
- 掌握支持向量机的 Sklearn 实现方法。
- 掌握支持向量机的参数调节方法。

技能目标

- 能够使用支持向量机训练模型。
- 能够编写程序，寻找支持向量机参数的最优值。

素养目标

- 了解科技前沿新技术，提升通过科学方法解决实际问题的能力。
- 掌握人脸识别技术，培养探索精神。

📖 **项目描述**

人脸识别是基于人的脸部特征进行身份识别的一种生物识别技术，其应用范围非常广，如罪犯识别、人证比对、人机交互和智能视频监控等。人脸识别的功能是给定一张人脸图片，能够识别该图片属于人脸图片库中的哪个人，这是一个多分类问题。小旌了解到使用支持向量机即可实现这一功能，于是，他决定使用 Sklearn 自带的名人人脸照片数据集训练一个人脸识别模型，并使用这个模型进行预测。

名人人脸照片数据集中共存放了 5 749 位名人的人脸照片（每个人有 1 张或多张照片），共 13 233 张，这些照片分别存放在每个人名对应的目录中。每张照片的大小为 62×47 像素，将每个像素看成一个特征值，则该数据集中共有 2 914 个特征属性，13 233 条数据，5 749 个类别。由于该数据集的类别太多，本次训练模型时，小旌只选取最少有 60 张照片的名人作为数据集训练模型，然后对模型进行评估，并使用 Matplotlib 画图，显示分类结果。

📝 **项目分析**

按照项目要求，使用支持向量机进行人脸识别的步骤分解如下。

第 1 步：数据准备。导入 Sklearn 自带的名人人脸照片数据集，选取最少有 60 张照片的名人作为训练集，然后输出这些名人的姓名和照片的尺寸。

第 2 步：数据降维处理。由于数据集的特征属性太多，故在训练模型前需要进行降维处理。使用主成分分析算法将数据集的维度降维到 150 个，然后以 3 行 5 列的形式显示降维后的部分照片。

第 3 步：训练与评估模型。将降维处理后的数据集拆分为训练集与测试集，然后使用网格搜索法寻找支持向量机中高斯径向基核函数参数 gamma 与模型松弛系数惩罚项 C 的最优值，获取最优模型并输出最优模型的评估报告。

第 4 步：显示分类结果。首先，创建一个 4 行 6 列的画布；然后，在画布中绘制图像；最后，显示模型的预测姓名，预测正确显示为黑色文字，预测错误显示为黑色加边框文字。

使用支持向量机训练人脸识别模型，需要先理解支持向量机的基本原理。本项目将对相关知识进行介绍，包括线性可分数据的支持向量机分类原理，线性不可分数据的支持向量机分类原理，支持向量机的回归原理，支持向量机的 Sklearn 实现方法，以及支持向量机参数的调节方法。

项目准备

全班学生以 3～5 人为一组进行分组，各组选出组长，组长组织组员扫码观看"支持向量机的分类原理"视频，讨论并回答下列问题。

问题 1：简述线性可分数据的支持向量机分类原理。

扫一扫

支持向量机的分类原理

问题 2：简述支持向量机对线性不可分数据进行分类的原理。

问题 3：写出支持向量机常用的核函数。

7.1 支持向量机的基本原理

支持向量机（support vector machine, SVM）是一种应用非常广泛的机器学习模型，能够解决线性和非线性的分类与回归问题。从实际应用来看，支持向量机在各种实际问题中的表现都非常优秀，其在人脸识别、文本和超文本分类、图像分割等领域都有着非常重要的地位。支持向量机非常适合解决复杂但数据集规模较小的分类问题。

7.1.1 支持向量机的分类原理

1. 线性可分数据的支持向量机分类原理

对于线性可分的数据，支持向量机对其进行分类的原理是，给定一个训练数据集，基于这个数据集在样本空间中找到一个分类超平面，将不同类别的样本分开。在二维空间中，超平面表现为线的形式。

例如，图 7-1 中有两类不同的样本数据 D1 和 D2，D1 用小正方形表示，D2 用实心圆表示，支持向量机的分类方法就是在这组样本中找到一个分类超平面（图 7-1 中的直线）

作为决策边界，决策边界一侧的所有样本在分类中属于一个类别，另一侧的所有样本在分类中属于另一个类别。

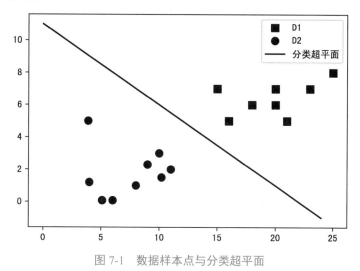

图 7-1　数据样本点与分类超平面

可见，支持向量机最重要的任务是从样本空间中找到一个合适的分类超平面。在图 7-1 的数据分布中，很容易就能在小正方形和实心圆之间画出多个分类超平面，如图 7-2 所示。接下来通过计算寻找最合适的分类超平面。

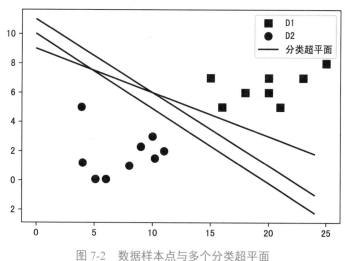

图 7-2　数据样本点与多个分类超平面

在分类任务中，样本数据点与决策边界（分类超平面）的距离越远，说明模型越好。然而在实际应用中，往往不需要计算所有样本数据点与决策边界的距离，而是计算离决策边界最近的样本数据点与决策边界的距离，如果这些样本数据点能分类正确，那么，其他样本数据点也能分类正确。在支持向量机中，通常把离分类超平面距离最近的样本数据点称为支持向量，而两个异类支持向量到分类超平面的距离之和称为分类超平面的间隔，通常记作 d，如图 7-3 所示。

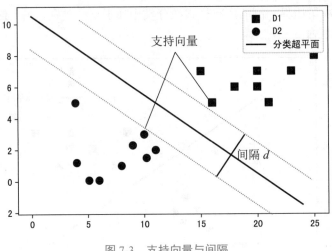

图 7-3　支持向量与间隔

显然，离分类超平面距离最近的点到分类超平面的距离（间隔）d 最大时对应的分类超平面就是最优分类超平面。因此，寻找最优分类超平面的过程就转化成了求间隔 d 的最大值的过程。只要计算出 d 的最大值，就能找到对应的分类超平面，这个分类超平面就是最优的分类超平面。

在样本空间中，通常使用方程 $\boldsymbol{w}^{\mathrm{T}}\boldsymbol{X}+b=0$ 来描述超平面。其中，$\boldsymbol{w}=(w_1,w_2,\ldots,w_k)$ 为超平面的参数向量，决定了超平面的方向；$\boldsymbol{X}=(x_1,x_2,\ldots,x_m)$ 为特征向量；b 为位移项，决定了超平面与原点之间的距离。那么，间隔 d 的计算公式可表示为

$$d=\frac{2}{\|\boldsymbol{w}\|}$$

其中，$\|\boldsymbol{w}\|$ 为向量 $\boldsymbol{w}$ 的模长，模长表示向量在空间中的长度。求 d 的最大值，就是求 $\|\boldsymbol{w}\|$ 的最小值，为方便计算，通常把求解 $\|\boldsymbol{w}\|$ 的最小值转化为求解以下公式的最小值。

$$f(\boldsymbol{w})=\frac{\|\boldsymbol{w}\|^2}{2}$$

这个公式就是支持向量机分类模型的损失函数，求解该损失函数的最小值，一般需要先用拉格朗日函数将其转化为对偶问题，然后再使用序列最小优化（sequential minimal optimization, SMO）算法求解该对偶优化问题。

高手点拨

支持向量机分类模型的损失函数之所以要加上平方，是因为模长是一个带根号的式子，取平方是为了消除根号，方便求导。

畅所欲言

请同学们查阅相关资料，讨论什么是拉格朗日函数，什么是 SMO 算法。

2. 硬间隔与软间隔

对于给定的线性可分训练样本数据集，上述 SVM 模型要求对任何训练样本都不能做出错误分类，这种构造 SVM 模型的方法称为硬间隔。可见，硬间隔对训练样本数据集的线性可分性要求非常严苛。而实际上，多数样本数据集中都会存在噪声数据，通常只能大致将两类样本用分类超平面分割，此时将无法完成 SVM 模型的构造。

为解决上述问题，人们提出了一种软间隔构造 SVM 模型的方法。训练软间隔 SVM 模型时并不要求所有训练样本都能被正确分类，而是允许少量训练样本被错误分类。软间隔的实现方法是在模型优化过程中引入一个取值较小的非负松弛变量来放宽约束条件。松弛变量的取值越大，SVM 模型对错误分类的容忍度越高。

3. 线性不可分数据的支持向量机分类原理

线性可分样本数据集，可使用上述线性支持向量机训练模型。然而，对于线性不可分的样本数据集（见图 7-4），就不能直接用线性支持向量机训练模型了，而需要使用核函数将样本数据点变换到适当的高维空间，使得样本数据点在高维空间中满足线性可分，并由此构造所需的 SVM 模型，如图 7-5 所示。

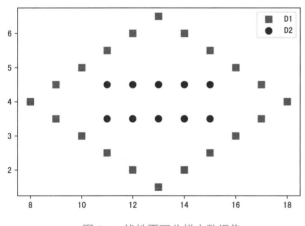

图 7-4 线性不可分样本数据集

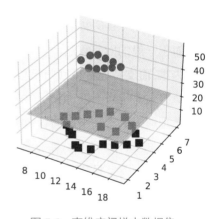

图 7-5 高维空间样本数据集

核函数的思想可用现实生活中的实例进行类比。例如，桌上随意散放着一些绿豆和瓜子，这些绿豆和瓜子由于是杂乱摆放的，因此无法用一条直线将其分开；这时，可用力拍一下桌子，使得绿豆和瓜子都弹起来；由于绿豆弹得高一些，瓜子弹得低一些，它们弹起来的瞬间，可在空中加一个平面把它们分隔开。核函数的思想与这个实例相似，使用核函数可将线性不可分的数据集变换到高维空间，然后再通过支持向量机进行分类，将非线性问题转化为线性问题。

支持向量机常用的核函数如表 7-1 所示。其中，多项式核函数和高斯径向基核函数（简称高斯核）是最常用的两种核函数。

表 7-1 支持向量机中常用的核函数

核 函 数	含 义	适用场合	参 数
linear()	线性核函数	线性	该核函数无参数
poly()	多项式核函数	偏线性	该核函数有 3 个参数,分别是 gamma、degree 和 coef0
rbf()	高斯径向基核函数	偏非线性	该核函数的参数为 gamma,这个参数的设置非常关键,如果设置过大,则整个高斯核会向线性核方向退化,向更高维度非线性投影的能力就会减弱;但如果设置过小,则会使得样本中噪声的影响加大,从而干扰最终 SVM 的有效性
sigmoid()	双曲正切核函数	非线性	该核函数有两个参数,分别是 gamma 和 coef0

7.1.2 支持向量机的回归原理

支持向量机除了能够用于分类任务,还可以用于回归任务。回归任务研究的是一组变量与另一组变量之间的关系,其预测结果是连续的数值。支持向量机用于回归任务的原理是,给定一个训练数据集,基于这个数据集在样本空间中找到一个形如 $w^T X + b = 0$ 的回归模型,来拟合样本数据点,使得模型的预测值 $f(x)$ 与样本真实值 y 尽可能接近,其中 w 与 b 是待确定的模型参数。

对于一般的回归算法,学习得到的模型的输出值 $f(x)$ 与样本真实值 y 完全相同时,损失才为零;而支持向量机回归模型允许 $f(x)$ 与 y 之间存在偏差 ε,当且仅当 $|f(x) - y| \geqslant \varepsilon$ 时,才计算损失,相当于以 $f(x)$ 为中心,构建一个宽度为 2ε 的间隔带(可将"宽度为 2ε 的间隔带"理解为关于超平面的管道),若训练样本落入此间隔带,则认为预测正确,如图 7-6 所示。

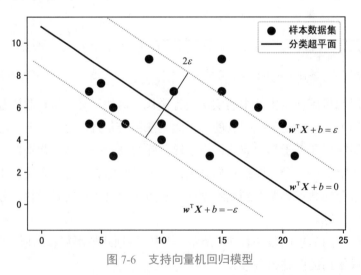

图 7-6 支持向量机回归模型

在回归任务中,模型预测值与真实值越接近,说明模型越好,而支持向量机解决回归

问题时，允许存在偏差，只需要计算 $|f(x)-y| \geqslant \varepsilon$ 的样本点的损失。因此，支持向量机回归模型的损失函数须在分类模型的损失函数中加入该条件，于是有

$$\frac{1}{2}\|w\|^2 + C\sum_{i=1}^{m} l_\varepsilon[f(x_i)-y_i]$$

其中，C 为正则化常数，l_ε 为 ε 不敏感损失函数，l_ε 的取值为

$$l_\varepsilon(z) = \begin{cases} 0, & |z| \leqslant \varepsilon, \\ |z|-\varepsilon, & |z| > \varepsilon \end{cases}$$

显然，损失函数最小时对应的 w 和 b 值即为最优参数值，对应的超平面即为最优超平面。求解该函数的最小值，与求解支持向量机分类模型损失函数最小值的方法类似，一般需要先用拉格朗日函数将其转化为对偶问题，然后再用 SMO 算法求解该对偶优化问题。

👆 高手点拨

支持向量机回归模型也可使用核函数将非线性数据变换到适当的高维空间，然后在高维空间中构造最优超平面。

🌲 素养之窗

2022 年 9 月 1 日～9 月 3 日，世界人工智能大会在我国上海举办。会上，达闼机器人展现了独特的魅力。两名达闼机器人身穿戏服，演出了京剧《大闹天宫》选段，而在另一边，机器人摇身一变又成了"家庭保姆"，它手持吸尘器，干活细心麻利。这是由于新一代的智能柔性关节和云端融合智能等技术使机器人得以"身兼数职"。

不仅如此，达闼机器人还可以依靠云端大脑的能力，进行多模态交互和自主学习，只要提前在应用场景里做充足的训练，就能实现快速"转岗"，广泛服务于导览讲解、养老陪护、教育科研等场景。

目前，多任务处理已成为机器人未来的研发方向。预计到 2025 年，达闼人形双足机器人"七仙女"将飞入寻常百姓家。

7.2 支持向量机的 Sklearn 实现

7.2.1 Sklearn 中的支持向量机模块

Sklearn 的 svm 模块提供了 SVC 类和 SVR 类，分别用于实现支持向量机分类和支持向量机回归。在 Sklearn 中，可通过下面语句导入支持向量机模块。

```
from sklearn.svm import SVC          #导入支持向量机分类模块
from sklearn.svm import SVR          #导入支持向量机回归模块
```

SVC 类和 SVR 类都有如下几个参数。

（1）参数 kernel 用于指定核函数的类型，默认值为 rbf（高斯径向基核函数），其他值有 linear、poly、sigmoid 和 precomputed（用户预先计算好的核矩阵，输入后算法内部将使用用户提供的矩阵进行计算）。

（2）参数 degree 表示多项式核函数的维度，默认值为 3，选择其他核函数时该参数会被忽略。

（3）参数 gamma 为核函数 rgb()、poly()和 sigmoid()的参数，其取值决定了数据映射到新的特征空间后的分布。默认值为 auto，表示其值是样本特征数的倒数。

（4）参数 C 表示松弛系数的惩罚项系数，默认值为 1.0。如果 C 值设置得比较大，则模型预测准确率较高，泛化能力较弱；如果 C 值设置得比较小，则模型预测准确率会降低，但是泛化能力会增强。

（5）参数 coef0 只针对 poly()和 sigmoid()核函数，表示核函数的常数项。

7.2.2　支持向量机参数的调节

1. 使用核函数训练模型

【例 7-1】　使用支持向量机的 4 种核函数（线性核函数、多项式核函数、高斯径向基核函数和双曲正切核函数）分别对 Sklearn 自带的肺癌数据集进行分类，并比较 4 种核函数的预测准确率。

【程序分析】　使用支持向量机对 Sklearn 自带的肺癌数据集进行分类的步骤如下。

（1）导入 Sklearn 自带的肺癌数据集，并查看数据集中的数据。

【参考代码】

```
from sklearn.datasets import load_breast_cancer
                                      #导入肺癌数据集
from sklearn.svm import SVC           #导入支持向量机分类模块
from sklearn.model_selection import train_test_split
import numpy as np
import pandas as pd
x,y=load_breast_cancer().data,load_breast_cancer().target
print(x.shape)
print(x)
```

【运行结果】　程序运行结果如图 7-7 所示。可见，数据集中有 569 条数据，每条数据包含 30 个特征变量。

```
(569, 30)
[[1.799e+01 1.038e+01 1.228e+02 ... 2.654e-01 4.601e-01 1.189e-01]
 [2.057e+01 1.777e+01 1.329e+02 ... 1.860e-01 2.750e-01 8.902e-02]
 [1.969e+01 2.125e+01 1.300e+02 ... 2.430e-01 3.613e-01 8.758e-02]
 ...
 [1.660e+01 2.808e+01 1.083e+02 ... 1.418e-01 2.218e-01 7.820e-02]
 [2.060e+01 2.933e+01 1.401e+02 ... 2.650e-01 4.087e-01 1.240e-01]
 [7.760e+00 2.454e+01 4.792e+01 ... 0.000e+00 2.871e-01 7.039e-02]]
```

图 7-7　肺癌数据集

（2）从图 7-7 中可以看出，数据之间存在数据量纲（如第 1 行第 3 列数据与第 1 行最后一列数据差距较大，数据的数量级差距在 100 倍以上）问题。因此，在训练模型之前，需要对数据进行标准化处理。

【参考代码】

```
#数据标准化处理
from sklearn.preprocessing import StandardScaler
x=StandardScaler().fit_transform(x)
print(x)
```

【运行结果】　程序运行结果如图 7-8 所示。可见，数据标准化处理后，消除了数据的数量级差距。

```
[[ 1.09706398 -2.07333501  1.26993369 ...  2.29607613  2.75062224
   1.93701461]
 [ 1.82982061 -0.35363241  1.68595471 ...  1.0870843  -0.24388967
   0.28118999]
 [ 1.57988811  0.45618695  1.56650313 ...  1.95500035  1.152255
   0.20139121]
 ...
 [ 0.70228425  2.0455738   0.67267578 ...  0.41406869 -1.10454895
  -0.31840916]
 [ 1.83834103  2.33645719  1.98252415 ...  2.28998549  1.91908301
   2.21963528]
 [-1.80840125  1.22179204 -1.81438851 ... -1.74506282 -0.04813821
  -0.75120669]]
```

图 7-8　数据标准化处理后的肺癌数据集

（3）分别选择支持向量机的 4 种核函数训练模型，并输出模型的预测准确率。

【参考代码】

```
#分割数据集
from sklearn.metrics import accuracy_score
x_train,x_test,y_train,y_test=train_test_split(x,y,test_size
=0.3,random_state=420)
Kernel=["linear","poly","rbf","sigmoid"]
for kernel in Kernel:
    model=SVC(kernel=kernel,gamma="auto",degree=1)
```

#设置多项式核函数的 degree 参数为 1

```
model.fit(x_train,y_train)
pred=model.predict(x_test)
ac=accuracy_score(y_test,pred)
print("选择%s核函数时，模型的预测准确率为%f"%(kernel,ac))
```

【运行结果】 程序运行结果如图 7-9 所示。可见，使用线性核函数时，模型的预测准确率最高，故该数据集偏线性可分。

```
选择linear核函数时，模型的预测准确率为0.976608
选择poly核函数时，模型的预测准确率为0.964912
选择rbf核函数时，模型的预测准确率为0.970760
选择sigmoid核函数时，模型的预测准确率为0.953216
```

图 7-9 4 个模型的预测准确率

畅|所|欲|言

本例题中如果不进行数据预处理，结果会是什么呢？请同学们删除本例程序中的"数据预处理"代码，然后运行程序，观察其运行结果，并讨论为什么会出现这样的结果。

2. 多项式核函数参数的调节

多项式核函数的参数有 3 个，这 3 个参数共同影响其分类效果。在实际应用中，往往使用网格搜索法共同调节这 3 个参数。

【例 7-2】 使用支持向量机的多项式核函数对 Sklearn 自带的肺癌数据集进行分类，并使用网格搜索法寻找参数的最优值。

【程序分析】 使用网格搜索法寻找多项式核函数参数的最优值并训练分类模型的步骤如下。

（1）导入 Sklearn 自带的肺癌数据集，并对数据集进行数据标准化处理。

【参考代码】

```
from sklearn.datasets import load_breast_cancer
                                        #导入肺癌数据集
from sklearn.svm import SVC              #导入支持向量机分类模块
from sklearn.model_selection import train_test_split
import numpy as np
from sklearn.preprocessing import StandardScaler
x,y=load_breast_cancer().data,load_breast_cancer().target
x=StandardScaler().fit_transform(x) #数据标准化处理
```

（2）使用网格搜索法找到多项式核函数参数的最优值，并使用该参数值训练模型，输出其预测准确率。

【参考代码】

```
from sklearn.model_selection import StratifiedShuffleSplit
                                    #导入分层抽样方法
from sklearn.model_selection import GridSearchCV
                                    #导入网格搜索方法
gamma_range=np.logspace(-10,1,20)
coef0_range=np.linspace(0,5,10)
param_grid=dict(gamma=gamma_range,coef0=coef0_range)
cv=StratifiedShuffleSplit(n_splits=5,test_size=0.3,
random_state=420)                  #对样本进行分层抽样
grid=GridSearchCV(SVC(kernel="poly",degree=1),
param_grid=param_grid,cv=cv)       #使用网格搜索法寻找参数的最优值
grid.fit(x,y)
print("最优参数值为: %s"%grid.best_params_)
print("选取该参数值时，模型的预测准确率为: %f"%grid.best_score_)
```

【运行结果】 程序运行结果如图 7-10 所示。可见，网格搜索给出了多项式核函数的最优参数值，以及模型的预测准确率。模型的预测准确率较调参前略有提高，但整体分数还是没有超过线性核函数的预测准确率。

```
最优参数值为: {'coef0': 0.0, 'gamma': 0.18329807108324375}
选取该参数值时，模型的预测准确率为: 0.969591
```

图 7-10　多项式核函数的最优参数值与对应模型的预测准确率

【程序说明】 ① logspace(start,stop,num)函数可用于构造等比数列，其中，参数 start 表示数列的开始项为 10 的 start 次幂，参数 stop 表示数列的结束项为 10 的 stop 次幂，参数 num 表示数列的元素个数；② np.linspace(start,stop,num)函数可用于构造等差数列，其中，参数 start 表示数列的开始项，参数 stop 表示数列的结束项，参数 num 表示数列的元素个数；③ StratifiedShuffleSplit(n_splits=5,test_size=0.3,random_state=420)函数用于对样本进行分层抽样，其中，参数 n_splits 表示将训练数据分成 train/test 对的组数，可根据需要进行设置，默认值为 10，参数 test_size 用于设置 train/test 对中 train 和 test 所占的比例，参数 random_state 为随机数种子，其值设定为一个值，表示每次抽到的样本数据相同；④ GridSearchCV(SVC(kernel="poly",degree=1,),param_grid=param_grid,cv=cv)函数表示使用网格搜索法进行参数调节，其中，第一个参数表示选用的分类算法，参数 param_grid 表示需要优化的参数的取值，其值为字典或列表类型，参数 cv 表示交叉验证参数。

👆 **高手点拨**

多项式核函数参数 degree 的默认值为 3，表示核函数的阶数为 3，此时计算耗时非常长。因此，本例题中将其值设置为 1（表示多项式核只能进行线性分类），不再对其进行参数调节。

3. 高斯径向基核函数参数的调节

【例 7-3】 使用支持向量机的高斯径向基核函数对 Sklearn 自带的肺癌数据集进行分类，并寻找高斯径向基核函数参数 gamma 的最优值。

【程序分析】 寻找高斯径向基核函数参数 gamma 的最优值并训练分类模型的步骤如下。

（1）导入 Sklearn 自带的肺癌数据集，并对数据集进行数据标准化处理（参考代码与例 7-2 相应步骤的参考代码相同，此处不再赘述）。

（2）寻找高斯径向基核函数参数 gamma 的最优值，并且使用该参数值训练模型，输出其预测准确率。

【参考代码】

```
from sklearn.metrics import accuracy_score
import matplotlib.pyplot as plt
x_train,x_test,y_train,y_test=train_test_split(x,y,test_size
=0.3,random_state=420)                              #分割数据集
score=[]
gamma_range=np.logspace(-10,1,50)
for i in gamma_range:
    model=SVC(kernel='rbf',gamma=i)
    model.fit(x_train,y_train)
    pred=model.predict(x_test)
    ac=accuracy_score(y_test,pred)
    score.append(ac)
#画曲线图，横轴为 gamma 值，纵轴为对应模型的预测准确率
plt.plot(gamma_range,score)
plt.show()
#输出模型的最大预测准确率与对应的 gamma 值
print("参数gamma的最优值为:%s"%gamma_range[score.index(max(score))])
print("选取该参数值时，模型的预测准确率为: %f"%max(score))
```

【运行结果】 程序运行结果如图 7-11 与图 7-12 所示。可见，高斯径向基核函数的最高预测准确率约为 97.66%，与线性核函数达到了相同的水平，此时 gamma 参数的取值

约为 0.012。一般来说，gamma 的取值越大，模型越复杂，更容易出现过拟合现象，泛化能力越差。

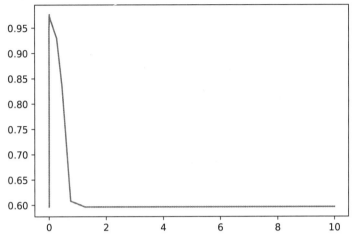

图 7-11　gamma 取值与模型预测准确率的关系

```
参数gamma的最优值为：0.012067926406393264
选取该参数值时，模型的预测准确率为：0.976608
```

图 7-12　参数 gamma 的最优值与对应模型的预测准确率

4. 松弛系数惩罚项 C 的调节

在实际应用中，松弛系数惩罚项 C 与核函数的相关参数（gamma、coef0 或 degree）往往搭配在一起进行调节，这是支持向量机模型调参的重点。通常情况下，C 的默认值 1 是一个比较合理的参数。如果数据的噪声点很多，一般要减小 C 的值，当然也可以使用网格搜索法或学习曲线来调整 C 的值。

【例 7-4】　使用支持向量机的线性核函数与高斯径向基核函数对肺癌数据集进行分类，并分别寻找两个模型中松弛系数惩罚项 C 的最优值。

【程序分析】　寻找松弛系数惩罚项 C 的最优值并使用支持向量机的线性核函数与高斯径向基核函数训练模型的步骤如下。

（1）导入 Sklearn 自带的肺癌数据集，并对数据集进行数据标准化处理（参考代码与例 7-2 相应步骤的参考代码相同，此处不再赘述）。

（2）使用支持向量机的线性核函数训练模型，寻找最优的 C 值，并输出模型的预测准确率。

【参考代码】

```python
from sklearn.metrics import accuracy_score
import matplotlib.pyplot as plt
x_train,x_test,y_train,y_test=train_test_split(x,y,test_size
```

```
=0.3,random_state=420)                          #分割数据集
    score=[]
    C_range=np.linspace(0.01,30,50)
    for i in C_range:
        model=SVC(kernel='linear',C=i)
        model.fit(x_train,y_train)
        pred=model.predict(x_test)
        ac=accuracy_score(y_test,pred)
        score.append(ac)
    #画曲线图，横轴为C值，纵轴为对应模型的预测准确率
    plt.plot(C_range,score)
    plt.show()
    #输出模型的最大预测准确率与对应的C值
    print("模型的最优C值为：%s"%C_range[score.index(max(score))])
    print("模型选取该参数时的预测准确率为：%f"%max(score))
```

【运行结果】 程序运行结果如图 7-13 与图 7-14 所示。可见，当 C 值约为 1.2341 时，线性核函数的分类准确率最高，达到了约 97.66%。

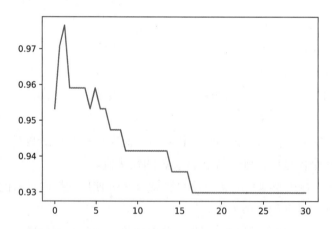

图 7-13 线性核函数模型的 C 值与预测准确率的关系

```
模型的最优C值为：1.2340816326530613
模型选取该参数时的预测准确率为：0.976608
```

图 7-14 线性核函数模型的最优 C 值与预测准确率

（3）使用支持向量机的高斯径向基核函数训练模型，寻找最优的 C 值，并输出模型的预测准确率。

将步骤（2）参考代码中的"model=SVC(kernel='linear',C=i)"修改为"model=SVC

(kernel='rbf',C=i,gamma=0.01207)"，然后运行程序。

【运行结果】 程序运行结果如图 7-15 与图 7-16 所示。可见，当 C 值约为 6.7424 时，高斯径向基核函数模型的预测准确率达到最大值，约为 98.25%，这个值超过了线性核函数模型的最高预测准确率。

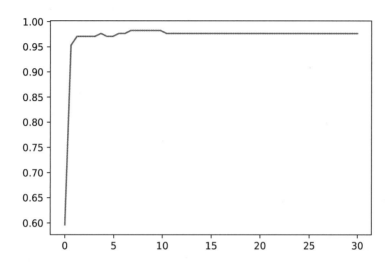

图 7-15 高斯径向基核函数模型的 C 值与预测准确率的关系

模型的最优C值为：6.7424489795918365
模型选取该参数时的预测准确率为：0.982456

图 7-16 高斯径向基核函数模型的最优 C 值与预测准确率

高手点拨

支持向量机的几种核函数在实际应用中的性能表现：

（1）线性核函数与多项式核函数在数据中的表现很不稳定，如果数据相对线性可分，则表现不错；如果数据像环形数据那样彻底不可分，则表现很糟糕。

（2）双曲正切核函数在非线性数据中的表现比以上两个核函数好一些，但效果不如高斯径向基核函数，在线性数据上完全比不了线性核函数，故很少使用。

（3）高斯径向基核函数在任何数据集上都表现不错。因此，在训练支持向量机模型时，应先尝试使用高斯径向基核函数，如果高斯径向基核函数的表现不好，再尝试其他核函数。

项目实施——使用支持向量机实现人脸识别

扫一扫

1. 数据准备

步骤 1 导入 Sklearn 自带的名人人脸照片数据集。

高手点拨

数据准备

第一次导入名人人脸照片数据集时，会从网上自动下载该数据集。由于数据集太大，下载速度较慢，有时还会报错。读者可以从本书自带的资料包"item7/lfw_home"中手动下载该数据集，然后将下载下来的数据集复制到"C:\Users\DELL\scikit_learn_data"路径下（如果没有找到该路径，可直接在 C 盘搜索"scikit_learn_data"，进行寻找），再重新运行代码即可。

步骤 2 选取最少有 60 张照片的名人作为数据集。

步骤 3 获取最少有 60 张照片的名人的姓名和照片尺寸，并将其输出。

【参考代码】

```
from sklearn.datasets import fetch_lfw_people
                              #导入名人人脸照片数据集
import matplotlib.pyplot as plt
faces=fetch_lfw_people(min_faces_per_person=60)
                              #选取最少有 60 张照片的数据作为数据集
x,y=faces.data,faces.target
target_names=faces.target_names
n_samples,h,w=faces.images.shape
                              #n_samples 为样本数量,h 和 w 为特征变量
#输出数据集信息
print(target_names)           #显示名人的姓名
print(n_samples,h,w)          #显示样本数量与照片尺寸
```

【运行结果】 程序运行结果如图 7-17 所示。可见，该数据集中最少有 60 张照片的名人有 8 位，共有 1 348 张照片，照片尺寸为 62×47 像素。

```
['Ariel Sharon' 'Colin Powell' 'Donald Rumsfeld' 'George W Bush'
 'Gerhard Schroeder' 'Hugo Chavez' 'Junichiro Koizumi' 'Tony Blair']
1348 62 47
```

图 7-17 最少有 60 张照片的名人姓名、样本数量与照片尺寸

2. 数据降维处理

步骤1 导入主成分分析（principal component analysis, PCA）降维算法。

步骤2 对数据集进行降维处理，维度降低到 150 个。

扫一扫

数据降维处理

指点迷津

PCA 算法主要用于数据降维处理，其参数主要有 n_components、svd_solver 和 whiten：① 参数 n_components 表示需要保留的特征个数；② 参数 svd_solver 用于指定奇异值分解的方法（奇异值分解可用于降维算法中进行特征值的分解），其取值有 4 个，分别为 "randomized" "full" "arpack" 和 "auto"，"randomized" 一般适用于数据量大，数据维度多同时主成分数目比例又较低的 PCA 降维，"full" 是传统意义上的奇异值分解方法，"arpack" 一般用于特征矩阵为稀疏矩阵的情况，"auto" 是默认值，表示自动选择一个合适的算法来降维；③ 参数 whiten 表示是否对降维后的变量进行归一化处理。

步骤3 以 3 行 5 列的形式显示降维后的部分照片。

指点迷津

以 3 行 5 列的形式显示 15 张照片，程序中可以先用 subplots() 函数创建一个 3 行 5 列的画布，然后再用 imshow() 函数在画布中绘制图像。

【参考代码】

```
from sklearn.decomposition import PCA
                                    #导入 PCA 降维算法
#降维处理，将数据集维度降低到 150 个
n_components=150
pca=PCA(n_components=n_components,svd_solver='randomized',
whiten=True,random_state=70).fit(x)
eigenfaces=pca.components_.reshape((n_components,h,w))
                                    #提取特征值
x_pca=pca.transform(x)              #将数据集转换成低维度的特征向量
#以 3 行 5 列的形式显示降维后的照片
fig,ax=plt.subplots(3,5)
for i,axi in enumerate(ax.flat):
    axi.imshow(eigenfaces[i].reshape(h,w),cmap='bone')
    axi.set(xticks=[],yticks=[])
plt.show()
```

【运行结果】 程序运行结果如图 7-18 所示。

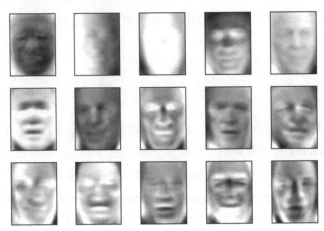

图 7-18 降维处理后的名人人脸数据集（部分）

3. 训练与评估模型

步骤 1 将降维处理后数据集拆分为训练集与测试集。

步骤 2 使用网格搜索法寻找支持向量机中高斯径向基核函数参数 gamma 与模型松弛系数惩罚项 C 的最优值。

扫一扫

步骤 3 获取最优参数值下的模型，即最优模型。

步骤 4 输出最优模型的评估报告。

训练与评估模型

【参考代码】

```python
from sklearn.svm import SVC
from sklearn.model_selection import GridSearchCV
from sklearn.metrics import classification_report
from sklearn.model_selection import train_test_split
import numpy as np
#拆分数据集
x_train,x_test,y_train,y_test=train_test_split(x_pca,y,
test_size=400,random_state=42)
#使用网格搜索法寻找参数的最优值
param_grid={'C':[1,5,10,50,100],'gamma':[0.0001,0.0005,0.001
,0.005,0.01,0.1]}
grid=GridSearchCV(SVC(kernel="rbf",random_state=0),
param_grid=param_grid,cv=5)
grid.fit(x_train,y_train)
print("最优参数值为: %s"%grid.best_params_)
```

```
#最优模型评估
model=grid.best_estimator_        #获取最优模型
pred=model.predict(x_test)
re=classification_report(y_test,pred,target_names=faces.target_names)
print("最优模型的评估报告: ")
print(re)
```

【运行结果】 程序运行结果如图 7-19 所示。可见，网格搜索法找到的最优参数值是 {'C':5,'gamma':0.001}，模型的预测准确率是 82%，预测精确率最高的名人是 Hugo Chavez，预测精确率最低的名人是 Ariel Sharon。

```
最优参数值为: {'C': 5, 'gamma': 0.001}
最优模型的评估报告:
                    precision    recall  f1-score   support

      Ariel Sharon       0.65      0.76      0.70        17
      Colin Powell       0.82      0.83      0.83        84
   Donald Rumsfeld       0.75      0.77      0.76        35
     George W Bush       0.81      0.89      0.85       145
 Gerhard Schroeder       0.92      0.79      0.85        28
       Hugo Chavez       1.00      0.69      0.82        26
 Junichiro Koizumi       0.93      0.81      0.87        16
        Tony Blair       0.84      0.73      0.78        49

          accuracy                           0.82       400
         macro avg       0.84      0.79      0.81       400
      weighted avg       0.83      0.82      0.82       400
```

图 7-19　最优模型的评估报告

4. 显示分类结果

步骤1 创建一个 4 行 6 列的画布。

步骤2 使用 imshow() 函数在画布中绘制图像。

步骤3 显示模型的预测姓名，预测正确显示为黑色文字，预测错误显示为黑色加边框文字。

扫一扫

显示分类结果

指点迷津

set_ylabel(bbox=dict(fc='black',alpha=0.4))函数可用于设置图像在 y 轴上的标签文字，参数 bbox 可为文字添加边框，其值是字典类型，用于设置边框的样式。其中，fc 表示背景颜色，alpha 表示背景透明度。

步骤4 输出最终图像。

【参考代码】

```
fig,ax=plt.subplots(4,6)
for i,axi in enumerate(ax.flat):
```

```
axi.imshow(eigenfaces[i].reshape(h,w),cmap='bone')
                                                #绘制图像
axi.set(xticks=[],yticks=[])
box=dict(fc='black',alpha=0.4)                 #设置边框样式
axi.set_ylabel(faces.target_names[pred[i]].split()[-1],
          bbox=None if pred[i]==y_test[i] else box)
```
#显示预测姓名，预测正确显示为黑色文字，预测错误显示为黑色加边框文字
```
plt.rcParams['font.sans-serif']='Simhei'
plt.suptitle('预测名人的姓名（加边框的名字表示预测错误）',size=10)
plt.show()
```

【运行结果】　程序运行结果如图 7-20 所示。

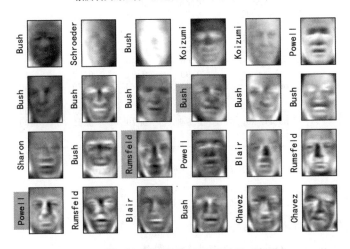

图 7-20　模型在测试集上的分类结果（部分）

项目实训

1. 实训目的

（1）掌握 Sklearn 中环形数据集的生成方法。

（2）掌握机器学习常用库 Matplotlib 绘制环形数据图的方法。

（3）掌握支持向量机训练分类模型的方法。

2. 实训内容

使用 Sklearn 的 make_circles()函数生成一个环形数据集，并使用支持向量机的高斯径向基核函数对该数据集进行分类。

（1）启动 Jupyter Notebook，以 Python 3 工作方式新建 Jupyter Notebook 文档，并重命名为"item7-sx.ipynb"。

（2）数据准备。

① 在空白单元格中输入下列代码，导入生成环形数据集的函数。

```
from sklearn.datasets import make_circles
```

② 在空白单元格中输入下列代码，使用 make_circles() 函数生成一个环形数据集，要求样本数量为 1 000 个。

```
x,y=make_circles(n_samples=1000,factor=0.5,noise=0.1)
        #factor 表示内外圆的比例因子，此参数越大，内外圆距离越接近
```

③ 导入 Matplotlib 库，使用 scatter() 函数绘制环形数据图，显示生成的数据集。

（3）寻找参数的最优值。

① 将数据集拆分为训练集与测试集，要求测试集数据为 200 个。

② 定义字典型变量 param_grid，用来存放松弛系数惩罚项 C 的值和高斯径向基核函数参数 gamma 的值。

③ 将 C 值设置为[0.1,1,5,10,50,100]，参数 gamma 值设置为[0.0001,0.0005,0.001,0.005,0.01,0.1]。

④ 导入网格搜索法，使用网格搜索法寻找参数的最优值。

⑤ 输出网格搜索法找到的最优参数值。

（4）训练与评估模型。

① 获取最优参数值下的模型，即最优模型。

② 导入 classification_report 方法，生成最优模型的评估报告。

③ 输出最优模型的评估报告。

3. 实训小结

按要求完成实训内容，并将实训过程中遇到的问题和解决办法记录在表 7-2 中。

表 7-2 实训过程

序 号	主要问题	解决办法

项目总结

完成本项目的学习与实践后，请总结应掌握的重点内容，并将图 7-21 的空白处填写完整。

使用支持向量机实现图像识别

支持向量机的基本原理

支持向量机的分类原理

线性可分数据的支持向量机分类原理：给定一个训练数据集，基于这个数据集在样本空间中找到一个最优分类超平面，将不同类别的样本分开，而寻找最优分类超平面的过程就是计算最大间隔的过程

硬间隔：对于给定的线性可分训练样本数据集，SVM模型要求对任何训练样本都不能做出错误分类

软间隔：训练时不要求所有训练样本都能正确分类，允许模型对少量训练样本分类错误

线性不可分数据的支持向量机分类原理：采用核函数将样本数据点变换到适当的高维空间，使得样本数据点在高维空间中满足线性可分

支持向量机中常用的核函数有（　　　　　　　）

支持向量机的回归原理

支持向量机的回归原理：给定一个训练数据集，基于这个数据集在样本空间中找到一个超平面来拟合样本数据点，使得模型的预测值与样本真实值尽可能接近

支持向量机的Sklearn实现

Sklearn中的支持向量机模块

导入支持向量机分类模块的语句为（　　　　　　）

导入支持向量机回归模块的语句为（　　　　　　）

支持向量机参数的调节

使用核函数训练模型

多项式核函数参数的调节

高斯径向基核函数参数的调节

松弛系数惩罚项C的调节

图 7-21　项目总结

项目考核

1. 选择题

（1）使用 SVM 进行非线性分类时，需要用到的关键技术为（　　）。

    A．拉格朗日函数　　　　　　　　B．SMO 算法

    C．核函数　　　　　　　　　　　D．软间隔方法

（2）在 Sklearn 中，松弛系数惩罚项需要使用参数（　　）进行调节。

    A．C　　　　　　　　　　　　　B．degree

    C．coef0　　　　　　　　　　　D．gamma

（3）下列（　　）核函数只能设置 gamma 参数。

    A．linear()　　　　　　　　　　B．poly()

    C．rbf()　　　　　　　　　　　D．sigmoid()

（4）下列关于支持向量机核函数的说法，错误的是（　　）。

    A．高斯径向基核函数的参数为 gamma

    B．线性核函数的参数有 3 个

    C．支持向量机常用的核函数有线性核函数、多项式核函数、高斯径向基核函数和双曲正切核函数

    D．多项式核函数的参数有 3 个，分别是 gamma、degree 和 coef0

（5）下列关于支持向量机的说法，错误的是（　　）。

    A．支持向量机可以对线性不可分的数据进行分类

    B．支持向量机能解决线性和非线性的分类与回归问题

    C．两个异类支持向量到分类超平面的距离之和称为分类超平面的间隔

    D．软间隔是指对于给定的线性可分数据集，支持向量机模型要求对任何训练样本都不能做出错误分类

2. 填空题

（1）支持向量机分类的目标是_____最大化。

（2）支持向量机解决分类问题的原理是给定一个训练数据集，基于这个数据集在样本空间中找到一个_____，将不同类别的样本分开。

（3）Sklearn 的 svm 模块提供了_____类，用于实现支持向量机分类。

3. 简答题

（1）简述线性可分数据的支持向量机分类原理。

（2）简述支持向量机对线性不可分数据进行分类的原理。

项目评价

结合本项目的学习情况，完成项目评价，并将评价结果填入表 7-3 中。

表 7-3　项目评价

评价项目	评价内容	评价分数			
		分值	自评	互评	师评
项目完成度评价（20%）	项目准备阶段，回答问题是否清晰准确，能够紧扣主题，没有明显错误	5分			
	项目实施阶段，是否能够根据操作步骤完成本项目	5分			
	项目实训阶段，是否能够出色完成实训内容	5分			
	项目总结阶段，是否能够正确地将项目总结的空白信息补充完整	2分			
	项目考核阶段，是否能够正确地完成考核题目	3分			
知识评价（30%）	是否掌握线性可分数据的支持向量机分类原理	10分			
	是否掌握线性不可分数据的支持向量机分类原理	5分			
	是否了解支持向量机的回归原理	5分			
	是否掌握支持向量机的 Sklearn 实现方法	5分			
	是否掌握支持向量机的参数调节方法	5分			
技能评价（30%）	是否能够使用支持向量机训练模型	15分			
	是否能够编写程序，寻找支持向量机参数的最优值	15分			
素养评价（20%）	是否遵守课堂纪律，上课精神是否饱满	5分			
	是否具有自主学习意识，做好课前准备	5分			
	是否善于思考，积极参与，勇于提出问题	5分			
	是否具有团队合作精神，出色完成小组任务	5分			
合计	综合分数_____自评（25%）+互评（25%）+师评（50%）	100分			
	综合等级_____	指导老师签字_____			
综合评价	最突出的表现（创新或进步）： 还需改进的地方（不足或缺点）：				

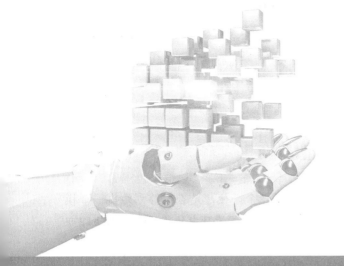

项目8

构建集成学习模型

项目目标

知识目标

- ⊙ 掌握集成学习的基本原理、结合策略与类型。
- ⊙ 掌握 Bagging 算法的基本原理及其 Sklearn 实现方法。
- ⊙ 掌握随机森林算法的基本原理及其 Sklearn 实现方法。
- ⊙ 掌握 Boosting 算法的基本原理及其 Sklearn 实现方法。

技能目标

- ⊙ 能够使用随机森林算法训练模型。
- ⊙ 能够编写程序，寻找随机森林模型参数的最优值。

素养目标

- ⊙ 掌握集成学习新思路，提升使用科学方法解决实际问题的能力。
- ⊙ 了解科技前沿新技术，拓展社会实践能力。

项目描述

最近，小旌重温了经典电影《泰坦尼克号》。感动之余，他想是否能够训练出一个模型用于预测"泰坦尼克号"的乘客能否获救。了解到使用集成学习中的随机森林算法即可实现这一功能，于是，他开始尝试。

小旌采用的数据集是"泰坦尼克号"乘客信息数据集（见本书配套素材"item8/item8-ss-data-y.csv"文件），该数据集共有 839 条数据，每条数据包含 7 个特征变量和 1 个类别标签。其中，特征变量包括 pclass、name、sex、age、embarked、ticket 和 room，分别表示乘客所在的舱位、姓名、性别、年龄、登船港口、票号和房间号；类别标签表示乘客能否获救，1 表示能够获救，0 表示不能获救，部分数据如表 8-1 所示。

表 8-1 "泰坦尼克号"乘客信息数据集（部分）

pclass	name	sex	age	embarked	ticket	room	survived
1st	Allen, Miss Elisabeth Walton	female	29	Southampton	24160 L221	B-5	1
1st	Allison, Miss Helen Loraine	female	2	Southampton		C26	0
1st	Allison, Mr Hudson Joshua Creighton	male	30	Southampton		C26	0
...	...	...	...	...	...	...	...
2nd	Abelson, Mr Samuel	male	30	Cherbourg			0
2nd	Andrew, Mr Edgar Samuel	male	18	Southampton			1
2nd	Becker, Mrs Allen Oliver (Nellie E. Baumgardner)	female	36	Southampton	230136 L39		1
...	...	...	...	...	...	...	...
3rd	Aks, Mrs Sam (Leah Rosen)	female	18	Southampton	392091		1
3rd	Aks, Master Philip	male	0.8333	Southampton	392091		1
3rd	Alexander, Mr William	male	23	Southampton			0

小旌打算基于"泰坦尼克号"乘客信息数据集，使用集成学习中的随机森林算法训练模型，并使用该模型对新数据进行预测。

项目分析

按照项目要求，使用集成学习中的随机森林算法训练"泰坦尼克号"乘客能否获救的模型的步骤分解如下。

第 1 步：数据准备。使用 Pandas 读取"泰坦尼克号"乘客信息数据集，然后输出该数据集并显示数据集信息。

第 2 步：数据预处理。由于数据集中存在唯一特征属性和缺失值太多的特征属性，因此，在训练模型之前需要先对数据集进行预处理，具体处理过程如下。

（1）删除唯一特征属性"name"和"ticket"。

（2）删除缺失值太多的特征属性"room"。

（3）将特征属性"age"中的缺失值补充完整（以本列数据的平均值来补充缺失值）。

（4）特征属性"embarked"缺少 18 个值，直接将这 18 条（行）数据删除。

（5）将特征属性"pclass""sex"和"embarked"转换为数值型数据。

第 3 步：调节参数。提取数据集的特征变量与标签，然后将数据集划分为训练集与测试集，寻找随机森林模型中 n_estimators 参数的最优值，并使用 Matplotlib 绘制参数 n_estimators 与模型预测准确率的关系图。

第 4 步：训练与评估模型。使用最优参数值训练模型，并输出模型的评估报告。

第 5 步：预测新数据。使用训练好的模型预测新数据，并输出新数据的预测结果。

使用集成学习中的随机森林算法训练"泰坦尼克号"乘客能否获救的模型，需要先理解集成学习的基本原理。本项目将对相关知识进行介绍，包括集成学习的基本原理，集成学习的结合策略，集成学习的类型，Bagging 与随机森林算法，以及 Boosting 算法。

项目准备

全班学生以 3～5 人为一组进行分组，各组选出组长，组长组织组员扫码观看"集成学习的基本原理"视频，讨论并回答下列问题。

问题 1：简述集成学习的基本原理。

问题 2：简述个体学习器对集成学习模型的影响因素。

问题 3：写出常见的集成学习结合策略。

扫一扫

集成学习的基本原理

8.1 集成学习

8.1.1 集成学习的基本原理

1. 集成学习的原理分析

集成学习（ensemble learning）也称多分类器系统或基于委员会的学习，它是将多个基础学习器（也称个体学习器）通过结合策略进行结合，形成一个性能优良的集成学习器来完成学习任务的一种方法，如图 8-1 所示。在集成学习中，个体学习器一般由一个现有的学习算法（如 C4.5 决策树算法）从训练数据中训练得到。

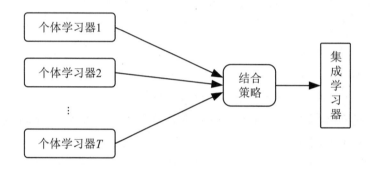

图 8-1 集成学习的一般结构

在训练集成学习模型时，如果所有个体学习器都是同类模型（如集成学习模型中每个个体学习器都是决策树模型），则由这些同类个体学习器相结合产生的集成学习模型称为同质集成模型，同质集成模型中的个体学习器亦称"基学习器"，相应的学习算法称为"基学习算法"；如果个体学习器不是同类模型（如集成学习模型中同时包含决策树分类模型和 k 近邻分类模型），则由这些不同类别的个体学习器相结合产生的集成学习模型称为异质集成模型，异质集成模型中的个体学习器常称为"组件学习器"。

2. 个体学习器对集成学习模型性能的影响

集成学习是通过一定的结合策略将多个个体学习器进行结合得到的模型。模型的性能会受到个体学习器的预测准确率、多样性和数量等因素的影响。

（1）个体学习器的预测准确率与多样性对集成学习模型性能的影响。

例如，在二分类任务中，如果 3 个不同的个体学习器在 3 个测试样本中的预测准确率都是 66.6%，则集成学习模型的预测准确率可能能够达到 100%，即集成学习模型的性能有所提升，如表 8-2 所示（√表示样本预测正确，×表示样本预测错误）；如果 3 个不同的个体学习器在 3 个测试样本中的预测准确率都是 33.3%，则集成学习模型的预测准确率可能为 0，即集成学习模型的性能有所降低，如表 8-3 所示；如果 3 个个体学习器是 3 个相同的学习器，则集成学习模型的性能不会发生变化，如表 8-4 所示。

表 8-2　集成学习模型性能提升

学 习 器	测试样本 1	测试样本 2	测试样本 3	模型预测准确率
个体学习器 1	√	√	×	66.6%
个体学习器 2	×	√	√	66.6%
个体学习器 3	√	×	√	66.6%
集成学习器	√	√	√	100%

表 8-3　集成学习模型性能降低

学 习 器	测试样本 1	测试样本 2	测试样本 3	模型预测准确率
个体学习器 1	√	×	×	33.3%
个体学习器 2	×	√	×	33.3%
个体学习器 3	×	×	√	33.3%
集成学习器	×	×	×	0

表 8-4　集成学习模型性能不变

学 习 器	测试样本 1	测试样本 2	测试样本 3	模型预测准确率
个体学习器 1	√	√	×	66.6%
个体学习器 2	√	√	×	66.6%
个体学习器 3	√	√	×	66.6%
集成学习器	√	√	×	66.6%

可见，要获得好的集成学习模型，个体学习器应"好而不同"，即个体学习器要有一定的预测准确率（一般个体学习器的预测准确率应大于 60%），并且各个个体学习器之间要有差异（多样性）。

（2）个体学习器的数量对集成学习模型性能的影响。例如，在二分类任务中，假设个体学习器的预测误差率相互独立，则集成学习模型的预测误差率为

$$P = \sum_{k=0}^{[T/2]} \binom{T}{k} (1-\varepsilon)^k \varepsilon^{T-k} \leqslant \exp\left[-\frac{1}{2}T(1-2\varepsilon)^2\right]$$

其中，T 表示个体学习器的数量，ε 表示个体学习器的预测误差率。

📖 知│识│库 ▮▮▮

集成学习模型的预测误差率公式是通过 Hoeffding 不等式计算得到的，Hoeffding 不等式经常用于组合数学与计算机科学，其不等式右侧的符号 exp 在高等数学中表示以自然常数 e 为底的指数函数，即 $e^{\left[-\frac{1}{2}T(1-2\varepsilon)^2\right]}$。

可见，随着集成学习模型中个体学习器数目 T 的增大，集成学习模型的预测误差率将呈指数级下降，最终趋向于零。然而，这个结论是基于假设"个体学习器的误差相互独立"得到的。在现实任务中，个体学习器是为解决同一问题而训练出来的，显然它们不可能相互独立。事实上，个体学习器的"准确性"和"多样性"本身就存在冲突，一般准确性较高之后，要增加多样性就必须牺牲准确性。所以说，如何训练出"好而不同"的个体学习器，是集成学习研究的核心内容。

8.1.2 集成学习的结合策略

常见的集成学习结合策略有 3 种，分别为平均法、投票法和学习法。

1. 平均法

当模型的预测结果是数值型数据时，最常用的结合策略是平均法，即模型的预测结果是每个个体学习器预测结果的平均值，平均法包含简单平均法和加权平均法两种。

假设集成学习模型中包含 T 个个体学习器 $\{h_1, h_2, \cdots, h_T\}$，其中，个体学习器 h_i 对样本 x 的预测值表示为 $h_i(x)$，则简单平均法的计算公式为

$$H(x) = \frac{1}{T}\sum_{T}^{1} h_i(x)$$

加权平均法的计算公式为

$$H(x) = \sum_{i=1}^{T} w_i h_i(x)$$

其中，w_i 表示个体学习器 h_i 的权重，通常要求 $w_i \geq 0$ 且 $\sum_{i=1}^{T} w_i = 1$。

加权平均法的权重一般是从训练集中学习得到的。现实任务中的训练样本通常不充分或存在噪声，这使得模型从训练集中学习得到的权重并不完全可靠，尤其对规模较大的数据集来说，要学习的权重太多，模型容易产生过拟合现象。因此，加权平均法不一定优于简单平均法。一般而言，在个体学习器性能差异较大时宜使用加权平均法，而在个体学习器性能相近时宜使用简单平均法。

2. 投票法

在分类任务中，通常使用投票法。具体流程为每个个体学习器从类别标签集合 $\{c_1, c_2, \cdots, c_n\}$ 中预测出一个标签，然后通过投票决定最终的模型预测结果。投票法分为绝对多数投票法、相对多数投票法和加权投票法 3 种。

（1）绝对多数投票法：某标签票数超过半数，则模型预测为该标签，否则拒绝预测。这在可靠性要求较高的学习任务中是一个很好的机制。

（2）相对多数投票法：预测值为票数最多的标签，如果同时有多个标签获得最高票数，则从中随机选取一个。

（3）加权投票法：与加权平均法类似，在投票时需要考虑个体学习器的权重。

3. 学习法

当训练集很大时，一种更为强大的结合策略是学习法。学习法是指通过一个学习器将各个个体学习器进行结合的一种策略，通常把个体学习器称为初级学习器，用于结合的学习器称为次级学习器或元学习器。

高手点拨

学习法的典型代表是 Stacking，Stacking 先从初始数据集中训练出初级学习器，然后"生成"一个新数据集用于训练次级学习器。在这个新数据集中，各个初级学习器的输出值是特征变量，而初始样本的标签仍然是新数据集中对应样本的标签。

对于一个待测样本，初级学习器可预测出该样本的所属类别，然后将各个初级学习器的输出值（预测完成的类别标签）作为次级学习器的输入值传入次级学习器，次级学习器即可输出集成学习模型的最终预测结果。

8.1.3　集成学习的类型

根据个体学习器的生成方式不同，集成学习可分为两大类，一类为并行化集成学习，即个体学习器之间不存在强依赖关系，可同时生成的集成学习模式，其代表算法是 Bagging 和随机森林；另一类为串行化集成学习，即个体学习器之间存在强依赖关系，必须串行生成的集成学习模式，其代表算法是 Boosting。

素养之窗

《2022—2023 中国人工智能计算力发展评估报告》显示：人工智能在各个行业的应用程度都呈现出不断加深的趋势，应用场景也越来越广泛，人工智能已经成为了企业寻求业务增长点、提升用户体验、保持核心竞争力的重要途径。

人工智能行业应用渗透度排名前 5 的行业依次是互联网、金融、政府、电信和制造业。其中，制造业在人工智能领域的主要应用场景包括质量管理、推荐系统、产品分拣、交互界面智能化、维修及生产检测自动化、供应链管理自动化等。人工智能是制造业迈向工业 4.0 和工业互联网时代的重要新兴技术，制造业对于人工智能技术的使用正在稳步上升。预计到 2023 年底，中国 50%的制造业供应链环节将采用人工智能技术，可以提高 15%的效率。

8.2 Bagging 与随机森林算法

8.2.1 Bagging 算法

1. Bagging 算法的基本原理

Bagging 算法是并行式集成学习方法中最著名的代表，其基本原理是，给定一个训练样本数据集，基于这个数据集采用"自助采样法（bootstrap sampling）"生成 T 个子数据集，然后使用每个子数据集训练一个个体学习器，再将这些个体学习器进行结合得到 Bagging 模型，如图 8-2 所示。Bagging 算法在进行结合时，通常对分类任务使用简单投票法，对回归任务使用简单平均法。

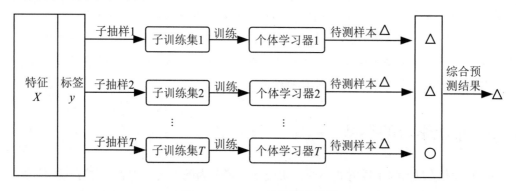

图 8-2　Bagging 分类算法原理

高手点拨

自助采样法的采样过程如下。

（1）给定一个包含 m 个样本的数据集，先随机取出一个样本放入采样集中，再将该样本放回初始数据集中，使得下次采样时该样本仍有可能被选中。

（2）随机抽取第 2 个样本放入采样集中，然后再将该样本放回初始数据集中。

（3）经过 m 次随机采样操作，就可以得到一个包含 m 个样本的子数据集。

（4）重复以上步骤，即可得到第 2 个子数据集、第 3 个子数据集，直到第 T 个子数据集。

2. Bagging 算法的 Sklearn 实现

Sklearn 的 ensemble 模块提供了 BaggingClassifier 类和 BaggingRegressor 类，分别用于实现 Bagging 分类和回归算法。在 Sklearn 中，可通过下面语句导入 Bagging 算法模块。

```
from sklearn.ensemble import BaggingClassifier
                                                    #导入 Bagging 分类模块
from sklearn.ensemble import BaggingRegressor
                                                    #导入 Bagging 回归模块
```

BaggingClassifier 类和 BaggingRegressor 类都有如下几个参数。

（1）参数 base_estimator 用于指定个体学习器的基础算法。

（2）参数 n_estimators 用于设置要集成的个体学习器的数量。

（3）在 Sklearn 中，Bagging 算法允许用户设置训练个体学习器的样本数量和特征数量，分别使用参数 max_samples 和参数 max_features 进行设置。

（4）参数 random_state 用于设置随机数生成器的种子，能够随机抽取样本和特征。

【例 8-1】 使用 Bagging 算法（用 k 近邻算法训练个体学习器）与 k 近邻算法对 Sklearn 自带的鸢尾花数据集进行分类，并比较两个模型的预测准确率。

【程序分析】 使用 Bagging 算法与 k 近邻算法对鸢尾花数据集进行分类并比较两个模型的预测准确率的步骤如下。

（1）导入 Sklearn 自带的鸢尾花数据集，然后将数据集拆分为训练集与测试集，并寻找 k 近邻模型的最优 k 值。

【参考代码】

```
from sklearn.datasets import load_iris
from sklearn.model_selection import train_test_split
from sklearn.ensemble import BaggingClassifier
from sklearn.neighbors import KNeighborsClassifier
from sklearn.metrics import accuracy_score
from sklearn.model_selection import cross_val_score
import matplotlib.pyplot as plt
#拆分数据集
x,y=load_iris().data,load_iris().target
x_train,x_test,y_train,y_test=train_test_split(x,y,
random_state=0,test_size=0.5)
```

```
#k取不同值的情况下，计算模型的预测误差率
k_range=range(1,15)                      #设置k值的取值范围
k_error=[]                               #k_error用于保存预测误差率数据
for k in k_range:
    model=KNeighborsClassifier(n_neighbors=k)
    scores=cross_val_score(model,x,y,cv=5,scoring='accuracy')
                                         #5折交叉验证
    k_error.append(1-scores.mean())
#画图，x轴表示k的取值，y轴表示预测误差率
plt.rcParams['font.sans-serif']='Simhei'
plt.plot(k_range,k_error,'r-')
plt.xlabel('k的取值')
plt.ylabel('预测误差率')
plt.show()
```

【运行结果】 程序运行结果如图 8-3 所示。可见，当 k 的值为 6、7、10、11 或 12 时，模型的预测误差率最低。

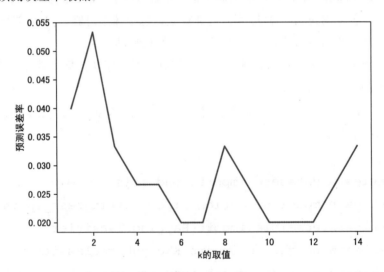

图 8-3 k 值与预测误差率的关系

（2）当 k=6 时，分别训练 k 近邻模型和基于 k 近邻算法的 Bagging 模型。

【参考代码】

```
#定义模型
kNNmodel=KNeighborsClassifier(6)                      #k近邻模型
Baggingmodel=BaggingClassifier(KNeighborsClassifier(6),
n_estimators=130,max_samples=0.4,max_features=4,random_state=1)
```

#Bagging 模型

```
#训练模型
kNNmodel.fit(x_train,y_train)
Baggingmodel.fit(x_train,y_train)
#评估模型
kNN_pre=kNNmodel.predict(x_test)
kNN_ac=accuracy_score(y_test,kNN_pre)
print("k近邻模型预测准确率: ",kNN_ac)
Bagging_pre=Baggingmodel.predict(x_test)
Bagging_ac=accuracy_score(y_test,Bagging_pre)
print("基于k近邻算法的Bagging模型的预测准确率: ",Bagging_ac)
```

【运行结果】 程序运行结果如图 8-4 所示。可见，基于 k 近邻算法的 Bagging 模型对 k 近邻模型进行了加强，预测准确率高于 k 近邻模型。

```
k近邻模型预测准确率: 0.9333333333333333
基于k近邻算法的Bagging模型的预测准确率: 0.9466666666666667
```

图 8-4 两个模型的预测准确率

8.2.2 随机森林算法

1. 随机森林算法的基本原理

随机森林（random forest, RF）算法是 Bagging 算法的一个扩展变体，其基学习器指定为决策树，但在训练过程中加入随机属性选择，即在构建单棵决策树的过程中，随机森林算法并不会利用子数据集中所有的特征属性训练决策树模型，而是在树的每个节点处从 m 个特征属性中随机挑选 k 个特征属性（$k < m$），一般按照节点基尼指数最小的原则从这 k 个特征属性中选出一个，对节点进行分裂，让这棵树充分生长，不进行通常的剪枝操作。

高手点拨

在随机森林算法生成单棵决策树的过程中，参数 k 控制了特征属性的选取数量，若 $k = m$，则随机森林中单棵决策树的构建与传统的决策树算法相同。一般情况下，推荐 k 的取值为 $\log_2 m$。

随机森林模型往往具有很高的预测准确率，对异常值和噪声具有很好的容忍度，且不容易出现过拟合现象。在实际应用中，随机森林算法的优点有：① 构建单棵决策树时，选择部分样本及部分特征，能在一定程度上避免出现过拟合现象；② 构建单棵决策树时，随机选择样本及特征，使得模型具有很好的抗噪能力，性能稳定；③ 能处理很高维度的数据，并且不需要进行特征选择和降维处理。随机森林算法的缺点在于参数较复杂，模型训练和预测速度较慢。

2. 随机森林算法的 Sklearn 实现

Sklearn 的 ensemble 模块提供了 RandomForestClassifier 类和 RandomForestRegressor 类，分别用于实现随机森林分类和回归算法。在 Sklearn 中，可通过下面语句导入随机森林算法模块。

```
from sklearn.ensemble import RandomForestClassifier
                                              #导入随机森林分类模块
from sklearn.ensemble import RandomForestRegressor
                                              #导入随机森林回归模块
```

RandomForestClassifier 类和 RandomForestRegressor 类都有如下几个参数。

（1）参数 n_estimators 用于设置要集成的决策树的数量。

（2）参数 criterion 用于设置特征属性的评价标准，RandomForestsClassifier 中参数 criterion 的取值有 gini 和 entropy，gini 表示基尼指数，entropy 表示信息增益，默认值为 gini；RandomForestsRegressor 中 criterion 的取值有 mse 和 mae，mse 表示均方差，mae 表示平均绝对误差，默认值为 mse。

（3）参数 max_features 用于设置允许单棵决策树使用特征的最大值。

（4）参数 random_state 表示随机种子，用于控制随机模式，当 random_state 取某一个值时，即可确定一种规则。

【例 8-2】 使用随机森林算法对 Sklearn 自带的鸢尾花数据集进行分类。

【程序分析】 使用随机森林算法对鸢尾花数据集进行分类的步骤如下。

（1）使用随机森林算法训练模型，并输出模型的预测准确率。

【参考代码】

```
from sklearn.datasets import load_iris
from sklearn.model_selection import train_test_split
from sklearn.ensemble import RandomForestClassifier
from sklearn.metrics import accuracy_score
import matplotlib.pyplot as plt
from matplotlib.colors import ListedColormap
import numpy as np
#拆分数据集
x,y=load_iris().data[:,2:4],load_iris().target
x_train,x_test,y_train,y_test=train_test_split(x,y,
```

```
random_state=0,test_size=50)
    #训练模型
    model=RandomForestClassifier(n_estimators=10,random_state=0)
    model.fit(x_train,y_train)
    #评估模型
    pred=model.predict(x_test)
    ac=accuracy_score(y_test,pred)
    print("随机森林模型的预测准确率: ",ac)
```

【运行结果】 程序运行结果如图 8-5 所示。

随机森林模型的预测准确率: 0.94

图 8-5 随机森林模型的预测准确率

（2）使用 Matplotlib 绘制图形，显示模型的分类效果。

【参考代码】

```
x1,x2=np.meshgrid(np.linspace(0,8,500),np.linspace(0,3,500))
x_new=np.stack((x1.flat,x2.flat),axis=1)
y_predict=model.predict(x_new)
y_hat=y_predict.reshape(x1.shape)
iris_cmap=ListedColormap(["#ACC6C0","#FF8080","#A0A0FF"])
plt.pcolormesh(x1,x2,y_hat,cmap=iris_cmap)
#绘制 3 种类别鸢尾花的样本点
plt.scatter(x[y==0,0],x[y==0,1],s=30,c='g',marker='^')
plt.scatter(x[y==1,0],x[y==1,1],s=30,c='r',marker='o')
plt.scatter(x[y==2,0],x[y==2,1],s=30,c='b',marker='s')
#设置坐标轴的名称并显示图形
plt.rcParams['font.sans-serif']='Simhei'
plt.xlabel('花瓣长度')
plt.ylabel('花瓣宽度')
plt.show()
```

【运行结果】 程序运行结果如图 8-6 所示。可见，随机森林模型可有效地对样本数据进行分类。

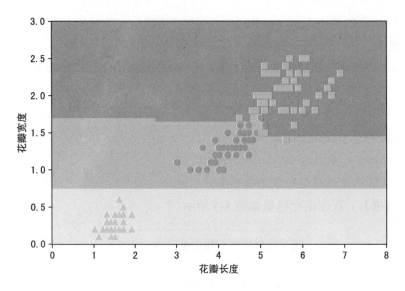

图 8-6　随机森林模型分类效果

8.3　Boosting 算法

8.3.1　Boosting 算法的基本原理

Boosting 是一族可将弱学习器提升为强学习器的算法，是串行式集成学习方法中最著名的代表。Boosting 家族中各个算法的工作原理类似，即先从初始训练集中训练出一个个体学习器，并对这个个体学习器预测错误的样本进行关注，然后调整训练样本的分布，基于调整后的样本训练下一个个体学习器，如此重复直到个体学习器的数量达到事先指定的值 T，再将这 T 个个体学习器进行加权结合，得到最终模型。

Boosting 家族中比较有代表性的算法是 AdaBoost，AdaBoost 算法从训练样本出发，通过不断调整训练样本的权重或概率分布来训练模型，其基本流程如下。

（1）将初始训练集 D 中每个样本的权重都设置为一个相同的值 $1/N$（N 为初始训练集的样本数量），使用初始训练集训练一个个体学习器。

（2）使用训练完成的个体学习器对训练数据进行预测，然后增加预测错误的样本的权重，减少预测正确的样本的权重，获得带权重的训练集。

（3）使用上一步迭代完成的训练集重新训练模型，得到下一个个体学习器。

（4）重复步骤（2）和步骤（3），直到个体学习器的数量达到事先指定的值 T，然后将这 T 个个体学习器进行加权结合，得到最终模型。

高手点拨

在 AdaBoost 算法中，训练样本的权重会被逐个修改。随着迭代次数的增加，难以预测正确的样本对模型的影响越来越大，弱学习器更加关注这些样本，其预测准确率就会逐渐提升，最终将弱学习器提升为强学习器。

8.3.2 Adaboost 算法的 Sklearn 实现

Sklearn 的 ensemble 模块提供了 AdaBoostClassifier 类和 AdaBoostRegressor 类，分别用于实现 AdBboost 分类和回归算法。在 Sklearn 中，可通过下面语句导入 AdaBoost 算法模块。

```
from sklearn.ensemble import AdaBoostClassifier
                                    #导入 AdaBoost 分类模块
from sklearn.ensemble import AdaBoostRegressor
                                    #导入 AdaBoost 回归模块
```

AdaBoostClassifier 类和 AdaBoostRegressor 类都有如下几个参数。

（1）参数 base_estimator 用于指定个体学习器的基础算法，常用的算法是 CART 决策树或神经网络（神经网络算法将在后面项目中介绍）。

（2）参数 n_estimators 用于设置要集成的个体学习器的数量，其默认值为 50。一般来说 n_estimators 值设置得较小，模型容易出现欠拟合现象，n_estimators 值设置得较大，模型容易出现过拟合现象。在实际调参过程中，该参数经常与参数 learning_rate 一起调节。

（3）参数 learning_rate 为弱学习器的权重缩减系数，其取值范围为 0~1。对于同样的训练集拟合效果，较小的 learning_rate 值意味着需要更多数量的弱学习器。

【例 8-3】 使用 AdaBoost 算法对 Sklearn 自带的鸢尾花数据集进行分类。

【程序分析】 AdaBoost 算法的参数 n_estimators 往往要与参数 learning_rate 一起调节，可使用网格搜索法寻找参数的最优值，然后输出最优参数值与对应模型的预测准确率。

【参考代码】
```
from sklearn.datasets import load_iris
from sklearn.model_selection import train_test_split
from sklearn.ensemble import AdaBoostClassifier
from sklearn.tree import DecisionTreeClassifier
from sklearn.metrics import accuracy_score
from sklearn.model_selection import GridSearchCV
from sklearn.model_selection import StratifiedShuffleSplit
#拆分数据集
```

```
    x,y=load_iris().data,load_iris().target
    x_train,x_test,y_train,y_test=train_test_split(x,y,
random_state=0,test_size=50)
    param_grid={'n_estimators':[10,20,30,40,50,60,70,80,90,100],
'learning_rate':[0.0001,0.0005,0.001,0.005,0.01,0.05,0.1,0.5,0.6
,0.7,0.8,0.9]}
    cv=StratifiedShuffleSplit(n_splits=5,test_size=0.3,
random_state=420)                                    #对样本进行分层抽样
    grid=GridSearchCV(AdaBoostClassifier(DecisionTreeClassifier(criterion=
'gini',max_depth=3),random_state=0),param_grid=param_grid,cv=cv)
    grid.fit(x_train,y_train)
    model=grid.best_estimator_                        #获取最优模型
    pred=model.predict(x_test)
    ac=accuracy_score(y_test,pred)
    print("最优参数值为: %s"%grid.best_params_)
    print("最优参数值对应模型的预测准确率为: %f"%ac)
```

【运行结果】 程序运行结果如图 8-7 所示。可见，网格搜索法找到的最优参数值为
{'learning_rate':0.005,'n_estimators':40}，这组参数值对应的模型给出了较高的预测准确率。

```
最优参数值为: {'learning_rate': 0.005, 'n_estimators': 40}
最优参数值对应模型的预测准确率为: 0.960000
```

图 8-7 最优参数值与对应模型的预测准确率

📋 项目实施——"泰坦尼克号"乘客能否获救预测

1. 数据准备

步骤 1 导入 Pandas 库。

步骤 2 读取"泰坦尼克号"乘客信息数据，并进行输出。

步骤 3 显示该数据集的信息。

扫一扫

数据准备

🔰 指点迷津

开始编写程序前，须将本书配套素材"item8/item8-ss-data-y.csv"文件与
"item8/item8-ss-test-y.csv"文件复制到当前工作目录中，也可将数据文件放于其他盘，
如果放于其他盘，使用 Pandas 读取数据文件时要指定路径。

【参考代码】

```
import pandas as pd
#读取数据
dataset=pd.read_csv('item8-ss-data-y.csv')
print('"泰坦尼克号"乘客信息数据集')
print(dataset)
#显示数据集信息
dataset.info()
```

【运行结果】 程序运行结果如图 8-8 与图 8-9 所示。可见，数据集中共有 839 条数据，其中，特征属性"ticket"只有 69 条数据，特征属性"room"只有 77 条数据，缺失值较多，因此需要将这两列删除。

```
"泰坦尼克号"乘客信息数据集
    pclass                                  name     sex      age
0      1st                Allen, Miss Elisabeth Walton  female  29.0000
1      1st                Allison, Miss Helen Loraine  female   2.0000
2      1st             Allison, Mr Hudson Joshua Creighton  male  30.0000
3      1st  Allison, Mrs Hudson J.C. (Bessie Waldo Daniels) female  25.0000
4      1st                Allison, Master Hudson Trevor  male   0.9167
..     ...                                   ...     ...      ...
834    3rd                       Guest, Mr Robert  male      NaN
835    3rd             Gustafsson, Mr Alfred Ossian  male  20.0000
836    3rd             Gustafsson, Mr Anders Vilhelm  male  37.0000
837    3rd             Gustafsson, Mr Johan Birger  male  28.0000
838    3rd             Gustafsson, Mr Karl Gideon  male  19.0000

       embarked      ticket room  survived
0      Southampton   24160 L221  B-5        1
1      Southampton          NaN  C26        0
2      Southampton          NaN  C26        0
3      Southampton          NaN  C26        0
4      Southampton          NaN  C22        1
..     ...              ...  ...      ...
834    Southampton          NaN  NaN        0
835    Southampton          NaN  NaN        0
836    Southampton          NaN  NaN        0
837    Southampton          NaN  NaN        0
838    Southampton          NaN  NaN        0
```

图 8-8 "泰坦尼克号"乘客信息数据集

```
[839 rows x 8 columns]
<class 'pandas.core.frame.DataFrame'>
RangeIndex: 839 entries, 0 to 838
Data columns (total 8 columns):
 #   Column    Non-Null Count   Dtype
 0   pclass    839 non-null     object
 1   name      839 non-null     object
 2   sex       839 non-null     object
 3   age       633 non-null     float64
 4   embarked  821 non-null     object
 5   ticket    69 non-null      object
 6   room      77 non-null      object
 7   survived  839 non-null     int64
dtypes: float64(1), int64(1), object(6)
memory usage: 52.6+ KB
```

图 8-9 数据集信息

2. 数据预处理

步骤 1 删除唯一特征属性"name"和"ticket"。

步骤 2 删除缺失值太多的特征属性"room"。

步骤 3 将特征属性"age"中的缺失值补充完整，缺失值取年龄的平均值。

步骤 4 从图 8-9 中可以看到，特征属性"embarked"缺少 18 个值，直接将这 18 条（行）数据删除。

步骤 5 将特征属性"pclass"与"embarked"转换为数值型数据，分别用 0、1 和 2 代替。

扫一扫

数据预处理

步骤6 将特征属性"sex"转换为数值型数据，分别用 0 和 1 代替。

步骤7 输出处理后的数据集，并显示该数据集的信息。

指点迷津

数据预处理时，会用到如下几个函数。

（1）drop()函数用于从数据集中删除某行或某列数据，其参数 label 用于指定要删除的索引或列标签；参数 axis 可设置按行删除还是按列删除，当 axis=0 时，表示按行删除，当 axis=1 时，表示按列删除；参数 inplace 用于设置是否在原数据上进行操作，其值为 true 时表示在原数据上进行操作。

（2）fillna()函数用于填充缺失值，即用指定的值填充缺失值。

（3）dropna()函数用于找到数据集的缺失值并将缺失值所在的行或列删除，默认按行删除。

（4）unique()函数用于去除某列中的重复值。

（5）tolist()函数用于将数组或矩阵转换为列表类型数据。

（6）apply(func,*args,**kwargs)函数用于当函数参数已经存在于一个元组或字典中时，间接地调用函数。其中，第一个参数为调用的函数，该函数可用 lambda 创建。

【参考代码】

```
#删除 name 列、ticket 列和 room 列
dataset.drop(['name','ticket','room'],inplace=True,axis=1)
#补充 age 列的缺失值（用平均值进行补充）
dataset['age']=dataset['age'].fillna(dataset['age'].mean())
#删除有缺失值的所有行
dataset=dataset.dropna()
#将 pclass 列转换为数值型数据，分别用 0、1 和 2 代替
labels=dataset['pclass'].unique().tolist()
dataset['pclass']=dataset['pclass'].apply(lambda
x:labels.index(x))
#将 sex 列转换为数值型数据，分别用 0 和 1 代替
dataset['sex']=(dataset['sex']=='male').astype(int)
#将 embarked 列转换为数值型数据，分别用 0、1 和 2 代替
labels=dataset['embarked'].unique().tolist()
dataset['embarked']=dataset['embarked'].apply(lambda
x:labels.index(x))
print(dataset)
dataset.info()
```

【运行结果】 程序运行结果如图 8-10 和图 8-11 所示。可见，处理后的数据已经变成了 821 行，并且没有缺失数据。

```
     pclass  sex       age  embarked  survived
0         0    0  29.000000         0         1
1         0    0   2.000000         0         0
2         0    1  30.000000         0         0
3         0    0  25.000000         0         0
4         0    1   0.916700         0         1
..      ...  ...        ...       ...       ...
834       2    1  31.194181         0         0
835       2    1  20.000000         0         0
836       2    1  37.000000         0         0
837       2    1  28.000000         0         0
838       2    1  19.000000         0         0

[821 rows x 5 columns]
```

图 8-10　预处理后的数据集

```
<class 'pandas.core.frame.DataFrame'>
Int64Index: 821 entries, 0 to 838
Data columns (total 5 columns):
 #   Column    Non-Null Count  Dtype
---  ------    --------------  -----
 0   pclass    821 non-null    int64
 1   sex       821 non-null    int32
 2   age       821 non-null    float64
 3   embarked  821 non-null    int64
 4   survived  821 non-null    int64
dtypes: float64(1), int32(1), int64(3)
memory usage: 35.3 KB
```

图 8-11　预处理后的数据集信息

3. 调节参数

步骤 1 提取处理后数据的特征变量与标签。

步骤 2 将数据集拆分为训练集与测试集。

步骤 3 寻找随机森林模型 n_estimators 参数的最优值。

步骤 4 输出最优参数值与对应模型的预测准确率。

步骤 5 使用 Matplotlib 绘制参数 n_estimators 与模型预测准确率的关系图。

扫一扫

调节参数

【参考代码】

```python
#调节随机森林算法的n_estimators参数，并画出对应的学习曲线
from sklearn.ensemble import RandomForestClassifier
from sklearn.metrics import accuracy_score
from sklearn.model_selection import train_test_split
import matplotlib.pyplot as plt
#提取特征变量与标签
x=dataset.iloc[range(0,821),range(0,4)].values
y=dataset.iloc[range(0,821),range(4,5)].values.reshape(1,821)[0]
x_train,x_test,y_train,y_test=train_test_split(x,y,
random_state=1,test_size=0.2)
score=[]
for i in range(0,200,10):
    model=RandomForestClassifier(random_state=0,n_estimators=i+1)
     model= model.fit(x_train,y_train)
```

```
    pred=model.predict(x_test)
    ac=accuracy_score(y_test,pred)
    score.append(ac)
print('最大预测准确率为: %f'%max(score))
n=score.index(max(score))*10+1
print('预测准确率最大的模型对应的参数值为: %.0f'%n)
plt.plot(range(1,201,10),score)
plt.show()
```

【运行结果】 程序运行结果如图 8-12 和图 8-13 所示。可见，参数 n_estimators 的最优值为 41，对应模型的预测准确率约为 82.42%。

最大预测准确率为：0.824242
预测准确率最大的模型对应的参数值为：41

图 8-12　最优参数值与对应模型的预测准确率

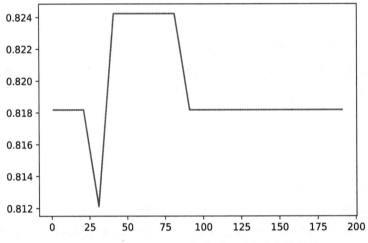

图 8-13　参数 n_estimators 与模型预测准确率的关系

4. 训练与评估模型

步骤 **1**　导入 classification_report（模型评估报告）模块。

步骤 **2**　使用随机森林算法训练模型，参数 n_estimators 设置为 41。

步骤 **3**　对训练完成的模型进行评估并输出模型的评估报告。

扫一扫

训练与评估模型

【参考代码】

```
from sklearn.metrics import classification_report
model=RandomForestClassifier(random_state=0,n_estimators=41)
model.fit(x_train,y_train)
pred=model.predict(x_test)
```

```
re=classification_report(y_test,pred)
print('模型评估报告: ')
print(re)
```

【运行结果】 程序运行结果如图 8-14 所示。

```
模型评估报告:
              precision    recall  f1-score   support

           0       0.86      0.83      0.84        93
           1       0.79      0.82      0.80        72

    accuracy                           0.82       165
   macro avg       0.82      0.82      0.82       165
weighted avg       0.83      0.82      0.82       165
```

图 8-14 模型评估报告

5. 预测新数据

步骤 1 准备数据。数据文件保存在本书配套素材"item8/item8-ss-test-y.csv"文件中，具体内容如表 8-5 所示。

扫一扫

预测新数据

表 8-5 新乘客信息数据集

pclass	sex	age	embarked	name	ticket	room
1st	male	39	Cherbourg	Blank		A-31
1st	female	50	Southampton	Miss Caroline		C-7
1st	female	58	Southampton	Miss Elizabeth		C-103
1st	female	45	Cherbourg	Bowen		
1st	female	22	Southampton	Bowerman		
2nd	male	34	Southampton	Mr William		
2nd	female	32	Southampton	Mrs William		
2nd	male	57	Southampton	Ashby		
2nd	male	18	Southampton	Bailey		
2nd	male	23	Southampton	Baimbrigge		
3rd	male	42	Southampton	Mr Anthony		
3rd	male	13	Southampton	Master Eugene		
3rd	male	16	Southampton	Mr Rossmore		
3rd	female	35	Southampton	Mrs Stanton		
3rd	female	16	Southampton	Miss Anna		

步骤2 使用 Pandas 读取数据，并进行输出。

【参考代码】

```
test=pd.read_csv('item8-ss-test-y.csv')
print('需预测数据')
print(test)
```

【运行结果】 程序运行结果如图 8-15 所示。

```
需预测数据
    pclass     sex  age    embarked            name  ticket  room
0      1st    male   39   Cherbourg           Blank     NaN  A-31
1      1st  female   30  Southampton  Miss Caroline     NaN   C-7
2      1st  female   58  Southampton  Miss Elizabeth    NaN  C-103
3      1st  female   45   Cherbourg           Bowen     NaN   NaN
4      1st  female   22  Southampton        Bowerman    NaN   NaN
5      2nd    male   34  Southampton      Mr William    NaN   NaN
6      2nd  female   32  Southampton     Mrs William    NaN   NaN
7      2nd    male   57  Southampton           Ashby    NaN   NaN
8      2nd    male   18  Southampton          Bailey    NaN   NaN
9      2nd    male   23  Southampton      Baimbrigge    NaN   NaN
10     3rd    male   42  Southampton      Mr Anthony    NaN   NaN
11     3rd    male   13  Southampton   Master Eugene    NaN   NaN
12     3rd    male   16  Southampton     Mr Rossmore    NaN   NaN
13     3rd  female   35  Southampton     Mrs Stanton    NaN   NaN
14     3rd  female   16  Southampton       Miss Anna    NaN   NaN
```

图 8-15 需预测数据

步骤3 对预测数据进行处理，将特征属性 "pclass" "sex" 和 "embarked" 转换为数值型数据。

步骤4 将处理完成的数据进行输出。

【参考代码】

```
#处理数据
#将 pclass 列转换为数值型数据，分别用 0、1 和 2 代替
labels=test['pclass'].unique().tolist()
test['pclass']=test['pclass'].apply(lambda x:labels.index(x))
#将 sex 列转换为数值型数据，分别用 0 和 1 代替
test['sex']=(test['sex']=='male').astype(int)
#将 embarked 列转换为数值型数据，分别用 0、1 和 2 代替
labels=test['embarked'].unique().tolist()
test['embarked']=test['embarked'].apply(lambda
x:labels.index(x))
print(test)
```

【运行结果】 程序运行结果如图 8-16 所示。

步骤 5 使用模型进行预测，显示预测结果。

【参考代码】

```
x_new=test.iloc[range(0,14),range(0,4)].values
names=test.iloc[range(0,14),range(4,5)].values
pred=model.predict(x_new)
for result,name in zip(pred,names):
    if result==1:
        print(name+"能够获救")
    else:
        print(name+"不能获救")
```

【运行结果】 程序运行结果如图 8-17 所示。可见，预测数据中有 6 人能够获救，8 人不能获救。

	pclass	sex	age	embarked	name	ticket	room
0	0	1	39	0	Blank	NaN	A-31
1	0	0	30	1	Miss Caroline	NaN	C-7
2	0	0	58	1	Miss Elizabeth	NaN	C-103
3	0	0	45	0	Bowen	NaN	NaN
4	0	0	22	1	Bowerman	NaN	NaN
5	1	1	34	1	Mr William	NaN	NaN
6	1	0	32	1	Mrs William	NaN	NaN
7	1	1	57	1	Ashby	NaN	NaN
8	1	1	18	1	Bailey	NaN	NaN
9	1	1	23	1	Baimbrigge	NaN	NaN
10	2	1	42	1	Mr Anthony	NaN	NaN
11	2	1	13	1	Master Eugene	NaN	NaN
12	2	1	16	1	Mr Rossmore	NaN	NaN
13	2	0	35	1	Mrs Stanton	NaN	NaN
14	2	0	16	1	Miss Anna	NaN	NaN

图 8-16 处理后的数据

```
['Blank不能获救']
['Miss Caroline能够获救']
['Miss Elizabeth能够获救']
['Bowen能够获救']
['Bowerman能够获救']
['Mr William不能获救']
['Mrs William能够获救']
['Ashby不能获救']
['Bailey不能获救']
['Baimbrigge不能获救']
['Mr Anthony不能获救']
['Master Eugene不能获救']
['Mr Rossmore 不能获救']
['Mrs Stanton能够获救']
```

图 8-17 模型预测结果

项目实训

1. 实训目的

（1）掌握使用 Pandas 读取并显示数据的方法。

（2）掌握数据预处理的方法。

（3）掌握随机森林算法参数 n_estimators 的调节方法。

（4）掌握使用随机森林算法训练分类模型的方法。

（5）掌握使用模型预测新数据的方法。

2. 实训内容

某单位要制订薪资标准，需要根据员工的基本信息判定其月薪是否应超过 5 万元。现有以往员工的基本信息数据集（共 32 561 条数据），部分数据如表 8-6 所示。要求使用随机森林算法训练模型，使用该模型预测员工（年龄为 40 岁，职业为 Machine-op-inspct，周工作时长为 40 小时，性别为女，学历为 HS-grad，单位性质为 Private）的月薪是否应超过 5 万元。

表 8-6　员工基本信息数据集（部分）

年　龄	职　业	周工作时长	性　别	学　历	单位性质	月薪/（万元）
39	Adm-clerical	40	Male	Bachelors	State-gov	<=5
50	Exec-managerial	13	Male	Bachelors	Self-emp-not-inc	<=5
38	Handlers-cleaners	40	Male	HS-grad	Private	<=5
37	Exec-managerial	80	Male	Some-college	Private	>5
28	Prof-specialty	40	Female	Bachelors	Private	<=5
37	Exec-managerial	40	Female	Masters	Private	<=5
30	Prof-specialty	40	Male	Bachelors	State-gov	>5
52	Exec-managerial	45	Male	HS-grad	Self-emp-not-inc	>5
31	Prof-specialty	50	Female	Masters	Private	>5
42	Exec-managerial	40	Male	Bachelors	Private	>5
…	…	…	…	…	…	…

（1）启动 Jupyter Notebook，以 Python 3 工作方式新建 Jupyter Notebook 文档，并重命名为"item8-sx.ipynb"。

（2）数据准备。

① 导入 Pandas 库。

② 使用 Pandas 读取员工基本信息数据集（数据集见本书提供的配套素材"item8/item8-sx-adult-y.csv"文件）并赋值给变量 dataset。要求读取数据集的同时要为数据集指定列名称，分别为年龄、职业、周工作时长、性别、学历、单位性质和月薪。

③ 在代码单元格中输入下列代码，显示员工基本信息数据集。

```
display(dataset.head(32561))
```

（3）数据预处理。

① 分别将职业、性别、学历和单位性质 4 列转换为数值型数据。

② 导入 preprocessing 模块，将标签列"月薪"转换为数值型标签。

③ 显示数据预处理后的员工基本信息数据集。

（4）寻找最优参数。

① 在空白单元格中输入下列代码，分别提取特征变量与标签值。

```
x=dataset.iloc[range(0,32561),range(0,6)].values
y=dataset.iloc[range(0,32561),range(7,8)].values.reshape(1,32561)[0]
```

② 导入 train_test_split 方法，将数据集拆分为训练集与测试集，要求测试集数据的比例为 20%。

③ 寻找随机森林模型中 n_estimators 参数的最优值。

④ 输出最优的 n_estimators 参数值与对应模型的预测准确率。

⑤ 使用 Matplotlib 画出图形，图形横坐标为 n_estimators 参数值，纵坐标为对应模型的预测准确率。

（5）训练与评估模型。

① 使用最优的 n_estimators 参数值训练随机森林模型。

② 导入 classification_report 方法，基于测试集数据，生成模型的评估报告并将其输出。

（6）预测新样本。

① 在空白单元格中输入下列代码，输入新样本数据。

```
x_new=[[40,9,40,1,2,2]]
```

指点迷津

新样本数据：年龄为 40 岁，职业为 Machine-op-inspct，周工作时长为 40 小时，性别为女，学历为 HS-grad、单位性质为 Private。在使用模型预测之前，须将职业、性别、学历和单位性质 4 个数据分别转换为数值型数据，即 9、1、2、2。

② 使用训练完成的随机森林模型进行预测，如果预测结果为 1，则输出"该员工月薪应超过 5 万元"，否则，输出"该员工月薪不应超过 5 万元"。

3. 实训小结

按要求完成实训内容，并将实训过程中遇到的问题和解决办法记录在表 8-7 中。

表 8-7　实训过程

序　号	主要问题	解决办法

项目总结

完成本项目的学习与实践后，请总结应掌握的重点内容，并将图 8-18 的空白处填写完整。

构建集成学习模型

集成学习

Bagging与随机森林算法

集成学习的基本原理

集成学习的基本原理：集成学习也称多分类器系统或基于委员会的学习，它是将多个基础学习器（也称个体学习器）通过结合策略进行结合，形成一个性能优良的集成学习器来完成学习任务的一种方法

个体学习器：个体学习器一般由一个现有的学习算法（如C4.5决策树算法）从训练数据中训练得到

个体学习器对集成学习模型性能的影响因素：个体学习器的预测准确率、个体学习器的多样性与个体学习器的数量

集成学习的结合策略

平均法

（　　　　　）

（　　　　　）

集成学习的类型

并行化集成学习

（　　　　　）

Bagging算法

Bagging算法的基本原理：给定一个训练样本数据集，基于这个数据集采用"自助采样法"生成T个子数据集，然后使用每个子数据集训练一个个体学习器，再将这些个体学习器进行结合得到Bagging模型。Bagging算法在进行结合时，通常对分类任务使用简单投票法，对回归任务使用简单平均法

Bagging算法的Sklearn实现

导入Bagging分类模块的语句为（　　　　　）

导入Bagging回归模块的语句为（　　　　　）

随机森林算法

随机森林算法是Bagging算法的一个扩展变体，其基学习器指定为（　　　　　　　），但在训练过程中加入（　　　　　）

随机森林算法的Sklearn实现

导入随机森林分类模块的语句为（　　　　　）

导入随机森林回归模块的语句为（　　　　　）

Boosting算法

Boosting是一族可将弱学习器提升为强学习器的算法，是串行式集成学习方法中最著名的代表

Boosting算法的基本原理：先从初始训练集中训练出一个个体学习器，并对这个个体学习器预测错误的样本进行关注，然后调整训练样本的分布，基于调整后的样本训练下一个个体学习器，如此重复直到个体学习器的数目达到事先指定的值T，再将这T个个体学习器进行加权结合，得到最终模型

Adaboost算法的Sklearn实现

导入AdaBoost分类模块的语句为（　　　　　）

导入AdaBoost回归模块的语句为（　　　　　）

图 8-18　项目总结

项目考核

1. 选择题

（1）随机森林算法是一种（　　　）的集成学习方法。

    A．串行化　　　　B．并行化　　　　C．串联化　　　　D．并联化

（2）在 Sklearn 中，使用随机森林算法训练分类模型时，需要用到（　　　）类。

    A．BaggingClassifier　　　　　　B．RandomForestClassifier

    C．AdaBoostClassifier　　　　　　D．RandomForestRegressor

（3）下列算法中，不属于集成学习算法的是（　　　）。

    A．Bagging　　　　　　　　　　B．Boosting

    C．决策树　　　　　　　　　　D．随机森林

（4）下列关于随机森林算法的描述，错误的是（　　　）。

    A．随机森林是一种集成学习算法

    B．随机森林算法采用"自助采样法"生成各个子数据集

    C．随机森林算法在进行结合时，通常对回归任务使用简单平均法

    D．随机森林算法在进行结合时，通常对分类任务使用加权投票法

（5）下列关于集成学习的描述，错误的是（　　　）。

    A．个体学习器对集成学习模型的性能没有影响

    B．常见的集成学习结合策略有 3 种，分别为平均法、投票法和学习法

    C．集成学习是将多个基础学习器进行结合，形成一个性能优良的集成学习器来
       完成学习任务的一种方法

    D．根据个体学习器的生成方式，目前集成学习可分为两大类，一类为并行化集
       成学习，另一类为串行化集成学习

2. 填空题

（1）在训练集成学习模型时，由相同类型的个体学习器相结合产生的集成学习模型
称为_____；由不同类型的个体学习器相结合产生的集成学习模型称为_____。

（2）在集成学习中，通常将基础学习器称为_____。

（3）Sklearn 的 ensemble 模块提供了_____类，用于实现随机森林分类。

3. 简答题

（1）简述集成学习的基本原理。

（2）简述随机森林算法的基本原理。

项目评价

结合本项目的学习情况，完成项目评价，并将评价结果填入表 8-8 中。

表 8-8　项目评价

评价项目	评价内容	评价分数			
		分值	自评	互评	师评
项目完成度评价（20%）	项目准备阶段，回答问题是否清晰准确，能够紧扣主题，没有明显错误	5 分			
	项目实施阶段，是否能够根据操作步骤完成本项目	5 分			
	项目实训阶段，是否能够出色完成实训内容	5 分			
	项目总结阶段，是否能够正确地将项目总结的空白信息补充完整	2 分			
	项目考核阶段，是否能够正确地完成考核题目	3 分			
知识评价（30%）	是否掌握集成学习的基本原理、结合策略与类型	10 分			
	是否掌握 Bagging 算法的基本原理及其 Sklearn 实现方法	5 分			
	是否掌握随机森林算法的基本原理及其 Sklearn 实现方法	10 分			
	是否掌握 Boosting 算法的基本原理及其 Sklearn 实现方法	5 分			
技能评价（30%）	是否能够使用随机森林算法训练模型	15 分			
	是否能编写程序，寻找随机森林模型参数的最优值	15 分			
素养评价（20%）	是否遵守课堂纪律，上课精神是否饱满	5 分			
	是否具有自主学习意识，做好课前准备	5 分			
	是否善于思考，积极参与，勇于提出问题	5 分			
	是否具有团队合作精神，出色完成小组任务	5 分			
合计	综合分数＿＿＿＿自评（25%）+互评（25%）+师评（50%）	100 分			
	综合等级＿＿＿＿	指导老师签字＿＿＿＿＿			
综合评价	最突出的表现（创新或进步）： 还需改进的地方（不足或缺点）：				

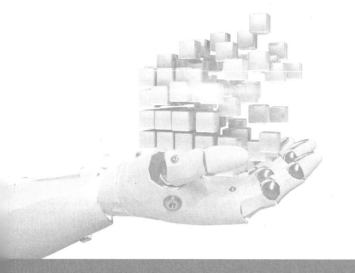

项目9

聚 类

知识目标

- ⊙ 掌握聚类的概念及距离的度量方法。
- ⊙ 了解聚类的类型。
- ⊙ 掌握 k 均值聚类算法的基本原理及其 Sklearn 实现方法。
- ⊙ 掌握层次聚类算法的基本原理及凝聚层次聚类算法的 Sklearn 实现方法。
- ⊙ 掌握 DBSCAN 聚类算法的基本原理及其 Sklearn 实现方法。

技能目标

- ⊙ 能够使用 k 均值聚类算法、凝聚层次聚类算法和 DBSCAN 聚类算法训练模型。
- ⊙ 能够编写程序，寻找 k 均值聚类模型参数的最优值。
- ⊙ 能够编写程序，寻找 DBSCAN 聚类模型参数的最优值。

素养目标

- ⊙ 掌握常用的聚类算法，提高自主学习能力、数据分析能力和创新能力。
- ⊙ 强化数据安全意识，提高信息技术应用能力。

项目描述

目前，国内不少企业都已建立大数据平台，期望通过数据分析来驱动业务运营。例如，某平台可以根据观影用户对电影的评分，将用户分成不同的群体，从而针对不同的用户群制订相应的运营策略。小旌也想训练一个这样的模型，了解到实现这一功能需要对数据进行聚类，于是，他开始训练聚类模型。

小旌采用的数据集是某平台的电影评分数据集（见本书配套素材"item9/FilmScore-data-y.txt"文件），该数据集共有 100 条数据，每条数据包含 2 个特征变量，分别表示用户对电影 1 的评分和用户对电影 2 的评分，部分数据如表 9-1 所示。

表 9-1　电影评分数据集（部分）

电影 1 评分	电影 2 评分	电影 1 评分	电影 2 评分
4.74	7.44	5.88	7.52
3.99	7.12	3.55	7.55
3.23	6.12	4.25	8.48
4.66	8.89	2.53	9.22
2.36	9.20	…	…

小旌打算基于电影评分数据集，分别使用 k 均值聚类算法、凝聚层次聚类算法和 DBSCAN 聚类算法训练模型，完成对电影评分数据的聚类。

项目分析

按照项目要求，使用不同的聚类算法对电影评分数据集进行聚类的步骤分解如下。

第 1 步：数据准备。使用 Pandas 读取电影评分数据集并为数据集指定列名称，然后将数据集进行输出。

第 2 步：数据可视化展示。提取电影评分数据，使用 Matplotlib 绘制数据集的散点图。

第 3 步：调节参数。调节 k 均值聚类算法的参数 n_clusters，寻找最优的簇数目值，然后调节 DBSCAN 聚类算法的参数 eps 和参数 min_samples，寻找最优的参数组合。

第 4 步：训练与评估模型。使用最优参数值，分别训练 k 均值聚类模型、凝聚层次聚类模型和 DBSCAN 聚类模型，并使用 calinski_harabasz 指数评价法对 3 个模型进行评估。

第 5 步：显示聚类结果。使用 Matplotlib 绘制图像，显示各个模型的聚类结果。

在对电影评分数据集进行聚类之前，需要先理解聚类算法的基本原理。本项目将对相关知识进行介绍，包括聚类的概念，距离的度量方法，聚类的类型，k 均值聚类算法，层次聚类算法，以及 DBSCAN 聚类算法。

项目准备

全班学生以 3~5 人为一组进行分组，各组选出组长，组长组织组员扫码观看"常见的聚类算法"视频，讨论并回答下列问题。

问题 1：简述 k 均值聚类算法的基本原理。

扫一扫

问题 2：简述层次聚类中 AGNES 算法的基本原理。

常见的聚类算法

问题 3：简述 DBSCAN 聚类算法的基本原理。

9.1 聚类任务

聚类（clustering）属于无监督学习，是机器学习的三大任务之一，其应用领域非常广泛。在商业中，聚类常用于发现不同的客户群体并刻画其特征；在生物中，聚类常用于基因分类，获取对种群固有结构的认识；在医学、交通及军事等领域中，聚类常作为图像分割（利用图像的灰度、颜色、纹理和形状等特征，将图像分割成若干个特定的、互不相交的、具有独特性质的区域）的支撑技术，用于提取特定内容。

9.1.1 聚类的概念

聚类是一种寻找数据之间内在分布结构的技术。聚类是指根据某种特定标准（如距离）把一个数据集分割成不同的类或簇，使得同一个簇中的数据对象的相似性尽可能大，不同簇中的数据对象的差异性尽可能大，即聚类后同类数据尽可能聚到一起，不同类数据尽可能分离。

指点迷津

聚类任务仅能自动形成簇结构，每个簇所对应的概念语义需由使用者自行定义。

聚类既可作为一个单独过程来寻找数据内在的分布结构，也可作为分类等其他学习任务的前驱过程。例如，在一些商业应用中，经常需要对新用户的类型进行判别，但直接定义"用户类型"往往是存在困难的，此时可先对用户数据进行聚类，根据聚类结果将每个簇定义为一个类（为用户数据打标签），然后再基于这些类训练分类模型，即可预测新用户的类别。

9.1.2　距离度量

聚类是将差异性较小的样本聚为一类，将差异性较大的样本聚为不同类的过程。在聚类任务中，通常使用距离作为样本之间差异性的度量标准。距离越近，越"亲密"，距离越远，越"疏远"。

1.　数据的类型

（1）在实际应用中，数据可分为连续型数据和离散型数据两大类。连续型数据指任意两个数据之间可细分出无限多个值，如人的身高；离散型数据指任何两个数据之间的数值个数是有限的，如产品的等级。

（2）在统计学中，数据又可分为 3 种类型，分别是定类数据、定序数据和定距数据。定类数据表示个体在属性上的特征或类别值仅是一种标志，没有顺序关系，如将性别"男"编码为 1，性别"女"编码为 0；定序数据表示个体在某个有序状态中所处的位置，不能直接做四则运算，如"受教育程度"是有顺序的，可定义为初中=3、高中=4、大学=5；定距数据是具有间距特征的变量，如温度。

在机器学习中，需要将所有的属性值都统一用数值表示，其中，定距数据本身就是数值，无须转换，对应连续型数据；定类数据和定序数据需要通过编码转换为连续型数据。连续型数据和离散型数据的距离计算方法是不同的。

2.　连续型数据的距离度量方法

数据集中的每个样本都可以看作是多维空间中的一个点，故样本之间的距离就可转换成 n 维空间中点与点之间的距离。假设空间中有两点 o_i 和 o_j，x_{i_n} 和 x_{j_n} 分别表示点 o_i 和 o_j 在某一维度上的取值，则常用的计算两点之间距离的方法有如下几个。

（1）欧式距离是直角坐标系中最常用的距离度量方法，是空间中两点之间的直线距离，其公式为

$$d(o_i, o_j) = \sqrt{(x_{i_1} - x_{j_1})^2 + (x_{i_2} - x_{j_2})^2 + \cdots + (x_{i_n} - x_{j_n})^2}$$

（2）曼哈顿距离是把两点之间的每个维度的距离的绝对值相加得到的距离，其公式为

$$d(o_i, o_j) = |x_{i_1} - x_{j_1}| + |x_{i_2} - x_{j_2}| + \cdots + |x_{i_n} - x_{j_n}|$$

（3）切比雪夫距离是取两点之间各个维度的距离的最大值，其公式为

$$d(o_i, o_j) = \max(|x_{i_1} - x_{j_1}|, |(x_{i_2} - x_{j_2})|, \cdots, |x_{i_n} - x_{j_n}|)$$

3. 离散型数据的距离度量方法

离散型数据的距离通常使用简单匹配系数来度量，简单匹配系数的描述如下。

假设 i 和 j 为两个样本，都由 n 个二元属性（取值为 0 或 1）组成，这两个样本进行比较，可得到 4 个量，即样本 i 与样本 j 的属性值同时取 1 的属性个数，用 a 表示；样本 i 的值取 1，样本 j 的值取 0 的属性个数，用 b 表示；样本 i 的值取 0，样本 j 的值取 1 的属性个数，用 c 表示；样本 i 与样本 j 的属性值同时取 0 的属性个数，用 d 表示，则简单匹配系数的公式为

$$\text{sim}(i, j) = \frac{b + c}{a + b + c + d}$$

显然，简单匹配系数的值越小，说明两个个体越相似。

9.1.3 聚类的类型

在实际应用中，根据聚类算法的不同，通常将聚类分为以下 3 种类型。

（1）原型聚类亦称"基于原型的聚类"，在实际聚类任务中经常使用。此类聚类算法假设聚类结构能通过一组原型（原型指样本空间中具有代表性的点）刻画。通常情形下，算法先对原型进行初始化，然后对原型进行迭代更新求解，其代表算法为 k 均值聚类算法、高斯混合聚类算法等。

（2）层次聚类试图在不同层次上对数据集进行划分，从而形成树形的聚类结构。数据集的划分可采用"自底向上"的聚合策略，也可采用"自顶向下"的分裂策略。

（3）密度聚类亦称"基于密度的聚类"，此类聚类算法通过计算数据样本分布的紧密程度来确定聚类簇，将高密度区域的样本划分为同一个簇，其代表算法是 DBSCAN 聚类算法。

高手点拨

聚类任务与分类任务的区别主要有以下几点。

（1）训练模型使用的数据集不同。聚类任务属于无监督学习，其训练集不包含类别标签；而分类任务属于监督学习，其训练集需要有类别标签。

（2）达成的目标不同。聚类任务的目标是把相似的数据分为一组，因此，聚类算法通常只需要考虑如何计算样本的相似度；而分类任务的目标是识别待测样本属于某个

类别，需要从已有的训练集中进行"学习"，才能具备对未知数据进行分类的能力。

（3）聚类和分类所采用的算法不同。聚类的主要算法有 k 均值算法、DBSCAN 算法、高斯混合聚类算法等；分类的主要算法有逻辑回归算法、k 近邻算法、朴素贝叶斯算法、决策树算法、随机森林算法、支持向量机等。

素养之窗

AI Generated Content（AIGC）可以利用人工智能技术生成内容，AI 绘画、AI 写作等都属于 AIGC 的分支。AIGC 代表着 AI 技术从感知、理解世界到生成、创造世界的跃迁，使得人工智能迎来了新的时代。

目前，AIGC 领域呈现出了内容类型不断丰富、内容质量不断提升、技术的通用性和工业化水平越来越强的趋势。AIGC 在消费互联网领域日趋主流化，涌现出了写作助手、AI 绘画、对话机器人、数字人等应用，支撑着传媒、电商、娱乐、影视等领域的内容需求。

未来，AIGC 的商业化应用将快速成熟，市场规模会迅速壮大，有望成为新型的内容生产基础设施，塑造数字内容生产与交互新范式，持续推进数字文化产业创新。另外，AIGC 还将作为生产力工具，不断推动聊天机器人、数字人、元宇宙等领域的发展。

9.2　k 均值聚类算法

k 均值（k-means）聚类算法原理简单，可解释性强，实现方便，广泛应用于数据挖掘、聚类分析、模式识别、金融风控、数据科学、智能营销和数据运营等领域，其目标是根据输入的参数 k（簇的数目）的值，将样本集分成 k 个簇。

9.2.1　k 均值聚类算法的基本原理

1. k 均值聚类算法的原理分析

k 均值聚类算法的基本原理是，给定一个样本数据集，首先随机选择 k 个数据对象点作为初始聚类中心，然后计算每个样本点到各聚类中心的距离，将样本指派到距离最近的簇中，完成第一次聚类；接下来计算每个簇的平均值点（方法是对簇中所有点的坐标求平均值），将计算得到的均值点作为新的聚类中心，再计算每个样本点到新的聚类中心的距离，将其指派到距离最近的簇中，完成第二次聚类。依次往复执行，直到重新计算出的聚类中心点不再发生改变，算法结束，得到最终的聚类结果。

例如，将表 9-2 中的样本数据集聚为两个簇的过程如图 9-1 所示（图中较大的实心圆表示聚类中心，较小的实心圆表示样本数据）。

表 9-2 样本数据集

序　号	样本点横坐标	样本点纵坐标	序　号	样本点横坐标	样本点纵坐标
1	3	4	6	5	1
2	3	6	7	5	5
3	3	8	8	7	3
4	4	5	9	7	5
5	4	7	10	8	5

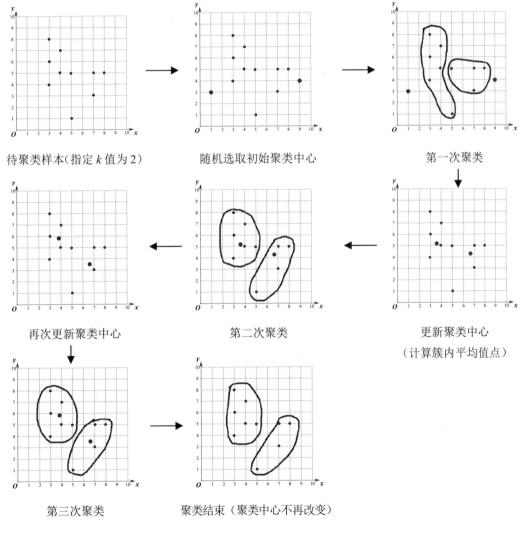

待聚类样本（指定 k 值为 2）　　随机选取初始聚类中心　　第一次聚类

再次更新聚类中心　　第二次聚类　　更新聚类中心
（计算簇内平均值点）

第三次聚类　　聚类结束（聚类中心不再改变）

图 9-1　k 均值聚类过程

可见，k 均值聚类算法需要对聚类中心进行迭代更新，每次迭代所选取的聚类中心都会越来越接近簇的几何中心，故聚类效果也会越来越好。

2. k 均值聚类算法的流程

使用 k 均值算法进行聚类的具体步骤如下。

（1）指定聚类簇的数目值（k 的取值）。

（2）随机选择 k 个数据对象点作为初始聚类中心。

（3）分别计算每个样本到各聚类中心的距离，将样本划分到距离最近的那个中心所处的簇中。

（4）计算每个簇中所有样本的平均值点（对簇中所有点的坐标求平均值），得到新的聚类中心。

（5）重复步骤（3）与步骤（4），直到聚类中心点不再发生变化。

k 均值聚类算法相对简单、运算速度快，且处理大数据集时，效率较高。但在实际应用中，k 均值聚类算法也有如下缺点：① 该算法要求用户必须事先给出簇的数目 k，但很多时候，用户并不能准确知道 k 的具体值；② 该算法对初始值较敏感，对于不同的初始值，可能导致不同的聚类结果；③ 该算法对噪声点和孤立点数据敏感，少量的噪声点对平均值的计算会产生极大的影响。

高手点拨

在 k 均值聚类算法中，如果数据量很大，类别值 k 也很大的话，分别计算每个样本数据点到聚类中心的距离是比较耗时的。在实际应用中，可使用 MapReduce 并行化编程框架将距离计算分配给多个计算单元，实现并行化计算。例如，要计算 100 个数据点到两个聚类中心的距离，可使用 MapReduce 将该计算任务分配给 10 个计算单元，每个计算单元计算 20 个距离即可。

9.2.2 k 均值聚类算法的 Sklearn 实现

Sklearn 的聚类模块 cluster 提供了 KMeans 类，用于实现 k 均值聚类算法。在 Sklearn 中，可通过下面语句导入 k 均值聚类算法模块。

```
from sklearn.cluster import KMeans
```

KMeans 类有如下几个参数。

（1）参数 n_clusters 用于设定簇的数目。

（2）参数 init 用于设置初始聚类中心的获取方法，其取值有 random、k-means++ 与用户自定义 3 种：① random 表示随机从训练数据中选择初始聚类中心；② k-means++ 为默认值，表示用一种特殊的方法选定初始聚类中心，可加速迭代过程的收敛；③ 用户自定义表示用户可传递一个向量，用于指定聚类中心的获取方法。

（3）参数 n_init 用于设置使用不同的初始聚类中心运行算法的次数。由于 k 均值聚类算法的结果受初始值的影响较大，因此需要多迭代几次以选择一个较好的聚类效果，默认值为 10，一般不需要修改。

（4）参数 max_iter 用于设置最大的迭代次数。

【例 9-1】 使用 k 均值聚类算法将 Sklearn 自带的鸢尾花数据集聚为 3 类。

【程序分析】 使用 k 均值聚类算法将 Sklearn 自带的鸢尾花数据集聚为 3 类的步骤如下。

（1）导入鸢尾花数据集，提取花瓣长度和花瓣宽度作为特征变量，然后画出数据的散点图。

【参考代码】

```
from sklearn.datasets import load_iris
import numpy as np
import matplotlib.pyplot as plt
#提取花瓣长度和花瓣宽度作为特征变量
x=load_iris().data[:,2:4]
#使用 Matplotlib 绘制样本散点图
plt.scatter(x[:,0],x[:,1],s=30,c='g',marker='o')
plt.rcParams['font.sans-serif']='Simhei'
plt.xlabel('花瓣长度')
plt.ylabel('花瓣宽度')
plt.show()
```

【运行结果】 程序运行结果如图 9-2 所示。

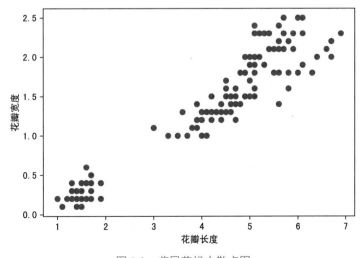

图 9-2 鸢尾花样本散点图

（2）使用 k 均值聚类算法训练模型，并输出最终结果。

【参考代码】

```
from sklearn.cluster import KMeans
#使用 k 均值聚类算法训练模型
model=KMeans(3,random_state=0)
model.fit(x)
#获取最终聚类中心值
clusterCenters=model.cluster_centers_
#获取聚类标签
label_pred=model.labels_
print("最终聚类中心为: ")
print(clusterCenters)
print("每类样本对应的类别标签为: ")
print(label_pred)
```

【运行结果】　程序运行结果如图 9-3 所示。可见，模型已经将鸢尾花数据集分为 3 类，并给出了每类样本对应的类别标签。

```
最终聚类中心为:
[[1.462      0.246     ]
 [5.59583333 2.0375    ]
 [4.26923077 1.34230769]]
每类样本对应的类别标签为:
[0 0 0 0 0 0 0 0 0 0 0 0 0 0 0 0 0 0 0 0 0 0 0 0 0 0 0 0 0 0 0 0 0 0
 0 0 0 0 0 0 0 0 0 0 0 0 0 0 0 2 2 2 2 2 2 2 2 2 2 2 2 2 2 2 2 2 2 2
 2 2 2 1 2 2 2 2 1 2 2 2 2 2 2 2 2 2 2 2 2 2 2 2 1 1 1 1 1 2 1 1 1 1
 1 1 1 1 1 2 1 1 1 1 1 2 1 1 1 1 1 1 1 1 1 1 1 1 1 1 1 1 1 1 1 1 1 1
 1 1]]
```

图 9-3　k 均值模型的最终聚类中心与模型预测的类别标签

【程序说明】　k 均值聚类模型的参数 cluster_centers_ 与参数 labels_ 分别表示模型的聚类中心（簇中心）与每类样本对应的类别标签。

（3）使用 Matplotlib 绘制图像，显示聚类结果。

【参考代码】

```
colors=['b','g','r','c']
markers=['o','x','s','v']
#绘制样本点
for i,l in enumerate(model.labels_):
    plt.plot(x[i][0],x[i][1],color=colors[l],marker=markers[l])
#使用倒三角绘制最终的聚类中心点
```

```
for i in range(3):
    plt.plot(clusterCenters[i][0],clusterCenters[i][1],
color=colors[3],marker=markers[3])
    plt.rcParams['font.sans-serif']='Simhei'
    plt.xlabel('花瓣长度')
    plt.ylabel('花瓣宽度')
    plt.show()
```

【运行结果】 程序运行结果如图 9-4 所示。

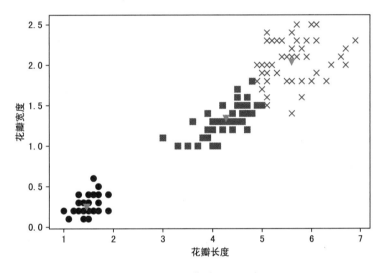

图 9-4 k 均值模型的聚类结果

9.3 层次聚类算法

9.3.1 层次聚类算法的基本原理

1. 层次聚类算法的原理分析

层次聚类算法可分为"自底向上"的凝聚法和"自顶向下"的分裂法。目前，常用的层次聚类算法是凝聚法。

AGNES（Agglomerative NESting）算法是一种常用的凝聚法。它的聚类原理是，对于给定的样本数据集，先将数据集中的每个样本看作是一个初始聚类簇，然后计算所有样本两两之间的距离，将距离最近的样本合并成一个簇；接下来重新计算簇与簇之间的距离，将距离最近的簇进行合并，该过程不断重复，直到达到预设的聚类簇数目，算法结束，得到最终的聚类结果。

可见，AGNES 算法的关键是如何计算簇与簇之间的距离。实际上，每个簇都可以看作是一个样本集合，只须计算样本集合的某种距离即可。若给定聚类簇 C_i 和 C_j，则可通过下面的公式计算两个簇之间的距离。

最小距离：$d_{\min}(C_i, C_j) = \min\limits_{p \in C_i, q \in C_j} \text{dist}(p, q)$

最大距离：$d_{\max}(C_i, C_j) = \max\limits_{p \in C_i, q \in C_j} \text{dist}(p, q)$

平均距离：$d_{\text{avg}}(C_i, C_j) = \dfrac{1}{|C_i||C_j|} \sum\limits_{p \in C_i} \sum\limits_{q \in C_j} \text{dist}(p, q)$

公式中的 $\text{dist}(p, q)$ 表示样本 p 与样本 q 之间的距离。显然，最小距离由两个簇中距离最近的样本决定，最大距离由两个簇中距离最远的样本决定，平均距离由两个簇的所有样本共同决定。当聚类簇距离分别由 $d_{\min}$、$d_{\max}$ 或 d_{avg} 计算时，AGNES 算法相应地被称为单链接、全链接或均链接算法。

2. 层次聚类算法的流程

使用层次聚类中 AGNES 算法进行聚类的具体步骤如下。

（1）将数据集中的每个样本看作是一个初始聚类簇。

（2）计算所有样本两两之间的距离，将距离最近的样本合并为一个簇。

（3）重新计算簇与簇之间的距离，将距离最近的簇进行合并。

（4）重复步骤（3），直到达到预设的聚类簇数目。

【例 9-2】 样本空间中有 5 个数据点 A、B、C、D、E，它们之间的距离如表 9-3 所示。使用 AGNES 算法对这 5 个数据点进行聚类（簇与簇之间的距离采用最小距离法进行计算）并画出树形图。

表 9-3　5 个样本数据点之间的距离

样 本 点	A	B	C	D	E
A	0	6	2	3	7
B	6	0	4	4	1
C	2	4	0	5	5
D	3	4	5	0	5
E	7	1	5	5	0

【解】 使用 AGNES 算法对 5 个样本数据点进行聚类的步骤如下。

（1）将 5 个数据点分别看成一个簇，然后计算两两之间的距离。由表 9-3 可知，最小距离为 1，即点 B 与点 E 之间的距离最小。因此，将点 B 和点 E 合并为一个簇{B，E}。

（2）计算簇{B，E}与簇{A}、{C}、{D}这 4 个簇之间的距离。

① 计算簇{B，E}与簇{A}之间的距离。由表 9-3 可知，点 B 与点 A 之间的距离为 6，点 E 与点 A 之间的距离为 7，则两个簇之间的距离为 6；

② 采用同样的方法计算其他簇之间的距离，计算结果如表 9-4 所示。

表 9-4   4 个簇之间的距离

簇	{B，E}	{A}	{C}	{D}
{B，E}	0	6	4	4
{A}	6	0	2	3
{C}	4	2	0	5
{D}	4	3	5	0

（3）在表 9-4 的 4 个簇中，两两之间的最小距离为 2，即簇{A}与簇{C}之间的距离最小。因此，将簇{A}和簇{C}合并为一个簇{A，C}。

（4）计算簇{B，E}、{A，C}与{D}这 3 个簇之间的距离，计算结果如表 9-5 所示。

表 9-5   3 个簇之间的距离

簇	{B，E}	{A，C}	{D}
{B，E}	0	4	4
{A，C}	4	0	3
{D}	4	3	0

（5）在表 9-5 的 3 个簇中，两两之间的最小距离为 3，即簇{A，C}和簇{D}之间的距离最小。因此，将簇{A，C}和簇{D}合并为一个簇{A，C，D}。

（6）计算簇{A，C，D}与簇{B，E}之间的距离。经过计算得到两个簇之间的距离为 4，将这两个簇合并得到簇{A，B，C，D，E}。

（7）目前，所有样本已经分层次凝聚成为一个大簇。将步骤（1）~步骤（6）的聚类过程用树形图表示出来，如图 9-5 所示。

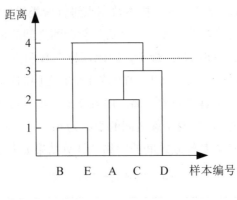

图 9-5　树形图

指点迷津

　　本例题没有指定聚类簇的数目，AGNES 算法会一直合并，直到所有样本都聚为同一个簇。如果题目中指定了簇的数目，则可在树形图的特定层上进行分割，得到相应的簇划分结果。例如，指定簇数目为 2 时，可通过图 9-5 的虚线分割树形图，得到{A，C，D}和{B，E}两个聚类簇。

拓展阅读

　　分裂法与凝聚法正好相反，其基本原理是，对于给定的样本数据集，先将数据集中所有样本看成一个大类，然后将大类中最"疏远"的小类或个体分离出去；接下来分别将小类中最"疏远"的小类或个体再分离出去，该过程不断重复，直到所有个体自成一类或满足某个终止条件，算法结束，得到最终的聚类结果。

　　层次聚类算法的计算复杂度较高，聚类速度较慢，且无法实现并行化程序，但在实际应用中，层次聚类算法的优点：① 样本的相似度容易定义，限制少；② 层次聚类算法是通过距离的计算，将样本数据依次分层合并（凝聚法）或分裂（分裂法），如果没有预先设定终止条件，则所有样本会聚集成一个簇（凝聚法）或所有样本自成一类（分裂法），故该聚类算法可以不预先设定簇的数目；③ 可以发现各个簇之间的层次关系。

9.3.2　凝聚层次聚类算法的 Sklearn 实现

　　Sklearn 的聚类模块 cluster 提供了 AgglomerativeClustering 类，用于实现自底向上（凝聚法）的层次聚类算法。在 Sklearn 中，可通过下面语句导入自底向上的层次聚类算法模块。

```
from sklearn.cluster import AgglomerativeClustering
```

AgglomerativeClustering 类有如下几个参数。

（1）参数 n_clusters 用于设定簇的数目（簇数目为算法的终止条件）。

（2）参数 linkage 用于指定簇与簇之间距离的计算方法，其取值有 single、complete、average 和 ward：① single 表示使用最小距离法计算距离；② complete 表示使用最大距离法计算距离；③ average 表示使用平均距离法计算距离；④ ward 表示使用最小方差法计算距离。

（3）参数 affinity 用于指定样本之间距离的计算方法，其取值为各种欧式距离与非欧式距离的计算方法。需要注意的是，如果参数 linkage 的取值为 ward，则参数 affinity 的取值只可选择 euclidean（欧式距离）。另外，该参数还可设置为 precomputed，即用户可输入计算好的距离矩阵。

【例 9-3】 使用凝聚层次聚类算法将表 9-6 中的样本数据集聚为 3 类，并画出树形图。

表 9-6 样本数据集

序 号	样本点横坐标	样本点纵坐标	序 号	样本点横坐标	样本点纵坐标
1	2	1	6	3	3
2	1	2	7	2	4
3	2	2	8	3	5
4	3	2	9	4	4
5	2	3	10	5	3

【程序分析】 使用凝聚层次聚类算法将样本数据集聚为 3 类，并画树形图的步骤如下。

（1）输入样本数据集，并画出数据的散点图。

【参考代码】

```
import numpy as np
import matplotlib.pyplot as plt
#输入样本数据集
x=np.array([[2,1],[1,2],[2,2],[3,2],[2,3],[3,3],[2,4],[3,5],
[4,4],[5,3]])
#使用Matplotlib绘制样本散点图
plt.scatter(x[:,0],x[:,1],s=30,c='g',marker='o')
plt.rcParams['font.sans-serif']='Simhei'
plt.xlabel('样本点横坐标')
plt.ylabel('样本点纵坐标')
plt.show()
```

【运行结果】 程序运行结果如图 9-6 所示。

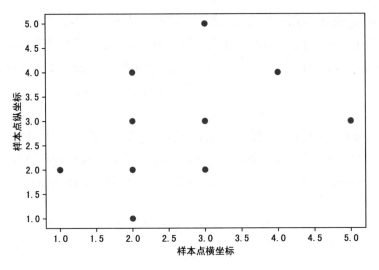

图 9-6　样本散点图

（2）使用凝聚层次聚类算法训练模型并绘制聚类效果图。

【参考代码】

```
from sklearn.cluster import AgglomerativeClustering
model=AgglomerativeClustering(3,linkage='ward')
labels=model.fit_predict(x)
print(labels)
#使用 Matplotlib 绘制图像，显示聚类结果
colors=['b','g','r']
markers=['o','x','s']
#绘制样本点
for i,l in enumerate(labels):
    plt.plot(x[i][0],x[i][1],color=colors[l],marker=markers[l])
plt.rcParams['font.sans-serif']='Simhei'
plt.xlabel('样本点横坐标')
plt.ylabel('样本点纵坐标')
plt.show()
```

【运行结果】　程序运行结果如图 9-7 和图 9-8 所示。可见，10 个样本数据可分为 3 类，小正方形表示一类数据，"×"表示一类数据，实心圆表示一类数据。

$$[2\ 2\ 2\ 1\ 1\ 1\ 1\ 0\ 0\ 0]$$

图 9-7　样本的预测标签

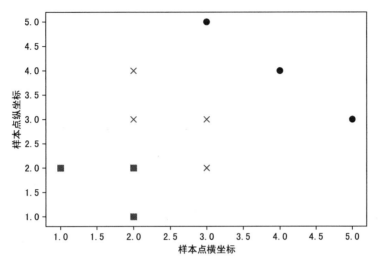

图 9-8　模型聚类效果

【程序说明】　fit_predict(x)函数表示用数据 x 拟合模型并对数据 x 进行预测。

（3）绘制凝聚层次聚类模型的树形图。

【参考代码】

```
from scipy.cluster.hierarchy import linkage
from scipy.cluster.hierarchy import dendrogram
Z=linkage(y=x,method='ward',metric='euclidean')    #生成聚类树
dendrogram(Z,labels=labels)                         #画聚类树
plt.rcParams['font.sans-serif']='Simhei'
plt.xlabel('样本预测标签')
plt.ylabel('距离')
plt.show()
```

【运行结果】　程序运行结果如图 9-9 所示。可见，模型将预测标签为 0 的 3 个样本聚为一类，预测标签为 1 的 4 个样本聚为一类，预测标签为 2 的 3 个样本聚为一类，树形图与聚类预测标签一致。

【程序说明】　绘制凝聚层次聚类模型的树形图，需要使用 SciPy 库中的 linkage 类和 dendrogram 类，其中，linkage 类的参数 y 用于指定聚类数据，参数 method 用于指定凝聚层次聚类选用的计算方法，参数 metric 用于指定样本之间距离的计算方法；dendrogram 类用于绘制图像，第一个参数为 linkage 类生成的矩阵，第二个参数 labels 表示数据的标签值。

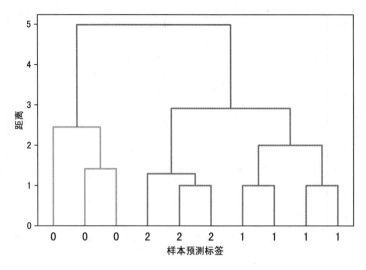

图 9-9　凝聚层次聚类模型的树形图

9.4　DBSCAN 聚类算法

DBSCAN（density-based spatial clustering of applications with noise）聚类算法是密度聚类算法（基于密度的聚类）的代表，它将簇定义为密度相连的点的最大集合，能够把具有足够高密度的区域划分为簇，并进行任意形状的聚类。

在计算机图像识别领域，经常进行图像分割，而图像中的像素点往往会聚集成非凸形状（如环形或月牙形）的图像。对这样的数据进行聚类时，使用密度聚类算法往往会得到更好的聚类效果。

9.4.1　DBSCAN 聚类算法的基本原理

1. DBSCAN 聚类算法中的几个定义

DBSCAN 算法是一种基于密度的聚类算法。在学习该算法的原理前，需要先明确几个定义。

（1）密度。数据集中特定点的密度是指以该点为圆心，指定数据为半径的区域内点的个数，如果该区域内点的个数超过指定阈值，就认为该点所在区域是稠密区域。

（2）密度的度量方法。DBSCAN 算法度量密度的参数有两个，分别是领域半径（eps）和区域内所包含点的最小数量（MinPts）。

（3）ε-邻域。对于样本集合 D 中的对象 x_i，其 ε-邻域是包含样本集合 D 中与 x_i 的距离不大于 ε 的样本。

（4）核心对象。对于样本集合 D 中的对象 x_i，若 x_i 的 ε-邻域内至少包含 MinPts 个样本，则该对象为一个核心对象。

（5）密度直达。对于样本集合 D，若样本点 x_i 在 x_j 的 ε-邻域内，并且 x_j 是核心对象，则称样本点 x_i 由 x_j 密度直达。

（6）密度可达。对于样本集合 D 中的对象 x_i 和 x_j，若存在样本序列 p_1，p_2，…，p_n，其中 $p_1 = x_i$，$p_n = x_j$，且 p_{i+1} 由 p_i 密度直达，则称 x_j 由 x_i 密度可达，即多个方向相同的密度直达可连接在一起称为密度可达。

（7）密度相连。对于样本集合 D 中的对象 x_i 和 x_j，若存在对象 x_k，使得 x_i 与 x_j 均由 x_k 密度可达，则称 x_i 与 x_j 密度相连。

例如，图 9-10 中，虚线表示 ε-邻域，如果定义 MinPts 值为 3，则 x_1 是一个核心对象，从核心对象 x_1 出发，x_2 由 x_1 密度直达，x_3 由 x_1 密度可达，x_3 与 x_4 密度相连。

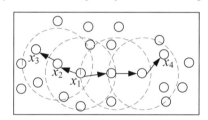

图 9-10 密度直达、密度可达与密度相连对象

指点迷津

密度直达、密度可达与密度相连的对称性关系：① 密度直达是具有方向性的，故不满足对称性；② 密度可达作为密度直达的传递，也不满足对称性；③ 密度相连不具有方向性，是对称关系。

2. DBSCAN 聚类算法的原理分析

DBSCAN 聚类算法的目标是找到密度相连对象的最大集合，并将该集合划分为一个聚类簇，其基本原理是，对于给定的样本数据集，根据给定的邻域参数 ε 和 MinPts，找出所有核心对象，确定核心对象集合。以任一核心对象为出发点，找出由其密度可达的所有样本，生成聚类簇，然后再访问下一个没有使用过的核心对象，直到所有核心对象均被访问过，算法结束，得到最终的聚类结果。

3. DBSCAN 聚类算法的流程

使用 DBSCAN 算法进行聚类的具体步骤如下。

（1）扫描全部样本，寻找各个样本的 ε-邻域并确定核心对象集合。根据给定的邻域参数 ε 和 MinPts，找出样本空间中所有的核心对象，形成核心对象集合。

（2）随机选取一个核心对象，找出由其密度可达的所有样本，构成一个聚类簇。

（3）去除已经使用过的核心对象，更新核心对象集合。

（4）再从更新后的核心对象集合中随机选取一个核心对象，找出由其密度可达的所有样本，构成下一个聚类簇。

（5）不断重复步骤（3）和步骤（4），直到核心对象集合为空。

【例 9-4】　使用 DBSCAN 聚类算法对表 9-7 中的数据集进行聚类，该数据集的散点图如图 9-11 所示（本题中取 $\varepsilon=1$，MinPts=4）。

表 9-7　样本数据集

样　本	样本点横坐标	样本点纵坐标	样　本	样本点横坐标	样本点纵坐标
A	2	1	G	5	2
B	5	1	H	6	2
C	1	2	I	1	3
D	2	2	J	2	3
E	3	2	K	5	3
F	4	2	L	2	4

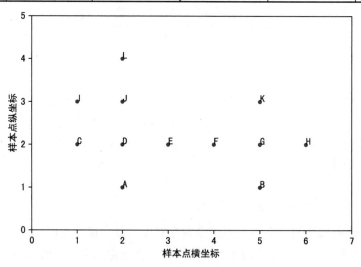

图 9-11　样本数据集散点图

【解】　使用 DBSCAN 聚类算法对数据集进行聚类的步骤如下。

（1）扫描全部样本，寻找各个样本的 ε-邻域并确定核心对象集合。

① 寻找样本 A 的 ε-邻域。由于 ε-邻域是与所选样本的距离不大于 ε 的样本，故样本 A 的 ε-邻域为样本 A 和样本 D。

② 采用同样的方法寻找其他样本的 ε-邻域，各个样本的 ε-邻域如表 9-8 所示。

表 9-8　样本的 ε-邻域

样　本	ε-邻域	样　本	ε-邻域
A	A、D	G	B、F、G、H、K
B	B、G	H	G、H
C	C、D、I	I	C、I、J
D	A、C、D、E、J	J	D、I、J、L
E	D、E、F	K	G、K
F	E、F、G	L	J、L

③ 根据 ε-邻域与 MinPts 的值确定核心对象集合。由表 9-8 可知，数据集中 ε-邻域大于等于 4 的样本为 D、G 和 J。因此，核心对象集合为{D，G，J}。

（2）随机选取核心对象 D，找出由其密度可达的所有样本，构成第一个聚类簇 C_1。从样本 D 出发，可以找到 4 个密度直达的样本 A、C、E、J；由于样本 J 也是核心对象，故样本 I、L 是样本 D 密度可达的样本，将样本 D 与这 6 个样本组成一个样本子集为 C_1={A，C，D，E，I，J，L}。

（3）将核心对象集合中的 D 和 J 去除，即核心对象集合中只剩核心对象 G。

（4）以样本 G 为出发点，找出由其密度可达的所有样本，构成第二个聚类簇 C_2。采用与步骤（2）相同的方法，找到第二个聚类簇为 C_2={B，F，G，H，K}。

（5）核心对象集合中所有的核心对象都已扫描完成，聚类结束。最终得到的聚类簇为 C_1={A，C，D，E，I，J，L}和 C_2={B，F，G，H，K}。

指点迷津

　　DBSCAN 聚类算法的目的在于过滤低密度区域，发现稠密度区域，与层次聚类或 k 均值聚类只能发现凸形簇不同，DBSCAN 算法可以发现任意形状的聚类簇，优点：① DBSCAN 聚类算法不需要预先指定簇的数目；② 对噪声点不敏感，在需要时可以输入过滤噪声的参数。

　　DBSCAN 聚类算法直接对整个数据集进行操作，且使用了一个全局性的表征密度的参数，它有两个较明显的缺点：① 当数据量很大时，要求较大的内存作为支撑；② 当遇到密度分布不均匀且聚类间距相差很大的数据时，聚类效果较差。

9.4.2　DBSCAN 聚类算法的 Sklearn 实现

　　Sklearn 的聚类模块 cluster 提供了 DBSCAN 类，用于实现 DBSCAN 聚类算法。在 Sklearn 中，可通过下面语句导入 DBSCAN 聚类算法模块。

```
from sklearn.cluster import DBSCAN
```

DBSCAN 类有如下几个参数。

（1）参数 eps 表示领域半径，默认值为 0.5。一般需要在多个值中选择一个合适的阈值。若 eps 值较大，则更多的点会落在核心对象的 ε-邻域内，从而减少类别数；反之，若 eps 值较小，则会使得类别数增加。

（2）参数 min_samples 用于指定一个样本成为核心对象所需的最小样本数目，默认值为 5。该参数通常与参数 eps 一起调节。在参数 eps 一定的情况下，若 min_samples 值较大，则核心对象会减少，类别数增加；反之，若 min_samples 值较小，则会产生大量的核心对象，从而导致类别数减少。

（3）参数 metric 表示距离的度量方法，默认使用欧式距离公式。

【例 9-5】　使用 make_moons()函数生成两个交错的半圆形数据，然后使用 DBSCAN 聚类算法对该数据集进行聚类。

【程序分析】　使用 make_moons()函数生成半圆形数据集并对其进行聚类的步骤如下。

（1）使用 make_moons()函数生成数据集，并画出数据集的散点图。

【参考代码】

```
from sklearn.datasets import make_moons
import matplotlib.pyplot as plt
#生成两个交错的半圆形（月牙形）数据
x,y=make_moons(n_samples=1000,noise=0.1,random_state=0)
#绘制散点图
plt.scatter(x[:,0],x[:,1])
plt.rcParams['font.sans-serif']='Simhei'
plt.xlabel('样本点横坐标')
plt.ylabel('样本点纵坐标')
plt.show()
```

【运行结果】　程序运行结果如图 9-12 所示。

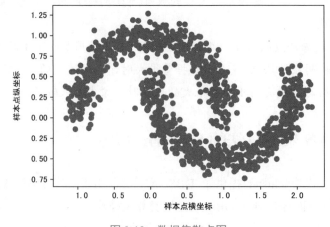

图 9-12　数据集散点图

【程序说明】　Sklearn 的 datasets 模块提供了很多类似 make_<name>的函数,用于自动生成各种形状分布的数据集,这些函数可以生成随机数据,常用的函数:① make_circle()函数用于生成环形数据,产生二维二分类数据集;② make_moons()函数用于生成两个交错的半圆形(月牙形)数据;③ make_blobs()函数用于生成多类单标签数据,为每个类分配一个或多个正态分布的点集。

(2)使用 DBSCAN 聚类算法训练模型,并显示聚类结果。

【参考代码】

```
from sklearn.cluster import DBSCAN
import numpy as np
#使用 DBSCAN 聚类算法训练模型
model=DBSCAN(eps=0.1,min_samples=4)
model.fit(x)
labels=model.labels_              #labels 用于保存类别值
#使用 Matplotlib 绘制图像,显示聚类结果
colors=['b','g','r']
markers=['o','x','s']
#绘制样本点
for i,l in enumerate(labels):
    plt.plot(x[i][0],x[i][1],color=colors[l],marker=markers[l])
plt.rcParams['font.sans-serif']='Simhei'
plt.xlabel('样本点横坐标')
plt.ylabel('样本点纵坐标')
plt.show()
```

【运行结果】　程序运行结果如图 9-13 所示。可见,模型分别将每个半圆形数据聚为一类,其中小正方形表示的数据为噪声数据。

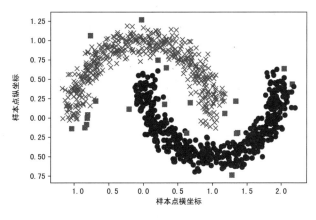

图 9-13　DBSCAN 模型聚类结果

项目实施——电影评分数据聚类

1. 数据准备

步骤 **1** 导入 Pandas 库。

步骤 **2** 读取电影评分数据并为数据集指定列名称为 FilmName1 和 FilmName2。

步骤 **3** 输出电影评分数据集。

扫一扫

数据准备

指点迷津

开始编写程序前，须将本书配套素材"item9/FilmScore-data-y.txt"文件复制到当前工作目录中，也可将数据文件放于其他盘，如果放于其他盘，使用 Pandas 读取数据文件时要指定路径。

【参考代码】

```
import pandas as pd
#读取数据
names=['FilmName1','FilmName2']
dataset=pd.read_csv('FilmScore-data-y.txt',delimiter=',',
names=names)
print('电影评分数据集')
print(dataset)
```

【运行结果】 程序运行结果如图 9-14 所示。可见，数据集导入成功。

```
电影评分数据集
    FilmName1  FilmName2
0       4.74      7.44
1       5.88      7.52
2       3.99      7.12
3       3.55      7.55
4       3.23      6.12
..       ...       ...
95      7.85      6.81
96      9.17      5.13
97      5.87      3.95
98      8.41      5.02
99      8.87      5.44
```

图 9-14 电影评分数据集

2. 数据可视化展示

步骤 **1** 提取电影评分数据，将其作为训练数据。

扫一扫

数据可视化展示

步骤 2 使用 Matplotlib 绘制数据集的散点图。

【参考代码】

```
import matplotlib.pyplot as plt
#提取电影评分数据
data=dataset.iloc[range(0,100),range(0,2)].values
#使用 Matplotlib 绘制样本散点图
plt.scatter(data[:,0],data[:,1],s=30,c='g',marker='o')
plt.rcParams['font.sans-serif']='Simhei'
plt.xlabel('电影 1 评分')
plt.ylabel('电影 2 评分')
plt.show()
```

【运行结果】 程序运行结果如图 9-15 所示。

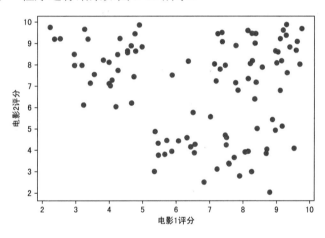

图 9-15 电影评分数据集散点图

3. 调节参数

步骤 1 调节 k 均值聚类算法的参数 n_clusters，寻找最优的簇数目值。本步骤细分为以下几个步骤：① 导入 k 均值聚类算法模块；② 导入 calinski_harabasz 指数评价模块；③ 设置不同的 n_clusters 值；④ n_clusters 取不同值的情况下，分别使用 k 均值聚类算法训练模型，并使用 calinski_harabasz 指数评价法对模型进行评估；⑤ 输出各个模型的 calinski_harabasz 值。

扫一扫

调节参数

指点迷津

在聚类任务中，可使用 calinski_harabasz 指数评价法对聚类结果进行评价，calinski_harabasz 值越大，表明聚类效果越好。calinski_harabasz_score(data,kmeans.labels_)

函数的主要参数有两个，第一个参数表示需要进行评价的数据集；第二个参数表示聚类模型对样本数据的预测标签。

【参考代码】

```
#寻找 k 均值聚类算法的最优簇数目值
from sklearn.cluster import KMeans
from sklearn.metrics import calinski_harabasz_score
                         #导入 calinski_harabasz 指数评价模块
for i in range(2,10):
    kmeans=KMeans(n_clusters = i,random_state=0)
    kmeans.fit(data)
    score_kmeans=calinski_harabasz_score(data,kmeans.labels_)
    print('数据聚%d类时,calinski_harabasz的值为: %f'%(i,score_kmeans))
```

【运行结果】 程序运行结果如图 9-16 所示。可见，数据聚为 3 类时，calinski_harabasz 的值最大，即当 $k=3$ 时，k 均值模型的聚类效果最好。

```
数据聚2类时，calinski_harabasz的值为：79.675122
数据聚3类时，calinski_harabasz的值为：191.591511
数据聚4类时，calinski_harabasz的值为：167.238037
数据聚5类时，calinski_harabasz的值为：155.935027
数据聚6类时，calinski_harabasz的值为：157.731186
数据聚7类时，calinski_harabasz的值为：151.251458
数据聚8类时，calinski_harabasz的值为：153.123040
数据聚9类时，calinski_harabasz的值为：160.855747
```

图 9-16　不同 k 值情况下，模型的 calinski_harabasz 值

步骤 2　调节 DBSCAN 聚类算法的参数 eps 和参数 min_samples，寻找最优的参数组合。本步骤细分为以下几个步骤：① 导入 DBSCAN 聚类算法模块；② 为参数 eps 和参数 min_samples 设定取值范围；③ 定义 3 个变量，分别命名为 best_score、best_score_eps 和 best_score_min_samples，并为这 3 个变量赋初值为 0；④ 寻找最优的参数组合；⑤ 输出 calinski_harabasz 的最大值与对应参数组合的值。

高手点拨

在 DBSCAN 聚类算法中，如果参数 eps 与参数 min_samples 的值设置不合理，则训练得到的模型的预测标签可能只有一个，即模型将所有的样本聚为同一个类别。此时，使用 calinski_harabasz 指数评价法评价模型时，程序会报错。因此，在编写程序时，需要使用 try 语句来捕获异常。

【参考代码】

```
#寻找 DBSCAN 聚类算法中参数 eps 与参数 min_samples 的最优组合
import numpy as np
from sklearn.cluster import DBSCAN
eps=np.arange(0.2,4,0.2)
                #eps 参数从 0.2 开始到 4，每隔 0.2 进行一次
min_samples=np.arange(2,20,1)
                #min_samples 参数取 2 到 20 的整数
best_score=0
best_score_eps=0
best_score_min_samples=0
#寻找最优参数组合
for i in eps:
    for j in min_samples:
        try:                        #try 语句捕获异常
            db=DBSCAN(eps=i,min_samples=j).fit(data)
            labels=db.labels_       #DBSCAN 模型预测的标签
            k=calinski_harabasz_score(data,labels)
        except:
            db=''  #跳过计算 calinski_harabasz 值时，出错的模型
        else:
            if k>best_score:
                best_score=k
                best_score_eps=i
                best_score_min_samples=j
print('calinski_harabasz 的最大值为%f，对应的 eps 值为%.2f，
min_samples值为%d'%(best_score,best_score_eps,best_score_min_samples))
```

【运行结果】 程序运行结果如图 9-17 所示。可见，DBSCAN 模型中，eps 参数的取值应为 1.20，min_samples 参数的取值应为 6。

```
calinski_harabasz的最大值为191.591511，对应的eps值为1.20，min_samples值为6
```

图 9-17 calinski_harabasz 的最大值与其对应参数组合

4. 训练与评估模型

扫一扫

训练与评估模型

步骤 1 训练 k 均值聚类模型，参数 n_clusters 的值设置为 3，获取最终聚类中心值与类别标签值，并将其输出。

【参考代码】

```
#训练 k 均值聚类模型
KMeans=KMeans(n_clusters=3,random_state=0)
KMeans.fit(data)
clusterCenters=KMeans.cluster_centers_    #获取最终聚类中心值
labels_KMeans=KMeans.labels_              #获取聚类标签值
print("最终聚类中心为: ")
print(clusterCenters)
print("每类样本对应的类别标签为: ")
print(labels_KMeans)
```

【运行结果】 程序运行结果如图 9-18 所示。

```
最终聚类中心为:
[[7.27205882 4.08029412]
 [8.42944444 8.42027778]
 [3.949      8.18666667]]
每类样本对应的类别标签为:
[2 2 2 2 2 2 2 2 2 2 2 2 2 2 2 2 2 2 2 2 2 2 2 2 2 2 0 0 0 0 0 0
 0 0 0 0 0 0 0 0 0 0 0 0 0 0 0 0 0 0 1 1 1 1 1 1 1 1 1 1 1 1 1
 1 1 1 1 1 1 1 1 1 1 1 1 1 1 1 1 1 1 1 1 1 0 0 0 0]
```

图 9-18　k 均值聚类模型最终聚类中心与模型预测的类别标签

步骤 2 训练凝聚层次聚类模型，参数 n_clusters 的值设置为 3，并输出模型预测的类别标签。

【参考代码】

```
#训练凝聚层次聚类模型
from sklearn.cluster import AgglomerativeClustering
ac=AgglomerativeClustering(n_clusters=3)
labels_ac=ac.fit_predict(data)
print("每类样本对应的类别标签为: ")
print(labels_ac)
```

【运行结果】 程序运行结果如图 9-19 所示。

```
每类样本对应的类别标签为:
[2 1 2 2 2 2 2 2 2 2 2 2 2 2 2 2 2 2 2 2 2 2 2 2 2 2 2 0 0 0 0 0 0
 0 0 0 0 0 0 0 0 0 0 0 0 0 0 0 0 0 1 1 1 1 1 1 1 1 1 1 1 1 1
 1 1 1 1 1 1 1 1 1 1 1 1 1 1 1 1 1 1 1 1 1 0 0 0 0]
```

图 9-19　凝聚层次聚类模型预测的类别标签

步骤 3 训练 DBSCAN 聚类模型，eps 参数的取值为 1.20，min_samples 参数的取值为 6。并输出模型预测的类别标签。

【参考代码】

```
#训练 DBSCAN 聚类模型
db=DBSCAN(eps=1.2,min_samples=6)
db.fit(data)
labels_db=db.labels_
print("每类样本对应的类别标签为: ")
print(labels_db)
```

【运行结果】 程序运行结果如图 9-20 所示。

```
每类样本对应的类别标签为:
[0 0 0 0 0 0 0 0 0 0 0 0 0 0 0 0 0 0 0 0 0 0 0 0 0 0 1 1 1 1 1 1 1
 1 1 1 1 1 1 1 1 1 1 1 1 1 1 1 1 1 1 1 1 1 1 2 2 2 2 2 2 2 2 2 2 2 2
 2 2 2 2 2 2 2 2 2 2 2 2 2 2 2 2 2 2 2 2 1 1 1]
```

图 9-20 DBSCAN 聚类模型预测的类别标签

步骤 4 使用 calinski_harabasz 指数评价法，分别对训练完成的 3 个模型进行评估，并输出每个模型的评估结果。

【参考代码】

```
#分别对训练完成的 3 个模型进行评估
names=['k 均值','凝聚层次','DBSCAN']
labels=[labels_KMeans,labels_ac,labels_db]
for name,label in zip(names,labels):
    score=calinski_harabasz_score(data,label)
    print('%s 聚类模型的 calinski_harabasz 值为: %s'%(name,score))
```

【运行结果】 程序运行结果如图 9-21 所示。可见，k 均值聚类算法与 DBSCAN 聚类算法的 calinski_harabasz 值较接近，其值均大于凝聚层次聚类算法的 calinski_harabasz 值。

```
k均值聚类模型的calinski_harabasz值为: 191.59151118025065
凝聚层次聚类模型的calinski_harabasz值为: 188.10292146791565
DBSCAN聚类模型的calinski_harabasz值为: 191.59151118025062
```

图 9-21 3 个聚类模型的评估结果

5. 显示聚类结果

步骤 1 定义两个列表 colors 与 markers，分别保存各类样本的颜色与样本的形状。

步骤 2 使用 Matplotlib 绘制图像，显示各个模型的聚类结果（k 均值聚类算法要显示其最终的聚类中心点）。

扫一扫

显示聚类结果

【参考代码】

```
#使用 Matplotlib 绘制图像，显示各个模型的聚类结果
colors=['g','r','c','y']
markers=['o','x','+','v']
for j in range(3):
    #绘制聚类结果图
    for i,l in enumerate(labels[j]):
        plt.plot(data[i][0],data[i][1],color=colors[l],
marker=markers[l])
    if j==0:
        #使用倒三角绘制 k 均值模型的聚类中心点
        for i in range(3):
            plt.plot(clusterCenters[i][0],clusterCenters[i][1],
color=colors[3],marker=markers[3])
    plt.rcParams['font.sans-serif']='Simhei'
    plt.xlabel('电影 1 评分')
    plt.ylabel('电影 2 评分')
    plt.title('%s 模型'%names[j])
    plt.show()
```

【运行结果】 程序运行结果如图 9-22 所示。可见，k 均值聚类模型与 DBSCAN 聚类模型的聚类结果较一致，凝聚层次聚类模型中有一个样本（图中用方框框起来的样本）与其他两个模型的聚类结果不同，3 个模型基本上都能达到预期的聚类结果。

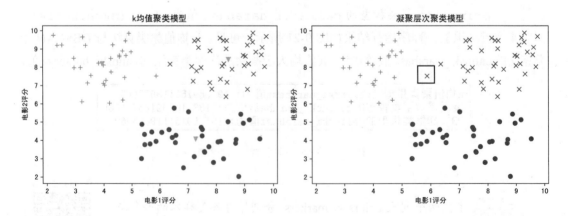

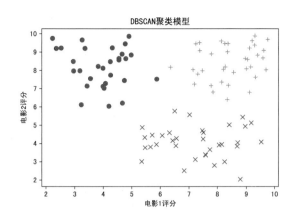

图 9-22 3 个模型的聚类结果

项目实训

1. 实训目的

（1）掌握 Sklearn 中环形数据集与单标签数据集的生成方法。

（2）掌握数据集的合并方法。

（3）掌握 DBSCAN 聚类算法的参数调节方法。

（4）掌握使用 DBSCAN 聚类算法训练模型的方法。

（5）掌握使用 Matplotlib 绘制聚类结果图像的方法。

2. 实训内容

使用 Sklearn 的 make_circles()函数与 make_blobs()函数分别生成一个环形数据集与一个单标签数据集，再将两个数据集合并为一个数据集，然后使用 DBSCAN 聚类算法对合并后的数据集进行聚类，并使用 Matplotlib 绘制图像，显示聚类结果。

（1）启动 Jupyter Notebook，以 Python 3 工作方式新建 Jupyter Notebook 文档，并重命名为"item9-sx.ipynb"。

（2）数据准备。

① 在空白单元格中输入下列代码，分别导入生成环形数据的函数与生成单标签数据的函数。

```
from sklearn.datasets import make_circles        #环形数据
from sklearn.datasets import make_blobs          #单标签数据
```

② 在代码单元格中输入下列代码，分别使用 make_circles()函数与 make_blobs()函数生成相应数据集，要求环形数据集的样本数量为 1 000 个，单标签数据集的样本数量为 100 个。

```
x1,y1=make_circles(n_samples=1000,noise=0.05,factor=0.5,
```

```
random_state=0)                                    #生成环形数据
    x2,y2=make_blobs(n_samples=100,n_features=2,centers=[[1.2,1.2]]
,cluster_std=[[0.1]],random_state=0)               #生成单标签数据
```

③ 在代码单元格中输入下列代码，将两个数据集进行合并。

```
import numpy as np
x=np.concatenate((x1,x2))
```

④ 使用 Matplotlib 绘制图像，显示数据集的散点图。

（3）调节参数。

① 使用 NumPy 库中的 arange()函数生成一个一维数组，指定数组的起始值为 0.01，终止值为 1，步长值为 0.2，并将该数组赋值给变量 eps。

② 定义数组 min_samples，设置其值为 2～20 的整数。

③ 定义 3 个变量，分别命名为 best_score、best_score_eps 和 best_score_min_samples，并将 3 个变量的初始值均设置为 0。

④ 使用 for 循环嵌套语句遍历数组 eps 和 min_samples 中的值，寻找最优的参数组合。

⑤ 使用 calinski_harabasz 指数评价法对各参数组合训练的 DBSCAN 聚类模型进行评估。

⑥ 输出 calinski_harabasz 的最大值与对应参数组合的值。

（4）训练模型。

① 导入 DBSCAN 聚类算法模块，使用最优参数组合训练 DBSCAN 聚类模型。

② 获取模型对每个样本的预测标签值并将其输出。

（5）使用 Matplotlib 绘制图像，显示聚类结果。

① 定义两个列表 colors 与 markers，分别保存各类样本的颜色与样本的形状。要求颜色为绿色、红色和黄色，样本形状为圆形、十字星和倒三角。

② 使用 Matplotlib 绘制图像，显示 DBSCAN 模型的聚类结果。

3. 实训小结

按要求完成实训内容，并将实训过程中遇到的问题和解决办法记录在表 9-9 中。

表 9-9   实训过程

序　号	主要问题	解决办法

项目总结

完成本项目的学习与实践后，请总结应掌握的重点内容，并将图 9-23 的空白处填写完整。

```
                           ┌─────────┐
                           │  聚 类  │
                           └─────────┘

         聚类任务                      k均值聚类算法

   聚类的概念              k 均值聚类算法的基本原理是，给定一个样本数据
聚类是指根据某种特定标准（如距离）把     集，首先随机选择 k 个数据对象作为初始聚类中
一个数据集分割成不同的类或簇，使得同     心，然后计算每个样本点到各聚类中心的距离，将
一个簇中的数据对象的相似性尽可能大，     样本指派到距离最近的簇中，完成第一次聚类；接
不同簇中的数据对象的差异性尽可能大，     下来计算每个簇的平均值点，将计算得到的均值点
即聚类后同类数据尽可能聚到一起，不同     作为新的聚类中心，再计算每个样本点到新的聚类
类数据尽可能分离                      中心的距离，将其指派到距离最近的簇中，完成第
                                   二次聚类。依次往复执行，直到重新计算出的聚类
   距离度量                          中心点不再发生改变，算法结束，得到最终的聚类
   数据的类型                        结果
   连续型数据和离散型数据
   定类数据、定序数据和定距数据          k均值聚类算法的Sklearn实现
   连续型数据的距离度量方法               导入k均值聚类模块的语句为（        ）
   欧式距离公式为（        ）
   曼哈顿距离公式为（        ）        DBSCAN聚类算法
   切比雪夫距离公式为（        ）        DBSCAN聚类算法的基本原理是，对于给定的样本
   离散型数据的距离度量方法              数据集，根据给定的邻域参数ε和MinPts，找出所有
   简单匹配系数公式为（        ）        核心对象，确定核心对象集合。以任一核心对象为
   聚类的类型                        出发点，找出由其密度可达的所有样本，生成聚类
原型聚类、（        ）、（        ）     簇，然后再访问下一个没有使用过的核心对象，直
                                   到所有核心对象均被访问过，算法结束，得到最终
         层次聚类算法                  的聚类结果

层次聚类中AGNES算法的聚类原理是，对于给定的    DBSCAN聚类算法的Sklearn实现
样本数据集，先将数据集中的每个样本看作是一个     导入DBSCAN聚类模块的语句为（        ）
初始聚类簇，然后计算所有样本两两之间的距离，
将距离最近的样本合并成一个簇；接下来重新计算
簇与簇之间的距离，将距离最近的簇进行合并，该
过程不断重复，直到达到预设的聚类簇数目，算法
结束，得到最终的聚类结果
   层次聚类算法的Sklearn实现
   导入自底向上的层次聚类模块的语句
   为（        ）
```

图 9-23　项目总结

项目考核

1. 选择题

（1）当不知道数据所带标签时，可以使用（　　）技术将数据分割成不同的簇。

    A．分类　　　　　B．回归　　　　　C．聚类　　　　D．关联分析

（2）在 Sklearn 中，使用 k 均值聚类算法训练模型时，需要用到（　　）类。

    A．DBSCAN　　　　　　　　　　B．KMeans

    C．AgglomerativeClustering　　　　D．RandomForestRegressor

（3）下列算法中，不属于聚类算法的是（　　）。

    A．KMeans　　　　　　　　　　B．AgglomerativeClustering

    C．DBSCAN　　　　　　　　　　D．随机森林

（4）下列关于聚类的描述，错误的是（　　）。

    A．聚类既可作为一个单独过程来寻找数据内在的分布结构，也可作为分类等其他学习任务的前驱过程

    B．在聚类任务中，通常使用距离作为样本之间差异性的度量标准

    C．k 均值算法、DBSCAN 算法与随机森林算法均属于聚类算法

    D．k 均值算法、DBSCAN 算法与层次聚类算法均属于聚类算法

（5）下列关于聚类算法的描述，错误的是（　　）。

    A．k 均值聚类算法的初始聚类中心点是随机选择的

    B．k 均值聚类算法试图在不同层次上对数据集进行划分，从而形成树形的聚类结构

    C．DBSCAN 聚类算法是密度聚类算法的代表

    D．对于样本集合 D 中的对象 x_i，其 ε-邻域指的是样本集合 D 中与 x_i 的距离不大于 ε 的样本

2. 填空题

（1）在实际应用中，根据聚类算法的不同，可将聚类大致分为＿＿＿＿、＿＿＿＿和＿＿＿＿3 种类型。

（2）写出 3 种连续型数据的距离度量方法＿＿＿＿、＿＿＿＿和＿＿＿＿。

（3）Sklearn 的 cluster 模块提供了＿＿＿＿类，用于实现自底向上的层次聚类算法。

3. 简答题

（1）简述 k 均值聚类算法的流程。

（2）简述层次聚类中 AGNES 算法的流程。

（3）简述 DBSCAN 聚类算法的流程。

项目评价

结合本项目的学习情况，完成项目评价，并将评价结果填入表 9-10 中。

表 9-10 项目评价

评价项目	评价内容	评价分数			
		分值	自评	互评	师评
项目完成度评价（20%）	项目准备阶段，回答问题是否清晰准确，能够紧扣主题，没有明显错误	5 分			
	项目实施阶段，是否能够根据操作步骤完成本项目	5 分			
	项目实训阶段，是否能够出色完成实训内容	5 分			
	项目总结阶段，是否能够正确地将项目总结的空白信息补充完整	2 分			
	项目考核阶段，是否能够正确地完成考核题目	3 分			
知识评价（30%）	是否掌握聚类的概念及距离的度量方法	4 分			
	是否了解聚类的类型	2 分			
	是否掌握 k 均值聚类算法的基本原理及其 Sklearn 实现方法	8 分			
	是否掌握层次聚类算法的基本原理及凝聚层次聚类算法的 Sklearn 实现方法	8 分			
	是否掌握 DBSCAN 聚类算法的基本原理及其 Sklearn 实现方法	8 分			
技能评价（30%）	是否能够使用 k 均值聚类算法、凝聚层次聚类算法和 DBSCAN 聚类算法训练模型	15 分			
	是否能够编写程序，寻找 k 均值聚类模型参数的最优值	7 分			
	是否能够编写程序，寻找 DBSCAN 聚类模型参数的最优值	8 分			
素养评价（20%）	是否遵守课堂纪律，上课精神是否饱满	5 分			
	是否具有自主学习意识，做好课前准备	5 分			
	是否善于思考，积极参与，勇于提出问题	5 分			
	是否具有团队合作精神，出色完成小组任务	5 分			
合计	综合分数_____自评（25%）+互评（25%）+师评（50%）	100 分			
	综合等级_____	指导老师签字_____			
综合评价	最突出的表现（创新或进步）： 还需改进的地方（不足或缺点）：				

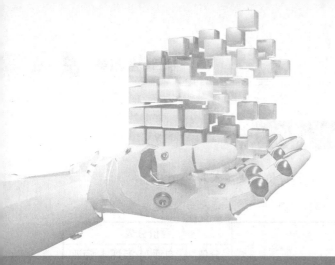

项目 10

使用人工神经网络实现图像识别

📖 项目描述

　　小旌参加了学校举办的校园技术创新大赛，需要训练一个手写数字识别模型，用于快速识别快递单上的手写电话号码。小旌打算使用人工神经网络算法训练该模型，然后使用训练好的模型处理快递单图片。

　　小旌采用的数据集是 MNIST 数据集(见本书配套素材"item10/mnistdata-y"文件夹)，该数据集包含了 4 个二进制流格式的文件，其中，"train-images.idx3-ubyte"和"train-labels.idx1-ubyte"文件分别存放训练集的图像和标签，共 60 000 张；"t10k-images.idx3-ubyte"和"t10k-labels.idx1-ubyte"文件分别存放测试集的图像和标签，共 10 000 张。数据集中每张图片的尺寸都是 28×28 像素，且均为 256 阶灰度图，即每个像素的值都为 0～255；每张图片的标签值为图片中对应的数字，即 0～9。

📝 项目分析

　　按照项目要求，使用人工神经网络算法训练手写数字识别模型的步骤分解如下。

　　第 1 步：数据准备。分别定义加载训练集和测试集的函数 load_mnist_train() 和 load_mnist_test()，并使用这两个函数加载训练集与测试集，然后以 3 行 5 列的形式显示部分图片。

　　第 2 步：数据预处理。使用 preprocessing 模块中的 StandardScaler 方法，分别对训练集和测试集中的数据进行标准化处理。

　　第 3 步：训练与评估模型。构建并训练人工神经网络模型，然后输出模型的评估报告。

　　第 4 步：显示分类结果。首先，创建一个 2 行 4 列的画布；然后，在画布中绘制图像；最后，显示每张图片对应的标签值与预测值。

　　使用人工神经网络算法训练手写数字识别模型，需要先理解人工神经网络的基本原理。本项目将对相关知识进行介绍，包括生物神经元，M-P 神经元模型，感知机，多层感知机，全连接神经网络，神经网络的激活函数，神经网络的训练流程和常用算法，神经网络的 Sklearn 实现，以及深度学习与深度神经网络。

📑 项目准备

　　全班学生以 3～5 人为一组进行分组，各组选出组长，组长组织组员扫码观看"人工神经网络"视频，讨论并回答下列问题。

问题1：人工神经网络是受什么启发创造出来的？

扫一扫

人工神经网络

问题2：什么是人工神经网络？

10.1 人工神经网络的基本原理

人工神经网络（artificial neural network, ANN）又称神经网络或连接模型，是一种模拟人类大脑神经系统结构的机器学习方法。人工神经网络是由若干类似神经元的处理单元相互连接而成的庞大的信息处理系统，是对人脑组织结构和运行机制的抽象、简化和模拟。

10.1.1 生物神经元与神经元模型

1. 生物神经元

人的神经系统是由众多神经元相互连接而成的复杂系统，神经元是神经组织的基本单位。神经元由细胞体和细胞突起组成，如图 10-1 所示。

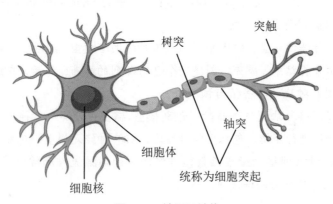

图 10-1　神经元结构

细胞体是神经元的核心，由细胞核和细胞质等组成。细胞突起由树突和轴突组成，树突是神经元的输入，可以接收刺激并将兴奋传递给细胞体；轴突是神经元的输出，可以将自身的兴奋状态从细胞体传送到另一个神经元或其他组织。神经元之间通过树突和轴突的连接点（即突触）连接。通过突触，神经元可以接收其他神经元的刺激，并且发送信号给其他神经元。

神经元有抑制和兴奋两种状态。当神经元处于抑制状态时，轴突并不向外输出信号，当树突中输入的刺激累计达到一定程度，超过某个阈值时，神经元就会由抑制状态转为兴奋状态，同时，通过轴突向其他神经元发送信号。

2. M-P 神经元模型

人们通过对生物神经元的研究，提出了人工神经元模型，人工神经元是神经网络的基本单元。1943 年，神经生理学家沃伦·麦卡洛克和数学家沃尔特·皮兹提出了 M-P 神经元模型，模拟实现了一个多输入单输出的信息处理单元，如图 10-2 所示。

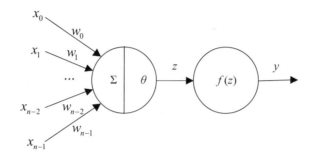

图 10-2 M-P 神经元模型

对于 M-P 神经元模型，它可能同时接收多个输入信号（用 x_i 表示），用于模拟生物神经元的树突，接收来自其他神经元的信号，这些信号的来源不同，对神经元的影响也不同，因此给它们分配了不同的权重 w_i。计算单元模拟生物神经元中的细胞核，对接收到的输入信号加权求和后，与产生神经兴奋的阈值 θ 相减，得到中间值 z，通过激活函数 f（激活函数采用阶跃函数）模拟神经兴奋。例如，当 z 的值小于 0 时，神经元处于抑制状态，输出为 0；当 z 的值大于等于 0 时，神经元被激活，处于兴奋状态，输出为 1。输出 y 模拟生物神经元的轴突，将神经元的输出信号传递给其他神经元。M-P 神经元模型可用如下公式表示。

$$y = f(z) = f\left(\sum_{i=0}^{n-1} w_i x_i - \theta\right)$$

其中，w_i 表示权重，x_i 表示输入信号，θ 表示神经元产生兴奋的阈值。

10.1.2 感知机与神经网络

1. 感知机

感知机也称感知器，是由弗兰克·罗森布拉特于 1957 年提出的。它是最简单的神经网络，是一种广泛使用的线性分类器。

感知机由输入层和输出层两层神经元组成，输入层接收外界输入的多个信号后，会传输给输出层（输出层是 M-P 神经元），由输出层进行数据处理，然后输出分类结果，如图 10-3 所示。其中，x_0，x_1，…，x_{n-1} 为输入信号，y 为输出信号，w_0，w_1，…，w_{n-1} 为权重，b 为神经元的阈值 θ，由于神经元的阈值也是一个可学习的参数，并且是一个常数，因此将其转化为偏置项，显然 $b = -\theta$。

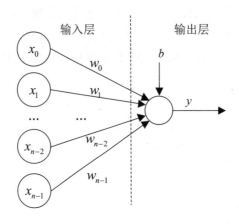

图 10-3 单层感知机模型

当输入信号 x_i 被送往输出层时，输出层神经元对数据进行处理的过程为，输入信号 x_i 乘以各自的权重 w_i 后求和，加上偏置 b，再由激活函数处理得到输出 y，可用如下公式表示。

$$y = f\left(\sum_{i=0}^{n-1} w_i x_i + b\right)$$

2. 多层感知机

感知机模型是一个线性分类器，无法解决非线性分类问题。为此，人们提出了能够解决非线性分类问题的多层感知机模型。

多层感知机模型（multilayer perceptron, MLP）是在感知机模型的输入层和输出层之间加入了若干隐藏层（隐藏层神经元也是拥有激活函数的功能性神经元），以形成能够将样本正确分类的凸域，使得神经网络对非线性情况的拟合程度大大增强，如图 10-4 所示。

图 10-4 是一个具有两个隐藏层的多层感知机模型的拓扑结构，最左边一列称为输入层，最右边一列称为输出层，中间两列称为隐藏层。

多层感知机是一种前馈神经网络，前馈神经网络是一种单向多层的网络结构，数据从输入层开始，逐层向一个方向传递，直到输出层结束，各层之间没有反馈。所谓"前馈"是指输入数据的传播方向为前向，在此过程中，并不调整各层的权重和偏置参数。前馈神经网络是应用最广泛、发展最迅速的人工神经网络之一。

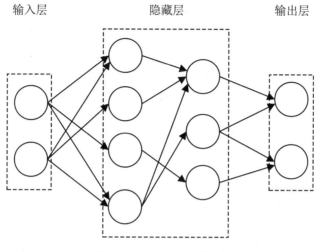

图 10-4　多层感知机模型

指点迷津

在统计神经网络的层数时，输入层一般是不计入层数的。通常将除去输入层的神经网络从左到右依次计数得到的总层数，称为神经网络的最终层数。因此，在图 10-4 中，把输入层记为第 0 层，隐藏层记为第 1 层和第 2 层，输出层记为第 3 层，即图 10-4 是一个 3 层神经网络。

3. 全连接神经网络

与一般的神经网络相比，全连接神经网络是一种特殊的神经网络。全连接指的是前一层与后一层中的节点之间全部连接起来。隐藏层中的全部节点都同时与前一层和后一层的全部节点相连接，从而形成全连接神经网络，如图 10-5 所示。

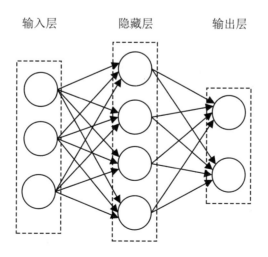

图 10-5　全连接神经网络示例

图 10-5 所示的神经网络中，每一层的每个节点都与后一层的所有节点相连接，而图 10-4 所示的神经网络中，有些节点是与后一层的部分节点相连接，因此，图 10-5 既是前馈神经网络也是全连接神经网络，而图 10-4 是前馈神经网络，却不是全连接神经网络。

4. 神经网络的激活函数

激活函数是一个非线性函数，其作用是去线性化。多层神经网络节点的计算是加权求和，再加上偏置项，是一个线性模型，将这个计算结果传给下一层的节点还是同样的线性模型。只通过线性变换，所有隐藏层的节点就无存在的意义。而加入激活函数，就提供了一个非线性的变换方式，大大提升了模型的表达能力。神经网络中常用的激活函数有 Sigmoid 函数、Tanh 函数和 ReLU 函数等。

（1）Sigmoid 函数的数学表达式为 $\mathrm{Sigmoid}(x) = \dfrac{1}{1 + \mathrm{e}^{-x}}$，其图像如图 10-6 所示。

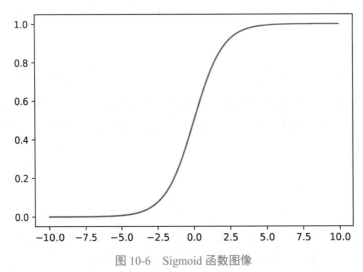

图 10-6　Sigmoid 函数图像

Sigmoid 激活函数在神经网络发展初期经常使用，但近几年，使用 Sigmoid 函数作为激活函数的神经网络已经很少了。原因是神经网络在更新参数时，需要从输出层到输入层逐层进行链式求导，而 Sigmoid 函数的导数输出是 0～0.25 的小数，链式求导需要多层导数连续相乘，这就会出现多个 0 的连续相乘，结果将趋于 0，产生梯度消失，使得参数无法继续更新。另外，Sigmoid 函数存在幂运算，计算复杂度高，训练时间长。

（2）Tanh 函数的数学表达式为 $\mathrm{Tanh}(x) = \dfrac{1 - \mathrm{e}^{-2x}}{1 + \mathrm{e}^{-2x}}$，其图像如图 10-7 所示。

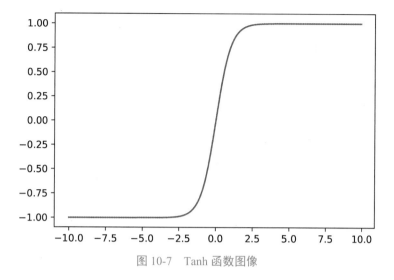

图 10-7　Tanh 函数图像

　　Tanh 函数也是在神经网络中使用较早的激活函数。Tanh 函数将 Sigmoid 函数在 y 轴上进行了拉伸，使其关于坐标原点对称。Tanh 函数的缺点是当自变量很大或很小时，其导数接近于 0，会导致权重更新速度较慢。

　　（3）ReLU 函数的数学表达式为 $\mathrm{ReLU}(x)=\max(x,0)=\begin{cases} x, & x\geqslant 0 \\ 0, & x<0 \end{cases}$ ，其图像如图 10-8所示。

　　可见，ReLU 函数在原点处是不可微的，但由于神经元中的输入经过加权求和后，出现 0 的概率极低，因此，ReLU 函数仍可作为激活函数使用。ReLU 函数无论是前向传播还是反向传播，其速度都比 Sigmoid 函数和 Tanh 函数快很多。

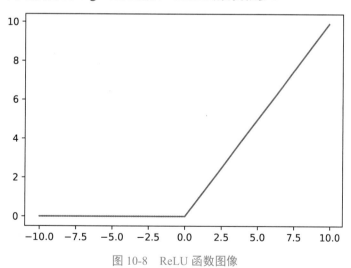

图 10-8　ReLU 函数图像

10.2 神经网络的训练

10.2.1 神经网络的训练流程

神经网络的训练是指从训练数据中自动获取最优参数值的过程，具体流程如下。

（1）神经网络的初始化。初始化权重 w 和偏置 b，得到初始模型。

（2）前向传播。根据给定的输入 x、权重 w 和偏置 b，使用前向传播算法计算得到初始模型的预测值。

（3）计算损失函数。选择合适的损失函数计算预测值与真实值的差距。

（4）反向传播。通过反向传播算法求出权重和偏置的梯度，将权重和偏置沿梯度方向进行更新。

（5）重复步骤（2）～（4），直到达到迭代次数。

10.2.2 前向传播算法

前向传播算法是指神经网络向前计算最后得到预测值的过程。在神经网络中，前向传播是指输入层接收数据，并将数据传递给隐藏层进行处理，数据在隐藏层的每一层依次处理过后，最后传递给输出层进行最后的处理并输出的过程。

图 10-9 所示的两层神经网络中，包含两个节点（x_0 和 x_1）的输入层、3 个节点（z_0、z_1 和 z_2）的隐藏层和两个节点（y_0 和 y_1）的输出层。$w^{(1)}$ 是输入层到隐藏层的权重，$w^{(2)}$ 是隐藏层到输出层的权重；$b^{(1)}$ 和 $b^{(2)}$ 分别是隐藏层和输出层的偏置。

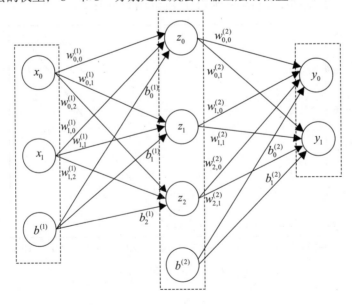

图 10-9 神经网络的前向传播

图 10-9 所示的神经网络结构前向传播过程计算如下。

（1）计算隐藏层的输入：输入层的取值 x_i 与权重 $w^{(1)}$ 的点积，加上对应的偏置 $b^{(1)}$，计算公式如下。

$$S_j = w^{(1)} \cdot x_i + b^{(1)} = \sum_{i=0}^{1} w_{i,j}^{(1)} x_i + b^{(1)}$$

（2）计算隐藏层的输出：对隐藏层的输入 s_j 使用激活函数 $g()$ 进行处理，计算公式如下。

$$z_j = g(s_j) = g\left(\sum_{i=0}^{1} w_{i,j}^{(1)} x_i + b^{(1)} \right)$$

（3）计算输出层的输入：隐藏层的输出 z_j 与权重 $w^{(2)}$ 的点积加上对应的偏置 $b^{(2)}$，计算公式如下。

$$p_k = w^{(2)} \cdot z_j + b^{(2)} = \sum_{j=0}^{2} w_{j,k}^{(2)} g\left(\sum_{i=0}^{1} w_{i,j}^{(1)} x_i + b^{(1)} \right) + b^{(2)}$$

（4）计算输出层的结果：对输出层的输入 p_k 使用激活函数 $f()$ 进行处理，计算公式如下。

$$y_k = f(w^{(2)} \cdot z_j + b^{(2)}) = f\left(\sum_{j=0}^{2} w_{j,k}^{(2)} g\left(\sum_{i=0}^{1} w_{i,j}^{(1)} x_i + b^{(1)} \right) + b^{(2)} \right)$$

可见，神经网络的每层结果之间的关系是嵌套，而不是迭代。

10.2.3　损失函数

损失函数是学习质量的关键，如果使用的损失函数不正确，那么最后很难训练出正确的模型。损失函数的作用是描述模型预测值与真实值的差距大小。损失函数值越小，代表模型得到的结果与真实值的偏差越小，说明模型越精确。神经网络常用的损失函数有均方误差损失函数和交叉熵误差损失函数，用户也可以自定义损失函数。

（1）均方误差损失函数计算的是神经网络的预测值与真实值之差的平方和的均值，一般用于回归问题，其值越小，说明模型越好，它的定义如下。

$$\text{MSE} = \frac{1}{n} \sum_{i=0}^{n-1} [y_i - f(x_i)]^2$$

其中，y_i 为第 i 个样本的真实值，$f(x_i)$ 为第 i 个样本的预测值，n 为样本量。

（2）交叉熵误差损失函数常用于解决分类问题的神经网络，其值越小，代表预测结果越准确。交叉熵误差损失函数的定义如下。

$$CEE = -\sum_{i=0}^{n-1} \{y_i \ln[f(x_i)]\}$$

其中，y_i 为第 i 个样本的真实值，$f(x_i)$ 为第 i 个样本的预测值，n 为样本量。

10.2.4 反向传播算法

神经网络前向传播时，输入信号经输入层输入，通过隐藏层的计算由输出层输出。此时，将输出值与真实值相比较，如果有误差，使用梯度下降算法对神经元的权重和偏置进行反馈和调节，将误差"分摊"给输出层和隐藏层的各神经元，从而获得各神经元的误差值，再以误差值为依据更新各神经元权重和偏置，这种算法称为反向传播（back propagation，BP）算法，使用反向传播算法训练的网络称为 BP 神经网络。

反向传播过程完成后，输入信号再次由输入层输入网络，重复上述过程，直到网络输出的误差减小到可以接受的程度。通过学习，神经网络记忆了所学样本的特征，当输入未学习过的样本时，神经网络就能输出合适的结果。

指点迷津

反向传播算法的本质是链式求导法则。利用链式求导法则，将误差一步步由神经网络输出层向输入层进行传递，再利用梯度下降算法计算每个神经元的权重参数对损失函数值的影响并调整参数的大小。

素养之窗

ChatGPT（Chat Generative Pre-trained Transformer）自 2022 年 11 月 30 日发布后，迅速在社交媒体上走红，短短 5 天，注册用户数就超过了 100 万。

ChatGPT 是人工智能研究实验室 OpenAI 发布的一款人工智能技术驱动的自然语言处理工具。它能够通过学习和理解人类的语言来进行对话，还能根据聊天的上下文进行互动，甚至能完成撰写邮件、视频脚本、文案、论文等任务。

ChatGPT 还可以按照预先设计的道德准则，对不怀好意的提问和请求"说不"。一旦发现用户给出的文字提示里含有恶意（包括但不限于暴力、歧视、犯罪等意图），都会拒绝提供有效答案。

10.3 神经网络的 Sklearn 实现

10.3.1 Sklearn 中的神经网络模块

Sklearn 的 neural_network 模块提供了 MLPClassifier 类，用于实现多层感知机（神经网络）分类算法。在 Sklearn 中，可通过下面语句导入 MLPClassifier 算法模块。

```
from sklearn.neural_network import MLPClassifier
```

MLPClassifier 类有如下几个参数。

（1）参数 hidden_layer_sizes 用于指定隐藏层的层数和每层的节点数。该参数值是一个元组，元组的长度表示隐藏层的层数，元组的值表示每层的节点数。例如，(20,30) 表示隐藏层有两层，第一层有 20 个神经元（节点），第二层有 30 个神经元。该参数的默认值为 100。

（2）参数 activation 用于指定激活函数的类型，取值有 4 种，分别为 identity、logistic（Sigmoid 激活函数）、tanh 和 relu，默认值为 relu。其中，identity 表示激活函数为 $g(x)=x$，等价于不使用激活函数。

（3）参数 solver 用于指定损失函数的优化方法，取值有 3 种，分别为 lbfgs、sgd 和 adam，默认值为 adam。lbfgs 表示拟牛顿法，对小数据集来说，lbfgs 收敛更快，效果更好；sgd 表示使用随机梯度下降法进行优化；adam 是一种随机梯度最优化算法，对于较大规模的数据集，这种算法效果相对较好。

（4）参数 alpha 表示正则化项的系数，默认值为 0.0001。

（5）参数 max_iter 表示训练过程的最大迭代次数，默认值为 200。

（6）参数 learning_rate_init 表示初始学习率，用于控制更新权重的步长，只有当参数 solver 的取值为 sgd 或 adam 时，该参数才有效。

10.3.2 神经网络的应用举例

【例 10-1】 使用神经网络算法对 Sklearn 自带的鸢尾花数据集进行分类。

【程序分析】 使用神经网络算法对鸢尾花数据集进行分类的步骤如下。

（1）导入鸢尾花数据集，选取花瓣长度与花瓣宽度作为特征变量，并对数据集进行标准化处理。

【参考代码】

```
#导入鸢尾花数据集
from sklearn.datasets import load_iris
from sklearn.preprocessing import StandardScaler
                                #导入数据预处理类
from sklearn.model_selection import train_test_split
#提取花瓣长度与花瓣宽度作为特征变量
x1,y=load_iris().data[:,2:4],load_iris().target
#数据标准化处理
scaler=StandardScaler().fit(x1)    #数据标准化
x=scaler.transform(x1)             #转换数据集
#拆分数据集
```

```
x_train,x_test,y_train,y_test=train_test_split(x,y,
random_state=1,test_size=50)
```

（2）使用神经网络算法训练模型并输出模型评估报告。

【参考代码】

```
from sklearn.neural_network import MLPClassifier
from sklearn.metrics import classification_report
#模型训练
model=MLPClassifier(solver='lbfgs',activation='logistic',
max_iter=1000,random_state=1)
model.fit(x_train,y_train)
#模型评估
re=classification_report(y_test,model.predict(x_test))
print('模型评估报告: ')
print(re)
```

【运行结果】 程序运行结果如图 10-10 所示。可见，神经网络模型给出了较高的预测准确率。

```
模型评估报告:
              precision    recall  f1-score   support

           0       1.00      1.00      1.00        17
           1       0.95      1.00      0.97        19
           2       1.00      0.93      0.96        14

    accuracy                           0.98        50
   macro avg       0.98      0.98      0.98        50
weighted avg       0.98      0.98      0.98        50
```

图 10-10　神经网络模型评估报告

（3）使用 Matplotlib 绘制分类界面，显示分类结果。

【参考代码】

```
import matplotlib.pyplot as plt
from matplotlib.colors import ListedColormap
import numpy as np
#绘制分割区域
x_min,x_max=x[:,0].min()-1,x[:,0].max()+1      #寻找横坐标的范围
y_min,y_max=x[:,1].min()-1,x[:,1].max()+1      #寻找纵坐标的范围
#在特征范围内以步长为0.02预测每个点的输出结果
x1,x2=np.meshgrid(np.arange(x_min,x_max,0.02),
np.arange(y_min,y_max,0.02))
```

```
Z=model.predict(np.c_[x1.ravel(),x2.ravel()])
                        #预测测试点的值(np.c_用于连接两个矩阵)
Z=Z.reshape(x1.shape)
iris_cmap=ListedColormap(["#ACC6C0","#FF8080","#A0A0FF"])
                        #设置分类界面的颜色
plt.pcolormesh(x1,x2,Z,cmap=iris_cmap)    #绘制分类界面
#绘制散点图
plt.scatter(x[:,0],x[:,1],c=y)
#设置坐标轴的名称并显示图形
plt.rcParams['font.sans-serif']='Simhei'#中文文字设置为黑体
plt.rcParams['axes.unicode_minus']=False
                        #解决负号显示不正常的问题
plt.xlabel('花瓣长度')                    #图形横轴的标签名称
plt.ylabel('花瓣宽度')                    #图形纵轴的标签名称
plt.show()
```

【运行结果】   程序运行结果如图 10-11 所示。

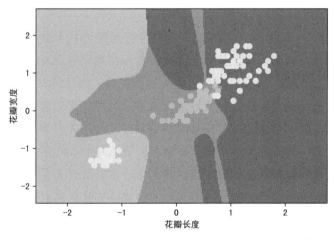

图 10-11   神经网络模型的分类结果

10.4 深度学习与深度神经网络

10.4.1   深度学习与深度神经网络概述

深度学习是与浅层学习对应的概念,数据处理层(隐藏层)层数较少的神经网络称为浅层神经网络,感知机模型即为浅层学习模型。深度神经网络(deep neural_network, DNN)

是指包含很多隐藏层的神经网络，基于此类模型的机器学习被称为深度学习。深度学习的代表算法有卷积神经网络（convolutional neural network, CNN）和循环神经网络（recurrent neural network, RNN）。

深度神经网络提供了一种简单的学习机制，即直接学习输入与输出的关系，通常把这种机制称为端到端学习。端到端学习并不需要人工定义特征或者进行过多的先验性假设，所有的学习过程都是由一个模型完成的。从外面看，这个模型只是建立了一种输入到输出的映射，而这种映射具体是如何形成的完全由模型的结构和参数决定。

端到端学习使机器学习不再像传统模型那样，需要经过繁琐的数据预处理、特征选择、降维等过程，而是直接利用神经网络自动从简单特征中提取、组合更复杂的特征，大大提升了模型的能力和效率。例如，使用传统方法进行图像分类时，需要经过多个阶段的处理，如提取手工设计的图像特征、降维、使用 SVM 等算法训练模型等，而端到端学习只需要训练一个神经网络，输入是图片的像素值，输出直接是分类类别。

端到端学习将人们从大量的特征提取工作中解放出来，可以不需要太多的先验知识。从某种意义上讲，对问题的特征提取完全是自动完成的，这意味着哪怕不是该任务的"专家"，也可以完成相关系统的开发。

📖 拓展阅读

深度学习起源于 2006 年，辛顿使用逐层学习策略对样本数据进行训练，获得了一个效果较好的深度神经网络，打破了深度神经网络难以被训练的局面。与此同时，在计算机硬件技术领域，基于 CUDA（统一计算架构）的通用 GPU（图像处理单元）大大提升了开放性和通用性，能够很好地满足多层神经网络训练的高速度、大规模矩阵运算的需要，为较深层次的神经网络模型的训练提供了良好的硬件计算能力支撑。

从应用角度看，数据量的快速提升和模型容量的增加也为深度学习的成功提供了条件，数据量的增加使得深度学习有了用武之地，使得通过大量样本训练构造深层次复杂神经网络解决复杂现实问题成为可能，人们将研究重点转向具有较深层次的神经网络模型，并由此产生了很多深度学习的相关理论和方法。

10.4.2 深度学习的主流框架 TensorFlow

TensorFlow 是一款由 Google 公司推出的开源框架，是目前使用较为广泛的深度学习框架之一，其前身是 Google 公司的神经网络算法库 DistBelief。它拥有全面而灵活的生态系统，包含各种工具、库和社区资源，被广泛应用于各类机器学习算法的编程实现。

TensorFlow 成为较受欢迎的深度学习库，其原因如下：① 任何深度学习网络都由 4 个重要部分组成，分别为数据集、定义网络结构模型、训练和预测，这些都可以在 TensorFlow

中实现；② TensorFlow 可以执行大规模的数值计算，如矩阵乘法或自动微分，这两个计算是实现深度学习所必须的；③ TensorFlow 在后端使用 C/C++，使得计算速度更快。

在 TensorFlow 中一般使用高级深度学习库 Keras 进行编程。Keras 是基于 TensorFlow 的深度学习库，是由 Python 编写而成的高层神经网络 API，是为了支持快速实践而对 TensorFlow 的再次封装，它使得开发者不用过多关注细节，就能够快速把想法转化为结果。

项目实施——基于神经网络的手写数字识别

1. 数据准备

步骤 1 定义一个加载训练集的函数 load_mnist_train()。

步骤 2 定义一个加载测试集的函数 load_mnist_test()。

扫一扫

数据准备

高手点拨

MNIST 数据集为二进制流格式的文件，在读取文件时，会用到如下函数。

（1）struct 库中的 unpack('>II',lbpath.read(8)) 函数用于对二进制流格式的文件进行解包，其返回值是一个由解包数据组成的元组。其中，参数中的 ">" 表示高位在前，"I" 表示 32 位整型数据（"II" 即为 64 位），"lbpath.read(8)" 表示每次从文件中读取 8 个字节。

（2）Numpy 库中的 fromfile(lbpath,dtype=np.uint8) 函数可用于从文件中读取数组，其中，第一个参数表示要读取的文件的名称；第二个参数表示数据类型，uint8 类型专门用于存储各种图像数据。

步骤 3 分别调用 load_mnist_train() 函数和 load_mnist_test() 函数加载数据集。

步骤 4 以 3 行 5 列的形式显示部分图片。

指点迷津

开始编写程序前，须将本书配套素材 "item10/mnistdata-y" 文件夹复制到当前工作目录中，也可将数据文件放于其他盘，如果放于其他盘，读取数据文件时要指定路径。

【参考代码】

```
import numpy as np
import struct
import matplotlib.pyplot as plt
#定义加载训练数据集的函数
```

```
    def load_mnist_train():
        labels_path='../item10/mnistdata-y/train-labels.idx1-ubyte'
        image_path='../item10/mnistdata-y/train-images.idx3-ubyte'
        with open(labels_path,'rb')as lbpath:
            magic,n=struct.unpack('>II',lbpath.read(8))
            labels=np.fromfile(lbpath,dtype=np.uint8)
        with open(image_path,'rb')as imgpath:
            magic,num,rows,cols=struct.unpack('>IIII',
imgpath.read(16))
            images=np.fromfile(imgpath,dtype=np.uint8)
.reshape(len(labels),784)
        return images,labels
    #定义加载测试数据集的函数
    def load_mnist_test():
        labels_path='../item10/mnistdata-y/t10k-labels.idx1-ubyte'
        image_path='../item10/mnistdata-y/t10k-images.idx3-ubyte'
        with open(labels_path,'rb')as lbpath:
            magic,n=struct.unpack('>II',lbpath.read(8))
            labels=np.fromfile(lbpath,dtype=np.uint8)
        with open(image_path,'rb')as imgpath:
            magic,num,rows,cols=struct.unpack('>IIII',imgpath
.read(16))
            images=np.fromfile(imgpath,dtype=np.uint8)
.reshape(len(labels),784)
        return images,labels
    #加载数据集
    train_images,train_labels=load_mnist_train()
    test_images,test_labels=load_mnist_test()
    #显示图片
    fig,ax=plt.subplots(3,5)
    for i,axi in enumerate(ax.flat):
        axi.imshow(train_images[i].reshape(28,28),cmap='bone')
        axi.set(xticks=[],yticks=[])
    plt.show()
```

【运行结果】 程序运行结果如图 10-12 所示。可见，数据集加载成功。

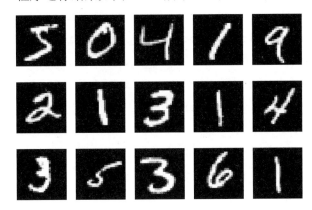

图 10-12 MNIST 数据集（部分）

2. 数据预处理

数据预处理

步骤 **1** 导入 preprocessing 模块中的 StandardScaler 方法。

步骤 **2** 分别对训练集和测试集中的数据进行标准化处理。

【参考代码】

```
from sklearn.preprocessing import StandardScaler
#训练集数据标准化处理
x=StandardScaler().fit_transform(train_images)
x_train=x[0:60000]
y_train=train_labels[0:60000]
#测试集数据标准化处理
x=StandardScaler().fit_transform(test_images)
x_test=x[0:10000]
y_test=test_labels[0:10000]
```

3. 训练与评估模型

步骤 **1** 导入 neural_network 模块中的神经网络算法 MLPClassifier。

步骤 **2** 构建神经网络模型。手写数字识别神经网络模型包括一个输入层、两个隐藏层和一个输出层。由于 MNIST 数据集中每张图片的尺寸都是 28×28 像素，且共有 10 个类别，故输入层神经元为 784 个，输出层神经元为 10 个；两个隐藏层的神经元均设置为 10 个，故参数 hidden_layer_sizes 应设置为(10,10)。

训练与评估模型

步骤 **3** 使用训练数据集对神经网络模型进行训练。

步骤 **4** 导入 classification_report（模型评估报告）模块，对训练完成的模型进行评估并输出模型的评估报告。

【参考代码】

```
from sklearn.neural_network import MLPClassifier
from sklearn.metrics import classification_report
model=MLPClassifier(hidden_layer_sizes=(10,10),activation='relu',
solver='sgd',learning_rate_init=0.001,max_iter=500,random_state=1)
model.fit(x_train,y_train)
#模型评估
pred=model.predict(x_test)
re=classification_report(y_test,pred)
print('模型评估报告: ')
print(re)
```

【运行结果】　程序运行结果如图 10-13 所示。可见，模型的预测准确率为 94%，读者也可以自行调节参数以得到更高的预测准确率。

```
模型评估报告:
              precision    recall   f1-score   support

           0      0.94      0.97      0.96       980
           1      0.98      0.98      0.98      1135
           2      0.92      0.91      0.92      1032
           3      0.93      0.93      0.93      1010
           4      0.93      0.94      0.94       982
           5      0.91      0.92      0.91       892
           6      0.95      0.95      0.95       958
           7      0.95      0.93      0.94      1028
           8      0.91      0.89      0.90       974
           9      0.92      0.92      0.92      1009

    accuracy                          0.94     10000
   macro avg      0.93      0.93      0.93     10000
weighted avg      0.94      0.94      0.94     10000
```

图 10-13　模型评估报告

4. 显示分类结果

步骤 1　创建一个 2 行 4 列的画布。

步骤 2　使用 randint()函数生成随机数 t，将 t 作为测试集的下标，即可随机选取测试集中的图片。

步骤 3　使用 imshow()函数在画布中绘制图像。

步骤 4　显示每张图片对应的标签值与预测值。

扫一扫

显示分类结果

【参考代码】

```
fig,ax=plt.subplots(2,4)           #创建一个 2 行 4 列的画布
for i,axi in enumerate(ax.flat):
    #生成随机整数 t 作为测试集的下标，可随机选取测试集中的图片
    t=np.random.randint(1,10000)
```

```
        axi.imshow(x_test[t].reshape(28,28),cmap='bone')
        axi.set(xticks=[],yticks=[])
        axi.set_xlabel("标签值: "+str(y_test[t])+"\n预测值: "
+str(pred[t]))                                    #显示预测值与标签（真实）值
    plt.rcParams['font.sans-serif']='Simhei'
    plt.show()
```

【运行结果】　程序运行结果如图 10-14 所示。

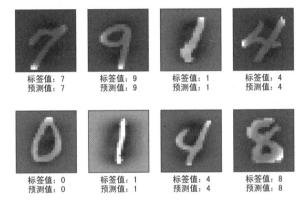

图 10-14　模型预测结果（部分）

指点迷津

由于程序中用到了随机数生成函数 randint()，每次运行程序时，生成的数据不同，选取的样本也就不同，故显示出来的图片也会有差异。

项目实训

1. 实训目的

（1）掌握 Sklearn 自带的数据集的导入方法。

（2）掌握数据预处理的方法。

（3）掌握使用神经网络算法训练分类模型的方法。

2. 实训内容

Sklearn 库中有一个手写数字数据集，通过函数 load_digits() 即可调用。该数据集共有 1 797 张手写数字图片，每张图片的尺寸都是 8×8 像素，且均为 256 阶灰度图，即每个像素的值为 0～255，每张图片的标签值为图片中对应的数字，即 0～9。要求使用 Sklearn 自带的手写数字数据集训练神经网络模型，并显示模型的分类结果。

（1）启动 Jupyter Notebook，以 Python 3 工作方式新建 Jupyter Notebook 文档，并重命名为"item10-sx.ipynb"。

（2）数据准备。

① 在代码单元格中输入下列代码，导入手写数字数据集。

```
from sklearn.datasets import load_digits
```

② 定义两个变量 x 和 y，分别存放数据和标签值。

③ 使用 Matplotlib 绘制图像，以 3 行 5 列的形式显示部分数据集。

（3）数据预处理。

① 导入 preprocessing 模块中的 StandardScaler 方法。

② 使用 StandardScaler 方法对数据进行标准化处理。

（4）训练与评估模型。

① 导入 train_test_split 方法，将数据集拆分为训练集与测试集，要求测试集比例为 20%。

② 导入 neural_network 模块中的神经网络算法 MLPClassifier。

③ 构建神经网络模型。手写数字识别神经网络模型包括一个输入层、两个隐藏层和一个输出层，要求两个隐藏层的神经元数目均为 10 个。

④ 训练神经网络模型。

⑤ 导入 classification_report（模型评估报告）模块，对训练完成的模型进行评估并输出模型的评估报告。

（5）显示分类结果。

① 创建一个 2 行 5 列的画布。

② 使用 randint() 函数生成随机数 t，将 t 作为测试集的下标，用于随机选取测试集中的图片。

③ 使用 imshow() 函数在画布中绘制图像，要求图像尺寸为 8×8 像素。

④ 显示每张图片对应的标签值与预测值。

⑤ 设置图像中文显示为"黑体"。

⑥ 显示最终生成的图像。

3. 实训小结

按要求完成实训内容，并将实训过程中遇到的问题和解决办法记录在表 10-1 中。

表 10-1　实训过程

序　号	主要问题	解决办法

项目总结

完成本项目的学习与实践后，请总结应掌握的重点内容，并将图 10-15 的空白处填写完整。

使用人工神经网络实现图像识别

- **人工神经网络的基本原理**
  - 生物神经元与神经元模型
  - 感知机与神经网络
    - 感知机由输入层和输出层两层神经元组成，输入层接收外界输入的多个信号后，会传输给输出层（输出层是M-P神经元），由输出层进行数据处理，然后输出分类结果
    - 多层感知机模型在感知机模型的输入层和输出层之间加入了若干隐藏层，使得神经网络对非线性情况的拟合程度大大增强
    - 全连接神经网络指的是前一层与后一层中的节点之间全部连接起来。隐藏层中的全部节点都同时与前一层和后一层的全部节点相连接
  - 神经网络的激活函数
    - Sigmoid函数的数学表达式为（   ）
    - Tanh函数的数学公式为（   ）
    - ReLU函数的数学公式为（   ）
- **神经网络的Sklearn实现**
  - Sklearn中的神经网络模块
  - 导入神经网络算法（MLPClassifier）的语句为（   ）
  - 神经网络的应用举例
- **神经网络的训练**
  - 神经网络的训练流程
  - 前向传播算法
    - 前向传播算法是指神经网络向前计算最后得到预测值的过程
  - 损失函数
    - 均方误差损失函数的计算公式为（   ）
    - 交叉熵误差损失函数的计算公式为（   ）
  - 反向传播算法
    - 神经网络前向传播时，输入信号经输入层输入，通过隐藏层的计算由输出层输出。此时，将输出值与真实值相比较，如果有误差，使用梯度下降算法对神经元的权重和偏置进行反馈和调节，将误差"分摊"给输出层和隐藏层的各神经元，从而获得各神经元的误差值，以误差值为依据更新各神经元权重和偏置，这种算法称为反向传播算法
- **深度学习与深度神经网络**
  - 深度学习与深度神经网络概述
    - 深度神经网络是指包含很多隐藏层的神经网络，基于此类模型的机器学习被称为深度学习
  - 深度学习的主流框架TensorFlow

图 10-15　项目总结

项目考核

1. 选择题

（1）使用神经网络算法训练模型时，如果训练数据集中的类别标签有 4 个，则神经网络模型的输出层应有（   ）个节点。

  A. 4   B. 3   C. 2   D. 1

（2）深度神经网络是在浅层神经网络的基础上增加了（   ）。

  A. 隐藏层的节点数   B. 隐藏层的层数

  C. 输入层的节点数   D. 输入层的层数

（3）在多层神经网络中，输入层可以有（   ）层。

  A. 1   B. 2

  C. 无限   D. 以上均正确

（4）下列语句中，神经网络模型的隐藏层有（   ）个神经元。

```
model=MLPClassifier(hidden_layer_sizes=(128),
learning_rate_init=0.001,max_iter=1000)
```

  A. 126   B. 127   C. 1000   D. 128

（5）关于单层神经网络与多层神经网络的说法中，错误的是（   ）。

  A. 单层神经网络与多层神经网络都需要用到激活函数

  B. 多层神经网络可以解决线性不可分的问题

  C. 多层神经网络可以有一个或者多个隐藏层

  D. 单层神经网络只可以有一个隐藏层

2. 填空题

（1）多层神经网络由输入层、_____和输出层组成。

（2）神经网络中常用的激活函数有_____、Tanh 函数和 ReLU 函数等。

（3）Sklearn 的 neural_network 模块提供了_____类，用于实现多层感知机（神经网络）分类算法。

3. 简答题

（1）什么是前馈神经网络？

（2）简述神经网络的训练流程。

项目评价

结合本项目的学习情况，完成项目评价，并将评价结果填入表 10-2 中。

表 10-2　项目评价

评价项目	评价内容	评价分数			
		分值	自评	互评	师评
项目完成度评价（20%）	项目准备阶段，回答问题是否清晰准确，能够紧扣主题，没有明显错误	5 分			
	项目实施阶段，是否能够根据操作步骤完成本项目	5 分			
	项目实训阶段，是否能够出色完成实训内容	5 分			
	项目总结阶段，是否能够正确地将项目总结的空白信息补充完整	2 分			
	项目考核阶段，是否能够正确地完成考核题目	3 分			
知识评价（30%）	是否掌握 M-P 神经元模型、感知机模型、多层感知机模型、前馈神经网络和全连接神经网络的基本结构	10 分			
	是否掌握神经网络中常用激活函数的定义及其作用	5 分			
	是否掌握神经网络的训练流程和常用算法	10 分			
	是否掌握神经网络算法的 Sklearn 实现方法	3 分			
	是否对深度学习与深度神经网络有所了解	2 分			
技能评价（30%）	是否能够使用神经网络算法训练模型	15 分			
	是否能够调节神经网络模型的参数	15 分			
素养评价（20%）	是否遵守课堂纪律，上课精神是否饱满	5 分			
	是否具有自主学习意识，做好课前准备	5 分			
	是否善于思考，积极参与，勇于提出问题	5 分			
	是否具有团队合作精神，出色完成小组任务	5 分			
合计	综合分数_____自评（25%）+互评（25%）+师评（50%）	100 分			
	综合等级_____	指导老师签字_____			
综合评价	最突出的表现（创新或进步）： 还需改进的地方（不足或缺点）：				

应用篇

YING YONG PIAN

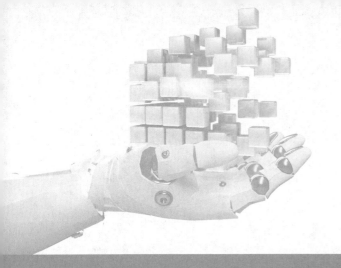

项目 11

真假钞票鉴别

项目目标

知识目标

- 掌握机器学习项目的实施流程。
- 掌握机器学习项目中数据导入、数据探索与数据可视化的处理方法。
- 掌握逻辑回归、k近邻、高斯朴素贝叶斯、决策树、支持向量机、随机森林和神经网络算法的 Sklearn 实现方法。

技能目标

- 能够使用逻辑回归、k近邻、高斯朴素贝叶斯、决策树、支持向量机、随机森林和神经网络算法训练模型。
- 能够针对特定数据集，选择合适的机器学习算法。

素养目标

- 加强对时代发展的了解，提升工作能力、组织能力和创新能力。
- 掌握新技术，努力成为集智能型、创造型、复合型和社会型等多种素养于一体的全方位型人才。

项目描述

真假钞票的鉴别方法有很多，如借助放大镜观察钞票表面的线条清晰度、用手触摸钞票等，这些方法都需要积累一定的经验，对于不常与钞票打交道的人来说，很难实现。于是，小旌想运用科学的方法来解决此问题，他打算使用机器学习算法训练一个能够鉴别真假钞票的模型，然后使用该模型进行鉴别。

小旌采用的数据集是钞票鉴别数据集（见本书配套素材 "item11/data_banknote_authentication.txt" 文件），该数据集共有 1 372 条数据，每条数据包含 4 个特征变量和 1 个类别标签。其中，特征变量为 variance、skewness、kurtosis 和 entropy（特征变量由真钞和假钞样本图片经小波变换提取得到），分别表示图片经小波变换后的方差、偏度（偏度用于统计数据偏斜方向和程度）、峰度（峰度用于描述概率密度分布曲线在平均值处峰值的高低）和熵（图片的平均信息量）；类别标签表示钞票所属的类别，1 表示真钞，0 表示假钞，部分数据如表 11-1 所示。

表 11-1 钞票鉴别数据集（部分）

variance	skewness	kurtosis	entropy	class
3.6216	8.6661	−2.8073	−0.44699	0
4.5459	8.1674	−2.4586	−1.4621	0
3.866	−2.6383	1.9242	0.10645	0
3.4566	9.5228	−4.0112	−3.5944	0
0.32924	−4.4552	4.5718	−0.9888	0
…	…	…	…	…
0.40614	1.3492	−1.4501	−0.55949	1
−1.3887	−4.8773	6.4774	0.34179	1
−3.7503	−13.4586	17.5932	−2.7771	1
−3.5637	−8.3827	12.393	−1.2823	1
−2.5419	−0.65804	2.6842	1.1952	1

畅所欲言

请查阅相关资料，讨论什么是小波变换。

项目分析

按照项目要求，训练真假钞票鉴别模型的步骤分解如下。

第 1 步：数据导入。使用 Pandas 读取钞票鉴别数据并为数据集指定列名称，然后将数据集进行输出。

第 2 步：数据探索。通过类别标签 class 对数据集进行分组，得到真钞样本与假钞样本在数据集中的数目，然后对数据集中的数据进行统计，获取样本数量、样本均值、标准差、最小值、下四分位数、中位数、上四分位数和最大值等信息。

第 3 步：数据可视化。首先，绘制直方图，显示样本数据各个特征的分布情况；然后，绘制箱形图，了解各特征数据的分散情况；最后，绘制散点图，探索样本数据两两特征之间的关系。

第 4 步：算法评估。分别使用逻辑回归、k 近邻、高斯朴素贝叶斯、决策树、支持向量机、随机森林和神经网络算法搭建模型，并使用交叉验证法评估每个模型的预测准确率。

第 5 步：训练与评估模型。选择最优模型，使用训练集进行训练，然后使用测试集进行评估，并输出模型的评估报告。

第 6 步：预测新数据。使用训练完成的模型对新数据进行鉴别，并输出其鉴别结果。

项目准备

全班学生以 3~5 人为一组进行分组，各组选出组长，组长组织组员扫码观看"数据分析基本流程"视频，讨论并回答下列问题。

问题 1：什么是数据分析？

问题 2：画出数据分析的流程图。

扫一扫

数据分析基本流程

项目实施——真假钞票鉴别

1. 数据导入

步骤 **1** 导入 Pandas 库。

步骤 **2** 读取钞票鉴别数据并为数据集指定列名称为 variance、skewness、kurtosis、entropy 和 class。

步骤 **3** 输出钞票鉴别数据集。

扫一扫

数据导入

指点迷津

> 开始编写程序前，须将本书配套素材"item11/data_banknote_authentication.txt"文件复制到当前工作目录中，也可将数据文件放于其他盘，如果放于其他盘，使用 Pandas 读取数据文件时要指定路径。

【参考代码】

```
import pandas as pd
names=['variance','skewness','kurtosis','entropy','class']
dataset=pd.read_csv('data_banknote_authentication.txt',
delimiter=',',names=names)
print('钞票鉴别数据集')
print(dataset)
```

【运行结果】 程序运行结果如图 11-1 所示。可见，数据集导入成功。

```
钞票鉴别数据集
        variance  skewness  kurtosis  entropy  class
0        3.62160   8.66610   -2.8073  -0.44699     0
1        4.54590   8.16740   -2.4586  -1.46210     0
2        3.86600  -2.63830    1.9242   0.10645     0
3        3.45660   9.52280   -4.0112  -3.59440     0
4        0.32924  -4.45520    4.5718  -0.98880     0
...          ...       ...       ...       ...   ...
1367     0.40614   1.34920   -1.4501  -0.55949     1
1368    -1.38870  -4.87730    6.4774   0.34179     1
1369    -3.75030 -13.45860   17.5932  -2.77710     1
1370    -3.56370  -8.38270   12.3930  -1.28230     1
1371    -2.54190  -0.65804    2.6842   1.19520     1
```

图 11-1 钞票鉴别数据集

扫一扫

数据探索

2. 数据探索

步骤 **1** 通过类别标签 class 对数据集进行分组，得到真钞样本与假钞样本在数据集中的数目。

【参考代码】

```
print(dataset.groupby('class').size())  #groupby()函数用于对数据进行分组
```
据进行分组，size()函数用于获取真钞样本与假钞样本在数据集中的数目

【运行结果】 程序运行结果如图 11-2 所示。可见，数据集中"0"所代表的假钞样本数略多于"1"所代表的真钞样本数，数据分布基本处于均衡状态。

```
class
0    762
1    610
dtype: int64
```

图 11-2　数据分组结果

高手点拨

在很多实际的分类项目中，训练数据的分布是不均衡的（训练数据不均衡指训练集中从属于不同类别的样本数目相差很大），这会对训练结果造成很大的影响。

一般而言，若数据集中样本数据类别不均衡的比例超过 1∶4，则通过该数据集训练出的模型很可能无法满足预测准确性要求。针对这个问题，可采用如下解决方案：① 扩充数据集，增加小类样本的数量，如果数据获取有困难，可考虑更新数据集的采样规则，对小类样本进行过采样，对大类样本进行欠采样；② 增加人造数据，减少由训练数据不均衡带来的影响。

步骤 2 使用 describe() 函数对数据集中的数据进行统计，获取样本数量、样本均值、标准差、最小值、下四分位数、中位数、上四分位数和最大值等信息。

【参考代码】

```
print(dataset.describe())
```

【运行结果】 程序运行结果如图 11-3 所示。

	variance	skewness	kurtosis	entropy	class
count	1372.000000	1372.000000	1372.000000	1372.000000	1372.000000
mean	0.433735	1.922353	1.397627	-1.191657	0.444606
std	2.842763	5.869047	4.310030	2.101013	0.497103
min	-7.042100	-13.773100	-5.286100	-8.548200	0.000000
25%	-1.773000	-1.708200	-1.574975	-2.413450	0.000000
50%	0.496180	2.319650	0.616630	-0.586650	0.000000
75%	2.821475	6.814625	3.179250	0.394810	1.000000
max	6.824800	12.951600	17.927400	2.449500	1.000000

图 11-3　数据集信息统计

3. 数据可视化

数据可视化能够更直观地反映数据间的关联性与分布情况。可视化图形包含单变量图和多变量图，单变量图（主要包含直方图、柱状图和箱形图）能更好地展示样本中每个特征的属性；多变量图

扫一扫

数据可视化

（主要包含折线图和散点图）能反映出样本数据两两特征之间的关系。

步骤 1 绘制直方图，显示样本数据各个特征的分布情况。

【参考代码】

```
import matplotlib.pyplot as plt
#分别提取数据集中的特征变量和标签值
data=dataset.iloc[range(0,1372),range(0,4)].values
target=dataset.iloc[range(0,1372),range(4,5)].values.reshape(1,1372)[0]
names=['variance','skewness','kurtosis','entropy']
#绘制直方图
plt.figure()                          #创建绘图对象
for i,name in enumerate(names):
    plt.subplot(2,2,i+1)
    plt.hist(data[:,i])               #绘制直方图
    plt.title(name)
plt.tight_layout()                    #调整图形布局
plt.show()
```

【运行结果】 程序运行结果如图 11-4 所示。可见，variance 特征近似高斯分布。

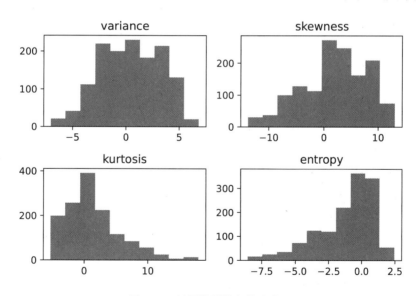

图 11-4 钞票鉴别数据集直方图

步骤 2 绘制箱形图，了解各特征数据的分散情况。

【参考代码】

```
plt.figure()                          #创建绘图对象
for i,name in enumerate(names):
```

```
    plt.subplot(2,2,i+1)
    plt.boxplot(data[:,i],whis=4)          #绘制箱形图
    plt.title(name)
plt.tight_layout()                         #调整图形布局
plt.show()
```

【运行结果】 程序运行结果如图 11-5 所示。可见，数据集样本中 4 个特征属性的中位数均靠近零点，没有异常值出现。

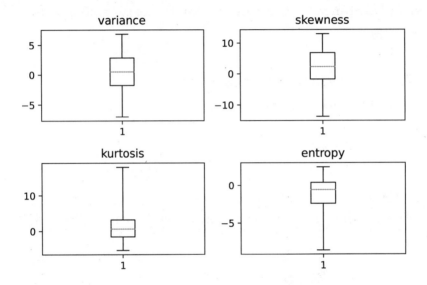

图 11-5 钞票鉴别数据集箱形图

步骤 3 绘制散点图，探索样本数据两两特征之间的关系。

【参考代码】

```
plt.figure()                               #创建绘图对象
for i in range(4):
    for j in range(4):
        plt.subplot(4,4,j+1)
        plt.scatter(data[:,i],data[:,j])   #绘制散点图
        plt.xlabel(names[j])
        plt.ylabel(names[i])
    plt.tight_layout()                     #调整图形布局
    plt.show()
```

【运行结果】 程序运行结果如图 11-6 所示。可见，4 个特征属性之间存在明显的相互关系。

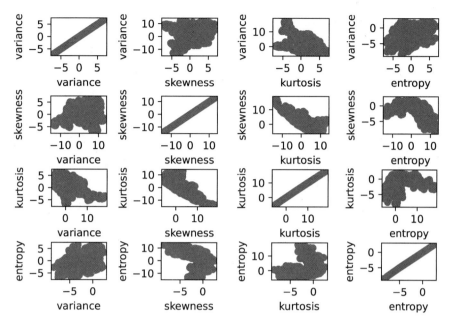

图 11-6　钞票鉴别数据集散点图

指点迷津

　　散点图能够展示出变量之间的相互影响程度，若变量之间不存在相互关系，则散点图中的点将会呈现出随机分布的形式；若存在相互关系，则图中大部分的点会以某种趋势密集呈现。

4. 算法评估

　　机器学习中有很多算法可用于分类模型的训练，但对于某一特定的数据集，选用哪种算法训练模型更适合需要进行探索。接下来，将选择逻辑回归、k 近邻、高斯朴素贝叶斯、决策树、支持向量机、随机森林和神经网络这 7 种算法来搭建模型，探索哪种算法在钞票鉴别数据集中能达到最佳效果。

扫一扫

算法评估

步骤 1　导入上述 7 种算法的相应模块，为搭建模型做准备。

步骤 2　导入 train_test_split 方法，将数据集拆分为训练集与测试集。

步骤 3　分别使用上述 7 种算法搭建模型，并将各个模型加入 model 列表中。

【参考代码】

```
#导入算法模块
from sklearn.model_selection import train_test_split
from sklearn.linear_model import LogisticRegression
                                    #导入逻辑回归算法模块
```

```
from sklearn.neighbors import KneighborsClassifier
                                #导入 k 近邻分类算法模块
from sklearn.naive_bayes import GaussianNB
                                #导入高斯朴素贝叶斯算法模块
from sklearn.tree import DecisionTreeClassifier
                                #导入决策树分类算法模块
from sklearn.svm import SVC       #导入支持向量机分类模块
from sklearn.ensemble import RandomForestClassifier
                                #导入随机森林分类算法模块
from sklearn.neural_network import MLPClassifier
                                #导入神经网络算法模块
#拆分数据集
x,y=data,target
x_train,x_test,y_train,y_test=train_test_split(x,y,
test_size=0.2,random_state=100)
#搭建模型
models=[]
LRmodel=LogisticRegression(solver='liblinear')
                                #搭建逻辑回归模型
kNNmodel=KNeighborsClassifier()  #搭建 k 近邻模型
GNBmodel=GaussianNB()            #搭建高斯朴素贝叶斯模型
DTreemodel=DecisionTreeClassifier(random_state=1)
                                #搭建决策树分类模型
SVMmodel=SVC(gamma='auto',random_state=1)
                                #搭建支持向量机分类模型
RFmodel=RandomForestClassifier(n_estimators=10,random_state=1)
                                #搭建随机森林分类模型
MLPmodel=MLPClassifier(hidden_layer_sizes=(5,5),random_state=1,max_iter=500)
                                #搭建神经网络模型
#将各个模型加入 models 中
models.append(('LRmodel',LRmodel))
models.append(('kNNmodel',kNNmodel))
models.append(('GNBmodel',GNBmodel))
models.append(('DTreemodel',DTreemodel))
models.append(('SVMmodel',SVMmodel))
```

```
models.append(('RFmodel',RFmodel))
models.append(('MLPmodel',MLPmodel))
```

步骤 4 使用交叉验证法约束模型的训练过程，并估计每个模型的预测准确率。本项目将采用 10 折交叉验证训练模型，即将训练集分为 10 份，轮流使用其中的 9 份进行训练，1 份进行验证，重复使用随机划分的样本进行 10 次训练与验证，将 10 次训练结果的均值作为最终模型的预测准确率。

指点迷津

在 Slearn 中，可使用 model_selection 模块中的 Kfold(n_splits=10,random_state=100,shuffle=True)函数传入折数和随机种子实现交叉验证算法。其中，参数 shuffle 取值为 True 时，表示打乱数据集的顺序，每次都以不同的顺序返回数据。

【参考代码】

```
from sklearn.model_selection import cross_val_score
from sklearn.model_selection import KFold
for name,model in models:
    kfold=KFold(n_splits=10,random_state=100,shuffle=True)
                                        #10 折交叉验证
    cv_scores=cross_val_score(model,x_train,y_train,cv=kfold,
scoring='accuracy')
    print('%s 的预测准确率为: %f'%(name,cv_scores.mean()))
```

【运行结果】 程序运行结果如图 11-7 所示。可见，支持向量机模型与神经网络模型的预测准确率最高，达到了 100%。

```
LRmodel的预测准确率为: 0.990876
kNNmodel的预测准确率为: 0.999091
GNBmodel的预测准确率为: 0.840409
DTreemodel的预测准确率为: 0.982702
SVMmodel的预测准确率为: 1.000000
RFmodel的预测准确率为: 0.989066
MLPmodel的预测准确率为: 1.000000
```

图 11-7 各个模型的预测准确率

5. 训练与评估模型

步骤 1 训练支持向量机模型，并使用测试集对模型进行评估，输出其评估报告。

扫一扫

训练与评估模型

【参考代码】

```
#训练与评估模型（支持向量机模型）
from sklearn.metrics import classification_report
SVMmodel=SVC(gamma='auto',random_state=1)
SVMmodel.fit(x_train,y_train)
#对模型进行评估，并输出评估报告
pred=SVMmodel.predict(x_test)
re=classification_report(y_test,pred)
print('支持向量机模型评估报告：')
print(re)
```

【运行结果】 程序运行结果如图 11-8 所示。可见，支持向量机模型在测试集上的预测准确率能够达到 100%。

```
支持向量机模型评估报告：
              precision    recall  f1-score   support

           0       1.00      1.00      1.00       163
           1       1.00      1.00      1.00       112

    accuracy                           1.00       275
   macro avg       1.00      1.00      1.00       275
weighted avg       1.00      1.00      1.00       275
```

图 11-8　支持向量机模型评估报告

步骤 2 训练神经网络模型，并使用测试集对模型进行评估，输出其评估报告。

【参考代码】

```
#训练与评估模型（神经网络模型）
MLPmodel=MLPClassifier(hidden_layer_sizes=(5,5),random_state=1,max_iter=500)
MLPmodel.fit(x_train,y_train)
#对模型进行评估，并输出评估报告
pred=MLPmodel.predict(x_test)
re=classification_report(y_test,pred)
print('神经网络模型评估报告：')
print(re)
```

【运行结果】 程序运行结果如图 11-9 所示。可见，神经网络模型在测试集上的预测准确率也能够达到 100%，但是与支持向量机模型相比较，神经网络模型的计算量更大，模型预测速度相对较慢。

```
神经网络模型评估报告：
              precision    recall   f1-score   support

          0       1.00      1.00      1.00        163
          1       1.00      1.00      1.00        112

   accuracy                           1.00        275
  macro avg       1.00      1.00      1.00        275
weighted avg      1.00      1.00      1.00        275
```

图 11-9 神经网络模型评估报告

6. 预测新数据

扫一扫

步骤 1 数据准备。新数据为某钞票图片经小波变换后得到的数据，其值为 3.8216、5.6661、−2.7074 和 −0.46611。

步骤 2 模型预测。分别使用训练完成的支持向量机模型与神经网络模型对新数据进行预测，并输出预测结果。

预测新数据

【参考代码】

```
x_new=[[3.8216,5.6661,-2.7074,-0.46611]]
#支持向量机模型预测新数据
SVMscore=SVMmodel.predict(x_new)
if SVMscore==0:
    print("支持向量机模型预测结果：该钞票是假钞")
else:
    print("支持向量机模型预测结果：该钞票是真钞")
#神经网络模型预测新数据
MLPscore=MLPmodel.predict(x_new)
if MLPscore==0:
    print("神经网络模型预测结果：该钞票是假钞")
else:
    print("神经网络模型预测结果：该钞票是真钞")
```

【运行结果】 程序运行结果如图 11-10 所示。可见，两个模型对新数据的预测值是一致的，新数据所对应的钞票是假钞。

```
支持向量机模型预测结果：该钞票是假钞
神经网络模型预测结果：该钞票是假钞
```

图 11-10 两个模型的预测结果

素养之窗

元宇宙（metaverse）是人类运用 5G、云计算、人工智能、虚拟现实、区块链、数字货币、物联网、人机交互等技术构建的现实世界映射或超越现实世界、可与现实世界交互的虚拟世界，是具备新型社会体系的数字生活空间。

在元宇宙这一全新的世界维度中，人工智能不仅能使元宇宙的形式更多样、体验更动人，还能使元宇宙本身的产业赋能效应得以充分发挥，实现过去未曾实现的创意。此外，元宇宙也能将人工智能的应用延伸至更广阔的空间，从而实现人工智能与元宇宙的双向奔赴。

项目实训

1. 实训目的

（1）掌握使用 Pandas 读取数据的方法。

（2）掌握数据探索与数据可视化方法。

（3）掌握使用逻辑回归、k 近邻、高斯朴素贝叶斯、决策树、支持向量机、随机森林和神经网络算法训练分类模型的方法。

（4）掌握分类模型的评估方法。

2. 实训内容

现有小麦种子数据集，该数据集共有 210 条数据，每条数据包含 7 个特征变量和 1 个类别标签。其中，特征变量包括 area、perimeter、compactness、length of kernel、width of kernel、asymmetry coefficient 和 length of kernel groove，分别表示小麦种子的区域、周长、紧密度、籽粒长度、籽粒宽度、不对称系数和籽粒腹沟长度；类别标签表示小麦种子的所属类别，共有 3 个类别，分别用 1、2 和 3 表示，部分数据如表 11-2 所示。要求使用该数据集训练逻辑回归、k 近邻、高斯朴素贝叶斯、决策树、支持向量机、随机森林和神经网络模型，并从中选出最优模型，然后输出最优模型的评估报告。

表 11-2　小麦种子数据集（部分）

区　　域	周　　长	紧密度	籽粒长度	籽粒宽度	不对称系数	籽粒腹沟长度	所属类别
15.26	14.84	0.871	5.763	3.312	2.221	5.22	1
14.88	14.57	0.8811	5.554	3.333	1.018	4.956	1
14.29	14.09	0.905	5.291	3.337	2.699	4.825	1

表 11-2（续）

区　域	周　长	紧 密 度	籽粒长度	籽粒宽度	不对称系数	籽粒腹沟长度	所属类别
13.84	13.94	0.8955	5.324	3.379	2.259	4.805	1
16.14	14.99	0.9034	5.658	3.562	1.355	5.175	1
...	...	...	...	...	...	...	...
17.63	15.98	0.8673	6.191	3.561	4.076	6.06	2
16.84	15.67	0.8623	5.998	3.484	4.675	5.877	2
17.26	15.73	0.8763	5.978	3.594	4.539	5.791	2
19.11	16.26	0.9081	6.154	3.93	2.936	6.079	2
16.82	15.51	0.8786	6.017	3.486	4.004	5.841	2
...	...	...	...	...	...	...	...
13.07	13.92	0.848	5.472	2.994	5.304	5.395	3
13.32	13.94	0.8613	5.541	3.073	7.035	5.44	3
13.34	13.95	0.862	5.389	3.074	5.995	5.307	3
12.22	13.32	0.8652	5.224	2.967	5.469	5.221	3
11.82	13.4	0.8274	5.314	2.777	4.471	5.178	3

（1）启动 Jupyter Notebook，以 Python 3 工作方式新建 Jupyter Notebook 文档，并重命名为"item11-sx.ipynb"。

（2）数据导入。

① 导入 Pandas 库。

② 使用 Pandas 读取小麦种子数据集（数据集见本书提供的配套素材"item11/seeds_dataset.txt"文件）并赋值给变量 dataset。要求读取数据的同时要为数据集指定列名称，分别为区域、周长、紧密度、籽粒长度、籽粒宽度、不对称系数、籽粒腹沟长度和类别标签。

③ 输出小麦种子数据集。

（3）数据探索。

① 通过类别标签对数据集进行分组，得到 3 种类型的小麦种子在数据集中的数目。

② 数据统计。使用 describe() 函数对数据集中的数据进行统计，获取样本数量、样本均值、标准差、最小值、下四分位数、中位数、上四分位数和最大值等信息。

（4）数据可视化。

① 提取数据集的特征变量与标签值。

② 在代码单元格中输入下列代码，为列表 names 赋值。

```
names=['area','perimeter','compactness','length of kernel','width
of kernel','asymmetry coefficient','length of kernel groove']
```

③ 使用 Matplotlib 绘制直方图，显示样本数据各个特征的分布情况。

④ 使用 Matplotlib 绘制箱形图，了解各个特征数据的分散情况。

（5）算法评估。

① 导入 train_test_split 方法，将数据集拆分为训练集与测试集，要求测试集数据的比例为 20%。

② 导入逻辑回归、k 近邻、高斯朴素贝叶斯、决策树、支持向量机、随机森林和神经网络算法模块。

③ 搭建模型。分别使用上述 7 种算法搭建模型，并将各个模型加入 model 列表中。要求逻辑回归模型的 solver 参数设置为 liblinear；随机森林模型的 n_estimators 参数设置为 10；神经网络模型的 hidden_layer_sizes 参数设置为(10,10)，max_iter 参数设置为 2 000；涉及到随机种子的模型都将参数 random_state 设置为 1。

④ 使用 5 折交叉验证法约束模型的训练过程，并估计每个模型的预测准确率。

（6）训练与评估模型。

① 从训练完成的模型中找到预测准确率最高的模型，并使用训练集训练该模型。

② 导入 classification_report 方法，使用测试集对模型进行评估，并输出模型评估报告。

3．实训小结

按要求完成实训内容，并将实训过程中遇到的问题和解决办法记录在表 11-3 中。

表 11-3　实训过程

序　号	主要问题	解决办法

📋 **项目总结**

完成本项目的学习与实践后，请总结应掌握的重点内容，并将图 11-11 的空白处填写完整。

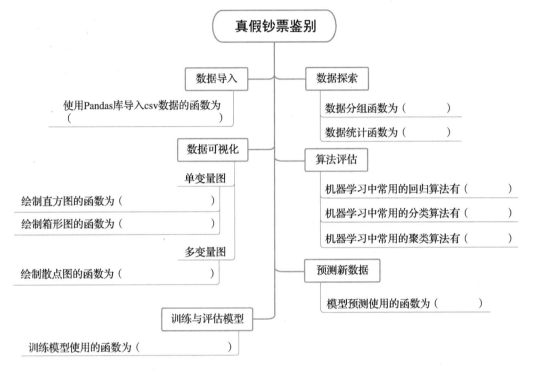

图 11-11 项目总结

📋 **项目考核**

1. 选择题

（1）Pandas 导入 csv 格式的数据文件，应该使用（　　）函数。

  A．read_csv()　　　　　　　　　B．head()

  C．tail()　　　　　　　　　　　D．shape()

（2）下列算法中，（　　）不能用于机器学习的分类任务。

  A．支持向量机　　　　　　　　B．随机森林

  C．k 均值算法　　　　　　　　D．k 近邻算法

（3）下列关于 k 近邻算法的说法中，错误的是（　　）。

  A．可用于分类　　　　　　　　B．可用于回归

C．可用于分类和回归　　　　D．可用于聚类

（4）某单位入口处有一个人脸识别系统，能够识别待进入人员是否为本单位的员工，这属于机器学习的（　　）任务。

A．二分类　　　　　　　　　B．多分类

C．回归　　　　　　　　　　D．聚类

2．填空题

（1）在 Matplotlib 中，用于绘制散点图的函数为＿＿＿＿＿；用于绘制直方图的函数为＿＿＿＿＿。

（2）请写出 3 种可用于分类任务的算法：＿＿＿＿＿、＿＿＿＿＿和＿＿＿＿＿。

（3）在机器学习中，＿＿＿＿＿函数可对数据集中的数据进行统计，获取数据集的样本数量、样本均值、标准差、最小值、下四分位数、中位数、上四分位数和最大值等信息。

3．实践题

导入 Sklearn 自带的鸢尾花数据集，使用该数据集训练逻辑回归、k 近邻、高斯朴素贝叶斯、决策树、支持向量机、随机森林和神经网络模型，并输出各个模型的预测准确率。

项目评价

结合本项目的学习情况，完成项目评价，并将评价结果填入表 11-4 中。

表 11-4　项目评价

评价项目	评价内容	评价分数			
		分值	自评	互评	师评
项目完成度评价（20%）	项目准备阶段，回答问题是否清晰准确，能够紧扣主题，没有明显错误	5分			
	项目实施阶段，是否能够根据操作步骤完成本项目	5分			
	项目实训阶段，是否能够出色完成实训内容	5分			
	项目总结阶段，是否能够正确地将项目总结的空白信息补充完整	2分			
	项目考核阶段，是否能够正确地完成考核题目	3分			
知识评价（30%）	是否掌握机器学习项目的实施流程	5分			
	是否掌握机器学习项目中数据导入、数据探索与数据可视化的处理方法	5分			
	是否掌握逻辑回归、k 近邻、高斯朴素贝叶斯、决策树、支持向量机、随机森林和神经网络算法的 Sklearn 实现方法	20分			

表 11-4（续）

评价项目	评价内容	评价分数			
		分值	自评	互评	师评
技能评价（30%）	是否能够使用逻辑回归、k 近邻、高斯朴素贝叶斯、决策树、支持向量机、随机森林和神经网络算法训练模型	20 分			
	是否能够针对特定数据集，选择合适的机器学习算法	10 分			
素养评价（20%）	是否遵守课堂纪律，上课精神是否饱满	5 分			
	是否具有自主学习意识，做好课前准备	5 分			
	是否善于思考，积极参与，勇于提出问题	5 分			
	是否具有团队合作精神，出色完成小组任务	5 分			
合计	综合分数_____自评（25%）+互评（25%）+师评（50%）	100 分			
	综合等级_____	指导老师签字_____			
综合评价	最突出的表现（创新或进步）： 还需改进的地方（不足或缺点）：				

参考文献

［1］梅尔亚·莫里，阿夫欣·罗斯塔米扎达尔，阿米特·塔尔沃卡尔. 机器学习基础［M］. 张文生，等译. 北京：机械工业出版社，2021.

［2］林耀进，张良君. Python 机器学习编程与实践［M］. 北京：人民邮电出版社，2020.

［3］艾旭升，李良，李春静. 机器学习技术［M］. 北京：电子工业出版社，2020.

［4］陈清华，翁正秋. Python 与机器学习［M］. 北京：电子工业出版社，2020.

［5］雷明. 机器学习原理、算法与应用［M］. 北京：清华大学出版社，2019.

［6］余本国. 基于 Python 的大数据分析基础及实战［M］. 北京：水利水电出版社，2018.

［7］周志华. 机器学习［M］. 北京：清华大学出版社，2016.